3訂版

建設業

許可・経審・入札参加資格

申請ハンドブック

行政書士 塩田英治［著］

日本法令®

はしがき

建設業に関する行政手続は、手続に係る数多くの要件をチェックして進めていく必要があります。また、官公庁からの発注案件を受注するためには、許可を維持していくだけに留まらず、入札に参加する前提となる「経営事項審査」（経審）を毎年受審するとともに、個々の入札に参加するためには発注機関に建設業者の情報を登録しておく必要があります。

この「建設業許可」「経営事項審査（経審）」「入札参加資格登録申請」は一連の流れとして把握しておくことが肝要であり、それぞれの手続における要件の充足もさることながら、相互の手続における関連性を熟知することによって、公共工事の受注を目指していくことが望まれます。

「建設業の許可は一般建設業のままでよいのか、特定建設業にランクアップすべきか」「事業者の資産状況は許可要件を充足しているか」「営業所と現場それぞれに配置する技術者は足りているか」「自社が得意としている建設工事の発注機関への入札参加の資格は整っているか」等々、一貫した視点の下で経営戦略を立てて行く必要があります。

本書は、このような視点から、「許可」「経審」「入札」の手続を一まとめに鳥瞰できるよう構成し、解説を加えています。「許可」のみ、あるいは「経審」のみについて発行されている書籍は数多くありますが、「入札参加資格登録申請」の実務で使用する参考書式も取り入れ、「入札」まで見通した構成となっているのは本書がはじめてであろうと思います。

また、著者は長年東京都より委嘱を受けて建設業許可および経営事項審査の窓口で「相談員」を務めております。年間を通して数多くの相談を受けた経験から身につけた、「許可」「経審」の手引きに直接現れない「ポイント」を本書では「コラム」の形式で解説している点も、他の書籍にはない特色といえましょう。

近年、建設業法は段階的に改正されています。中でも経営業務管理責任者の選任要件や経営事項審査手続など重要項目の改正が続いています。また、高齢化による建設業就労人口の減少、女性の社会進出、日本国全体の少子高齢化、IT 技術の普及とデジタル社会の発展など、様々な事象が行政手続にも影響を及ぼし変化が生じているところです。

そして、いよいよ許可申請と経営事項審査申請の電子申請システムが構築され、押印を伴わない申請方式が令和５年１月より稼働し始めました。今までにない革新的な行政手続に携わるにあたっては、変化に柔軟に対応しつつも法律の趣旨を十分に理解し、未来を見据えた考え方を先取りしていく必要があります。

建設業を営む事業者の方をはじめ、手続に関与される行政書士等の有資格者の皆様にも、参考になる内容となっていると考えております。ぜひ、ご活用いただければと思います。

令和５年３月

行政書士　**塩田　英治**

Contents

第１章　建設業の許可

第3章　入札参加資格登録

巻末資料

コラム

第１章

建設業の許可

建設業許可の基本事項

(1)　建設業の定義

建設業法でいうところの「建設業」とは、元請、下請、その他いかなる名義をもってするかを問わず、建設工事の完成を請け負うことをいいます。「請負」は、民法で規定される典型契約の一種で、当事者の一方（請負人）が、ある仕事を完成することを約束し、相手方（注文者）がその仕事の結果に対して報酬を支払うことを約束することにより成立する契約をいいます。したがって、この定義に当てはまらないものは、建設業に類似する行為であっても建設業法で定められる「建設業」には該当せず、例えば労働力の提供のみ（いわゆる「人工出し」）、設備のメンテナンス（業務委託）、建売住宅の売買などは「請負」に当たらないため「建設業」には含めることができません。

(2)　許可を必要とする工事と許可を要しない工事

建設工事には、許可を受けていなければ施工することができない工事と許可を受けていなくても施工できる工事があります。建設業法では、以下のとおり定められています。

①　許可を必要としない場合（許可を受けなくてもできる工事＝軽微な建設工事）

Ａ：建築一式工事の場合

ⅰ　１件の請負代金が1,500万円（消費税込）未満の工事

ⅱ　請負代金の額に関わらず、木造住宅で延べ面積が150㎡未

満の工事

（主要構造部が木造で、延面積の１／２以上を居住の用に供するもの）

上記のⅰあるいはⅱに該当する工事を施工する場合には建設業の許可は不要とされています。

Ｂ：建築一式工事以外の工事の場合

１件の請負代金が500万円（消費税込）未満の工事を施工する場合については、建設業の許可は不要とされています。

②　許可を要する場合

上記①を除くすべての建設工事の施工については建設業法で定める許可が必要とされています。

以上の建設業許可の要・不要を判断する場合においては、次の点に注意が必要です。

- 請負代金の限度に達しないように工事を分割して請け負う場合は、全体を１つの工事とみなして合計金額で判断されます。
- 注文者が原材料を提供している場合は、その価格と運送費が請負契約の代金に加算されて判断されます。

⑶　許可の種類

建設業の許可には、国土交通大臣許可と都道府県知事許可があります。営業所が単一の都道府県内に存在する場合（複数の営業所が存在する場合を含む）の許可権者は都道府県知事となり、営業所が複数の都道府県に存在する場合の許可権者は国土交通大臣となります。

国土交通大臣許可の許可事務については、主たる営業所の所在する地域を管轄する国土交通省の各地方の機関が所管となります。北海道開発局、沖縄開発局のほか、各地方整備局の建設業担当部署が取り扱っています。

(4) 営業所とは

建設業法では、営業所の存在は許可の付与を考える上で重要な判断基準となります。請負契約の締結に係る実体的な行為を行う事務所として、少なくとも①契約締結に関する権限を委任された者が存在し、②営業を行うべき場所を有し、電話、机等什器備品等の物理的な施設を備えていることが必要です。

主たる営業所以外に建設業法上の営業所が存在する場合は、建設業法施行令第３条に規定する使用人（以下、「令３条使用人」という）を配置しなければなりません。通常は支店長、営業所長など、その事務所を統括する代表者が就任します。

また、営業所が実態を伴ったものであるかどうかを確認するために、許可申請の段階で①最寄りの駅、バス停など主要交通機関から所在地までの経路図、②建物外観や営業所内部の写真、③事務所の使用権限を証するための契約書の写しなどの提出が要求されます。

建設工事の種類：２種類の一式工事と27種類の専門工事

(1)　２種類の一式工事（土木系と建築系）

①「土木一式工事」

土木系の建設工事のうち、原則として元請業者の立場で総合的な企画、指導、調整の下に土木工作物を建設する工事であり、複数の下請業者によって施工される大規模かつ複雑な工事をいいます。

具体的には、橋梁、ダム、空港、トンネル、高速道路、鉄道軌道（元請）、区画整理、道路・団地等造成（個人住宅の造成は含まない）、公道下の下水道（上水道は含まない）、農業・灌漑水道工事を一式として請け負うものが該当します。

②「建築一式工事」

建築系の建設工事のうち、原則として元請業者の立場で総合的な企画、指導、調整の下に建築物を建設する工事であり、複数の下請業者によって施工される大規模かつ複雑な工事をいい、建築確認を必要とする規模の建物の新築工事や増改築の工事が該当します。

(2)　27種類の専門工事

専門工事は、以下の27種類に細分化されています。

大工工事	鉄筋工事	熱絶縁工事
左官工事	舗装工事	電気通信工事
とび・土工・コンクリート工事	しゅんせつ工事	造園工事

石工事	板金工事	さく井工事
屋根工事	ガラス工事	建具工事
電気工事	塗装工事	水道施設工事
管工事	防水工事	消防施設工事
タイル・れんが・ブロック工事	内装仕上工事	清掃施設工事
鋼構造物工事	機械器具設置工事	解体工事

- それぞれの工事種に合わせて29業種の許可が用意されています。

⑶　業種区分の新設　～解体工事業許可～

平成28年６月１日、約40年ぶりに建設業許可の業種区分が見直され、新たに「解体工事業」の許可が新設されました。

①　平成28年６月１日の改正法施行日前の「とび・土工工事業」に係る経営業務管理責任者としての経験は、解体工事業に係る経営業務管理責任者の経験とみなします。

②　解体工事業の技術者の要件は、次のとおりです。

ア　監理技術者の資格等（特定建設業許可の専任技術者も同様）は、次のいずれかの資格等を有する者

i　１級土木施工管理技士※1

ii　１級建築施工管理技士※1

iii　技術士（建設部門または総合技術監理部門（建設））※2

iv　主任技術者としての要件を満たす者のうち、元請として4,500万円以上の解体工事に関し２年以上の「指導監督的な実務経験」を有する者

イ　主任技術者の資格等（一般建設業許可の専任技術者も同様）

i　監理技術者の資格のいずれか

ii　２級土木施工管理技士（土木）※2

iii　２級建築施工管理技士（建築または躯体）※2　　など

解体工事業の技術者になることができる資格区分は上記以外にも多数あります。資格ごとに要件が詳細に分かれていますので、国土交通省から発出された通達やガイドライン、地方整備局や都道府県が発行する許可の説明書等で確認する必要があります。

※１　平成27年度までの合格者に対しては、解体工事に関する実務経験１年以上または登録解体工事講習の受講が必要

※２　解体工事に関する実務経験１年以上または登録解体工事講習の受講が必要など、技術者資格ごとに条件が付されているため、事前に十分に確認する必要があります。

(4)　技術者の実務経験の取扱い

通常は、同時期に２つの業種について実務経験が証明可能であっても、実務経験期間の重複は認められません。

しかし、平成28年５月31日までに請け負った旧とび・土工工事業の実績での実務経験に限り、同期間の中に解体工事の実績があれば、実務経験期間が重複していても双方の実務経験期間に計上が可能です。

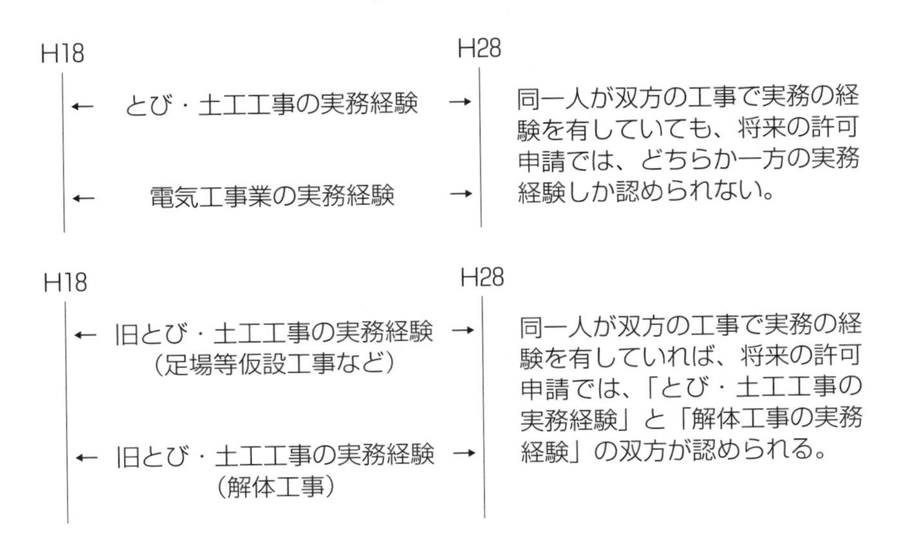

施工した工事は何？
〜件名ではなく実態で判断〜

経営業務の管理責任者や専任技術者を選任するにあたって、役員を勤めていた期間中の企業が工事を請け負っていた書証を収集したり、技術者が携わった工事実績を裏付ける契約書等を収集する機会があります。これらの書証は、作成当事、必ずしも「後で建設業許可申請の際に裏付資料として使用することになる」と意識して作成されるものではありません。当事者間で平時使用している契約書や発注書、工事請書、請求書などが使用されていますが、工事の件名の記載も取引の慣習に左右されます。

例えば、「○○小学校体育館防水工事」「○○ホテル大浴場タイル貼り工事」「市道▲号線■■ー□□間舗装工事」など、件名から特定の業種の工事を判別できるものもありますが、「○○ビル改修工事」「○○マンション大規模修繕工事」「○○ハイツ▲号室現状回復工事」など、その書面の件名だけでは、建設業許可で定めている28種のどの業種の工事が施工された実績であるかが判然としないことも多々あります。

証明する側（申請者側）は、行ってきた工事の内容についてイメージがありますが、審査する行政庁の担当者からは、その書証を見て「本当に申請にかかる工事を請け負ってきた実績があるのか」わからないケースがほとんどです。このような場合には、あらかじめ工事の見積書や施工の工程表、工事の内訳書など、審査側が「なるほど、このような工事を行ってきたのか」と判断できる資料をそろえて補強するようにするとよいでしょう。

許可の区分（一般建設業と特定建設業）

建設業の許可には、一般建設業の許可と特定建設業の許可の２種類があります。一定の要件に該当する工事を受注し施工する場合、特定建設業の許可要件を充足する必要があります。

発注者（施主）から直接工事を受注する元請業者が、工事の「全部」または「一部」を下請に出す場合で、下請に出す請負金額の総額が以下に該当する場合は、「特定建設業」という、より厳格な要件を充足する許可を取得しなければなりません。

① 7,000万円以上（消費税込）となる場合（＝建築一式工事の場合）

② 4,500万円以上（消費税込）となる場合（＝建築一式工事以外の建設工事の場合）

(1) 専任技術者に関する要件の強化

① 指定建設業（７業種）の場合

29業種ある建設業許可業種のうち、次の７つの業種については、「指定建設業」として、専任技術者を１級の国家資格者または国土交通大臣が認定した者から選任しなければなりません。

指定建設業＝土木工事業、建築工事業、電気工事業、管工事業、
鋼構造物工事業、舗装工事業、造園工事業

② 指定建設業以外の建設業（22業種）の場合

元請として工事現場監督や現場代理人のような資格で工事の技術

面を総合的に指導した一定期間以上の実務経験を有する者の中から専任技術者を選任しなければなりません。

(2) 財産的基礎等

特定建設業の許可を得るためには、倒産することが明白である場合を除いて、建設業の請負契約を履行するに足りる以下に掲げる財産的基礎または金銭的信用を有していることが必要です。

新設企業の場合は、創業時における財務諸表を用いて判断し、既存の企業にあっては申請時の直前の決算期における財務諸表の数値より判断します（35ページ(3)で解説）。

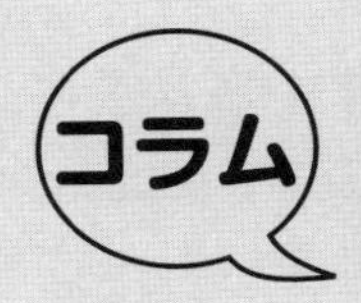

営業所ごとに異なることがある許可業種

新規で許可を取得する事業者の方や、初めて業種を追加する方、初めて新たな営業所を設置しようと考えている方で、混乱するケースが見受けられます。

まず、本社では甲、乙の２業種を申請、Ａ営業所では乙、丙の２業種を申請したいと希望している場合があります。中には、各営業所とも同じ業種でなければ申請できないと考えている方も見受けられますが、各営業所間では許可の種類が異なっても問題はありません。経営業務の管理責任者が申請しようとするすべての業種の管理責任者の立場に立てるのかさえ注意すればよく、営業所ごとにその営業所で選任する専任技術者が就任できる許可業種を取得することが可能です（＝営業所ごとに許可業種が異なってよい）。

これに対して、次のようなケースは話が異なります。

本社とＡ営業所の２つの営業所で許可を受けるケースで、本社はある業種の特定建設業許可に必要な専任技術者として１級の国家資格者が常勤しています。Ａ営業所では同じ業種の専任技術者は２級の国家資格者しかいません。なので、「本社は特定建設業許可、Ａ営業所は一般建設業許可をとればいいのですよね？」との質問をしてくる方がいます。

同一の業種の中で、ある営業所は「特定」、他の営業所は「一般」という申請行為はできません。この場合は、特定建設業許可を取得したいのであれば、本社営業所のみを営業所とする申請となり、双方の営業所で契約行為をするなど建設業法上の営業所として稼働させたいのであれば、会社として一般建設業の許可を取得し、それぞれ一般建設業許可で必要な専任技術者を選任して配置するということになります。
　大臣許可と知事許可、一般建設業許可と特定建設業許可、営業所ごとに取得できる許可について、相互に関連付けて、混乱しないように理解するように努めましょう。

許可の有効期間と行政からの証明文

(1) 許可の有効期間

許可の有効期間は５年間です。申請によって許可を更新することができます（許可の更新時期が迫っている、あるいは更新申請期間に入っている旨の連絡は所管の行政庁からは届きませんので要注意）。更新の手続は、許可権者である行政庁より申請可能期間が定められています。申請期間中に更新に係る許可申請書の提出が間に合わなかった場合の取扱いについては、所管の担当部署に確認する必要があります。

(2) 許可通知書

許可が下りると、申請者には許可通知書が交付されます。許可通知書は、許可の新規申請時、更新申請時、業種の追加申請時に発行されるもので、紛失等した場合でも再発行はされません。商号や代表者が変更になっても新たに交付されるものではありません。

(3) 許可証明書

建設業者が現時点で保有している許可の内容に関する情報を証明するために申請によって発行される証明書です。申請方法（申請にあたって会社実印の捺印を要するかなど）や発行手数料が有料か無料かなどは、許可行政庁によって異なりますので注意が必要です。

大臣許可の場合は、常時発行可能ではなく限られた条件の下のみでの発行となりますので、窓口で確認が必要です。

許可の主な要件

建設業許可の申請手続において、必ずクリアしなければならない基本的な要件が６項目あります。その基本要件について以下説明します。

⑴ 〈要件その１〉 常勤役員等（経営業務の管理責任者等）

① 常勤役員等（経営業務の管理責任者等）について

従来は主たる営業所に常勤する役員の中から、一定の条件を備える「経営業務の管理責任者」を選任することが求められていました。この選任の基準は、候補者の「過去の経験」と「選任時の役職」に基づいて定められていました。

令和２年10月の建設業法の改正により、この要件に別の選択肢が加わり、複数の者の経験を基準にいわば「チーム体制」での要件が設定されました。このため、呼称についても「経営業務の管理責任者」から「常勤役員等（経営業務の管理責任者等）」に修正されました。

② 常勤役員等（経営業務の管理責任者等）の対象者

申請する事業者の主たる営業所に常勤する役員等であって、株式会社または有限会社の取締役、指名委員会等設置会社の執行役、持分会社の業務執行社員、法人格のある各種の組合等の理事等、個人の事業主または支配人その他支店長、営業所長等として建設業の経営業務について総合的に管理・執行した経験を有する者が選任の対象者となります。

ここでいう、「役員等」には、執行役員※、監査役、会計参与、監事および事務局長は含まれませんので注意を要します。

なお、「常勤」とは、原則として主たる営業所（本社、本店等）において、休日その他勤務を要しない日を除き、一定の計画の下に毎日所定の時間中、その職務に従事することをいいます。

※　取締役会（株主総会）の決議により建設業部門に関して業務執行権限の委譲を受けて選任された執行役員は「常勤役員等（経営業務の管理責任者等）」の選任の対象となります。

③　常勤役員等（経営業務の管理責任者等）を選任するための要件

〈参考〉建設業法第７条第１号

（許可の基準）

第７条　国土交通大臣又は都道府県知事は、許可を受けようとする者が次に掲げる基準に適合していると認めるときでなければ、許可をしてはならない。

一　建設業に係る経営業務の管理を適正に行うに足りる能力を有するものとして国土交通省令で定める基準に適合する者であること。

●　建設業法施行規則における基準（国土交通省令で定める基準）

経営業務の管理を適正に行うに足りる能力を有するものとして次のⅰおよびⅱの要件を満たす必要があります。

ⅰ　適切な経営能力を有すること

適正な経営能力を有するものとして、下記のイまたはロのいずれかの体制を有するものであること

イ　常勤役員等のうち一人が下記の次のいずれかに該当する者であること（建設業法施行規則第７条第１号イ）

⑴　建設業に関し５年以上の経営業務の管理責任者としての経験を有する者

⑵　建設業に関し経営業務の管理責任者に準ずる地位にある者として５年以上経営業務を管理した経験を有する者

⑶　建設業に関し経営業務の管理責任者に準ずる地位にある者として６年以上経営業務の管理責任者を補助する業務に従事した経験を有する者

ロ　常勤役員等のうち一人が下記の次のいずれかに該当する者であって、かつ、当該常勤役員等を直接に補佐する者として、下記の(a)、(b)及び(c)に該当する者をそれぞれ置くものであること（建設業法施行規則第７条第１号ロ）

⑴　建設業の財務管理、労務管理又は業務運営のいずれかの業務に関し、建設業の役員等の経験２年以上を含む５年以上の建設業の役員等又は役員等に次ぐ職制上の地位における経験を有する者

⑵　建設業の財務管理、労務管理又は業務運営のいずれかの業務に関し、建設業の役員等の経験２年以上を含む５年以上の役員等の経験を有する者

(a)　許可申請等を行う建設業者等において５年以上の財務管理の経験を有する者

(b)　許可申請等を行う建設業者等において５年以上の労務管理の経験を有する者

(c)　許可申請等を行う建設業者等において５年以上の業務運営の経験を有する者

ハ　その他、国土交通大臣が個別の申請に基づきイ又はロに掲げるものと同等以上の経営体制を有すると認めたもの（大臣認定）

ii　適切な社会保険に加入していること

健康保険、厚生年金保険および雇用保険に関し、すべての適用事

業所または適用事業について、適用事業所または適用事業であることの届出を行った者であること

○イ(1)は、従来から用意されていた経営業務の管理責任者の選任が要件です。

なお、これまであった取締役経験期間の「５年」「６年」という区分がなくなり、建設業者での取締役としての必要経験年数はどの業種であるかを問わず「一律５年」となりました。

> 従来は、これから申請する許可業種と、過去の役員経験を有する会社が保有していた許可業種が異なる場合（以下の例のような場合）、取締役の経験は６年必要でした。
>
> （例）過去の取締役就任期間の保有許可業種　　内装仕上工事業
> 　　　これから申請する許可業種　　　　　　　塗装工事業
>
> 令和２年10月の法改正後は、このような場合でも取締役の経験年数は５年で要件を満たします。

○イ(2)は、下記であることが条件です。

ⅰ）建設業の経営業務の執行に関し、取締役会の決議を経て、取締役会または代表取締役から具体的な権限移譲を受けた者、であって、

ⅱ）実際に経営業務を管理した経験を有する者

具体的には、ⅰ）の権限移譲を受けて経営業務の管理に従事してきた執行役員のみが該当することになります。

※　令和２年９月30日以前に経営業務の管理責任者に就任している（していた）者は、令和２年10月１日以降は原則イ(2)の該当者となります。

○イ(3)は、建設業の経営業務の執行に関し、取締役会の決議を経て、取締役会または代表取締役から具体的な権限移譲を受けて「経営業

務の管理責任者を補助する業務に従事した経験を持つ者であって、職制上建設業を担当する「役員または役員等」の直下にある管理職（法人における部長、個人事業主における専従者等）が該当者となります。

○ロ⑴、ロ⑵の「役員等」については、常勤役員等（経営業務の管理責任者等）の対象者と同じ（26ページ⑴②）です。

○ロ⑴の「役員等」具体例（以下、「建設業の財務管理、労務管理、業務管理について役員等に次ぐ職制上の地位」を単に「次ぐ地位」という）

- パターンＡ：建設業役員経験２年＋執行役員として「次ぐ地位」３年経験
- パターンＢ：建設業役員経験４年半＋執行役員として「次ぐ地位」半年経験
- パターンＣ：建設業役員経験４年＋財務部長として「次ぐ地位」１年経験

○ロ⑵の「役員等」具体例

- パターンＡ：建設業役員経験２年＋非建設業役員経験３年
- パターンＢ：建設業役員経験４年＋非建設業役員経験１年

★補佐者について

- 補佐者は、ロ⑴、ロ⑵で選出された「常勤役員等」に対して、職制上直属直下の地位にあることが必要です
  →「常勤役員等」対象者が執行役員で、「補佐者」が取締役となる選定はできません。
- 補佐者については、ロ⑵の(a)(b)(c)のすべての要件を充足することが必要です。
  ⇔補佐を受ける者（被補佐者）の過去の業務従事経験に関しては、

ロ(2)の(a)(b)(c)のいずれかの業務経験があれば足りるとされている点に注意が必要です。

- ロ(2)の(a)(b)(c)の各要件は一人が複数の経験を兼ねることも可能です。

  →補佐者の人数は１名、２名、３名となる各パターンが存在します。

- 補佐者としての業務経験を積んだ当時の地位は、役員等の直属の地位でなくとも可能です。
- 補佐者につき要求される「財務管理」「労務管理」「業務運営」に係る業務経験は、申請する会社における実績に限定されます。

- いくら他社でこれらの経験を積んできた者であっても、その実績は使えません。
- 過去に建設業を営んだことがない会社では、補佐者を選任することができません。

上記について図に表すと次ページのようになります。

■常勤役員等の過去の経営経験について

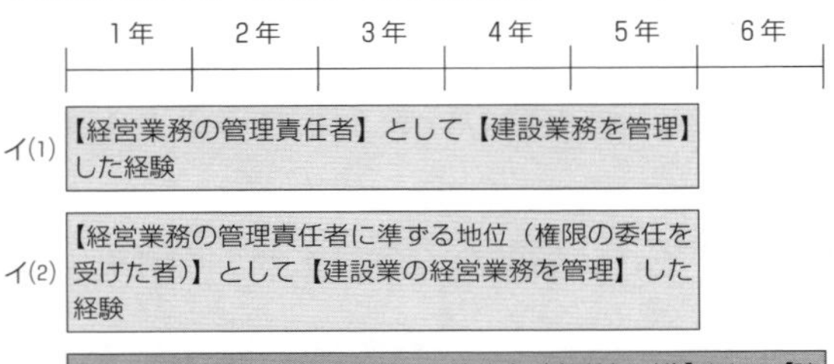

※　東京都公表資料『「経験業務管理要件」及び「必要書類の取扱いの変更」について』より援用

経営業務の管理責任者の選任要件は緩和されたのですか？

令和２年10月、経営業務の管理責任者（経管）に関する専任の要件がドラスティックに変更されました。これまで、経営業務の管理責任者については、建設業者である企業の取締役経験、あるいは個人事業主としての経営経験に関して、あくまで「個人の経験値」を根拠にその資格要件を判断してきました。

この改正では、同様の基準での選任基準も残す一方で、完全には経営業務の管理責任者の要件を満たしていない者であっても、その人物を補佐する者を配置し、いわば「チーム」として建設業の経営を司る体制を構築することで経営の安定性を認める方式も採用することになったのです。

そこでよく建設業者の方から聞かれるのは、「経管が選びやすくなったんだって？」「経管の選任の要件がだいぶ緩和されたんだってね？」などの声です。噂が噂を呼んでいる面もありますが、果たしてそうといえる選任要件の変更だったのでしょうか？

確かに、従来の選任要件である「最低５年の建設業者での取締役経験」に関して、５年に満たなくても最低２年の経験値があれば経管に就任できるチャンスは生まれました。しかしながら、この「建設業の経営に長けた」とはまだいえない人物を責任者に据える場合にあてがう「補佐者」については、その経験値を申請する「自社において積んできたこと」が条件とされました。まとめると、下記のようになります。

①　「財務管理」「労務管理」「業務運営」は最低５年間の経験実績を必要としますので、設立して５年を経過していない会社ではこの制度は使えない。

②　いくら他社で５年以上の「財務管理」「労務管理」「業務運営」経験実績があっても、自社の申請でその経験値は利用できない。

今般の改正で経営業務の管理責任者の要件が緩和されたことで、新規に許可を取得しやすくなるという期待感もありましたが、制度的にはすでに建設業の許可を有している会社における経営業務管理責任者の後継者がいないようなケースで、将来にわたって経営業務の管理責任者の候補者を確保していくための道を拡げた制度設計になったと捉えたほうがよいかもしれません。

⑵ 〈要件その２〉 専任技術者

主たる営業所、従たる営業所のすべての営業所において、当該営業所で営む許可業種に対応する常勤の専任技術者を選任する必要があります。

① 一般建設業の場合

許可を受けようとする建設業に係る建設工事に関して、次に掲げるいずれかの要件に該当する者

イ　学校教育法による高校で指定学科を卒業後５年以上の実務経験を有する者または学校教育法による大学で指定学科を卒業後３年以上の実務経験を有する者

※　指定学科については333ページ参照

ロ　学歴、資格を問わず、10年以上の実務経験を有する者

ハ　イ、ロと同等またはそれ以上の知識・技術・技能を有すると認められたもの

①　334、335ページの資格表に該当する者

②　国土交通大臣が個別の申請に基づき認めた者

② 特定建設業の場合

許可を受けようとする建設業に係る建設工事に関して、次に掲げるいずれかの要件に該当する者

イ　334、335ページの資格表の「◎」の欄に該当する者

ロ　２年以上の指導監督的実務経験を有する者

ハ　国土交通大臣が、イまたはロに掲げる者と同等以上の能力を有すると認めた者

※　指定建設業（土木工事業、建築工事業、電気工事業、管工事業、鋼構造物工事業、舗装工事業、造園工事業）の場合は、上記のイまたはハに該当する者でなければならない

(3)〈要件その３〉 請負契約の履行に十分な財産的基礎の確保（または金銭的な信用力）

①　一般建設業許可の場合

請負契約（軽微な建設工事を除く）を履行するに足りる財産的基礎または金銭的信用を有しないことが明らかな者でないこと。具体的には、次のア～ウのいずれかに該当すること

ア　自己資本が500万円以上あること

イ　500万円以上の資金調達能力があること

ウ　直前の５年間で許可を受けて継続して営業した実績があり、かつ、現在許可を有していること

②　特定建設業許可の場合

発注者との間の請負契約で、その請負代金の額が8,000万円以上のものを履行するに足りる財産的基礎を有していること（建設業法第15条第３号、建設業法施行令第５条の４）。具体的には、次ページ表の要件をすべて充足していること

事　項	要　件
①　欠損比率※	$\dfrac{\text{繰越利益剰余金の負の額}-(\text{資本剰余金}+\text{利益準備金}+\text{その他利益剰余金（繰越利益剰余金を除く）})}{\text{資本金}}\times 100\leqq 20\%$
②　流動比率	$\dfrac{\text{流動資産合計}}{\text{流動負債合計}}\times 100\geqq 75\%$
③　資本金額	資本金≧2,000万円
④　自己資本	純資産合計≧4,000万円

※　欠損比率について
　繰越利益剰余金がある場合や資本剰余金（資本剰余金合計）、利益準備金およびその他利益剰余金（繰越利益剰余金を除く）の合計が繰越利益剰余金の負の額を上回る場合には、要件を満たしているため計算式を使う必要はない

(4)〈要件その４〉　請負契約に関しての誠実性

　法人である場合は当該法人・役員・政令で定める使用人（支配人、支店長、営業所長等）が、個人である場合は本人または政令で定める使用人が、請負契約に関して不正または不誠実な行為をするおそれが明らかな者でないこと

(5)〈要件その５〉　建設業法に定める欠格要件に該当していないこと

　次の欠格要件のいずれにも該当しないこと
①　許可申請書もしくは添付書類中に重要な事項について虚偽の記載があり、または重要な事実の記載が欠けているとき
②　法人にあってはその法人の役員、個人にあってはその本人、その他建設業法施行令第３条に規定する使用人（支配人・支店長・

営業所長等）が、次の要件に該当しているとき

ア　成年被後見人、被保佐人または破産者で復権を得ない者

イ　不正の手段で許可を受けたこと等により、その許可を取り消されて５年を経過しない者

ウ　イに該当するとして聴聞の通知を受け取った後、廃業の届出をした場合、届出から５年を経過しない者

エ　建設工事を適切に施工しなかったために公衆に危害を及ぼしたとき、または危害を及ぼすおそれが大であるとき、あるいは請負契約に関し不誠実な行為をしたこと等により営業の停止を命ぜられ、その停止の期間が経過しない者

オ　禁錮以上の刑に処せられその刑の執行を終わり、またはその刑の執行を受けることがなくなった日から５年を経過しない者

カ　建設業法、建築基準法、労働基準法等の建設工事に関する法令のうち政令で定める者、もしくは暴力団員による不当な行為の防止等に関する法律の規定に違反し、または刑法等の一定の罪を犯し罰金刑に処せられ、刑の執行を受けることがなくなった日から５年を経過しない者

⑹〈要件その６〉　暴力団の構成員になっていないこと

個人にあっては申請者本人、法人にあってはその法人の役員、その他建設業法施行令第３条に規定する使用人（支配人・支店長・営業所長等）が、次に掲げる者に該当しないこと

①　暴力団員による不当な行為の防止等に関する法律第２条第６号に規定する暴力団員または同号に規定する暴力団員でなくなった日から５年を経過しない者

②　暴力団員等がその事業活動を支配する者

日付や期間の計算に注意しましょう

建設業の許可申請手続では、よく「発行から○○日以内」など、日数の計算によって要件の充足が左右されることがあります。

「６カ月前までに申請してください」「30日前までに申請してください」「受付日から１カ月以内のもの」「発行日から３カ月以内のもの」など、多岐にわたります。

このうち、許可要件中の「財産的基礎等」にかかる「自己資本」が500万円以上あること」に替えて「500万円以上の資金調達能力があること」について、取引先金融機関発行の500万円以上の預金残高証明書を添付する機会があります。

この預金残高証明書を利用するとき、証明書の発行日と証明書中に記載された「○月○日現在」の日付が一致していないケースもあります。例えば、「６月３日㈮現在残高金700万円」の記載がある預金残高証明書が「６月６日㈪付で発行されている」ケースなどです。

一般的に預金残高証明書は、その日の取引が終了し確定した金額で発行されるもので、銀行の窓口のシャッターが下りた後の金額で確定するため、発行日と残高の「○日現在」の間にズレが生じます。

建設業の許可においては「許可の受付日から１か月以内のものが必要」とされており、上記の例でいえば、発行日が６月６日㈪であっても、残高の基準日は６月３日㈮ということになります。この証明書の有効期限は７月２日ということになり、逆に言えば７月２日までに許可の受理印をいただければ、この６月６日㈪発行の証明書が利用できるといえます。

500万円の残高証明書を取得するために、自社の取引のサイクルで入金が一番多いタイミングを狙って発行を受ける事業者も多いのも事実です。計算ミスによって残高証明書の有効期限が失効してしまうと、また翌月の入金の多い日まで発行を待たなければならないような事態も発生しかねませんので、注意すべきところでしょう。

 許可申請手続の種類（申請の区分）

許可の申請手続には、申請手続の種類によって９つの区分が用意されています。そのうちの一つを選択し、または、複数の手続を同時に申請することが可能です。

①　新規申請

建設業の許可を有していない事業者が、新たに許可を申請する場合

②　許可換え新規申請

ア　都道府県知事許可業者が当該都道府県の知事許可を廃止して、他の都道府県知事に許可を申請する場合

イ　都道府県知事許可業者が他の都道府県に営業所を設置して国土交通大臣許可を申請する場合

ウ　国土交通大臣許可業者が、一つの都道府県内の営業所を残して他の都道府県の営業所を廃止して、営業所が残る都道府県の知事許可を申請する場合

③　般・特新規申請

ア　一般建設業の許可のみを受けている建設業者が、特定建設業許可を申請する場合

イ　特定建設業の許可のみを受けている建設業者が、一般建設業許可を申請する場合

④　業種追加

ア　一般建設業の許可を受けている建設業者が、他の一般建設業

許可を申請する場合

イ　特定建設業の許可を受けている建設業者が、他の特定建設業許可を申請する場合

⑤　**更新申請**

許可を受けている建設業を継続して行う場合

⑥　**般・特新規＋業種追加申請**

③、④を同時に申請する場合

⑦　**般・特新規＋更新申請**

③、⑤を同時に申請する場合

⑧　**業種追加＋更新申請**

④、⑤を同時に申請する場合

⑨　**般・特新規＋業種追加＋更新申請**

③、④、⑤を同時に申請する場合

〈参考〉

- 許可換え新規申請は、これまで保有している許可の有効期間が満了する日の30日前までに申請する必要があります。
- ⑦～⑨の申請にあたっては、以下に掲げる期日までに行う必要があります。

　ア　大臣許可の場合…許可の有効期間が満了する日の６カ月前まで

　イ　知事許可の場合…許可の有効期間が満了する日の30日前まで

許可の有効期間の調整（許可の一本化）

建設業の許可を異なる時期に前後して取得する場合、それぞれの業種の申請時期によって許可の有効期間が別々になってしまいます。建設業者としては、始期が異なる有効期間の業種ごとに更新手続を行わなければなりません。

異なる申請時期に取得した複数の許可業種について、事後的に許可の有効期間を一致させることが可能であれば、一括で更新手続を行えるメリットがあります。そこで、同一業者で許可日の異なる２つ以上の許可を受けているものについては、そのうち１つの許可の更新を申請する際に、他の許可についても同時に１件の許可の更新として申請することができます。このことを「許可の一本化」といいます。

先に到来する有効期間に係る許可業種の更新手続を申請する際に、申請書第一面の「許可の有効期間の調整」のカラムに「１」を記載しておけば、この調整を行うことを前提に審査が進められることになります。

許可申請に係る提出書類の種類

建設業法で定められている書式については、各書式の左上に漢数字を用いて「様式第一号」のように様式の番号が表記されています。

様式番号が入った法定の書式とともに、役所から取り寄せる書類や、各事業者が法律行為や契約行為で保管している書類のほか、地図、写真、資格者の合格証書など、様々な書類を組み合わせて建設業許可の申請書を整えていきます。

多数ある書類を、次のような分類で分けて取りまとめて提出します。個人情報の関係で閲覧による公開に適さない書類は「別とじ」として一纏めとし、提出先行政庁が指定した鑑をつけて分けて提出します（45ページ(2)参照）。

また、申請書式の記載内容を確認するための「確認資料」も分けて提出します（46ページ(3)参照）。

(1)　建設業許可申請書類、添付書類

様式番号	提出書類	新規	追加	更新	摘　　要
第一号	建設業許可申請書	◎	◎	◎	
	許可通知書（写し）	◎	−	−	許可換え新規申請の場合のみ
	別紙一　役員等の一覧表	◎	◎	◎	
	別紙二(1)　営業所一覧表	◎	◎	−	従たる営業所がない場合も作成する
第一号	別紙二(2)　営業所一覧表（更新）	−	−	◎	

	別紙三　収入印紙等はり付け用紙	◎	◎	◎	大臣許可申請の場合のみ必要
	別紙四　専任技術者一覧表	◎	◎	◎	
第二号	工事経歴書	◎	◎	－	業種別に作成 実績なしでも要作成 追加の場合は追加業種分のみ
第三号	直前３年の各事業年度における工事施工金額	◎	◎	－	実績なしでも作成
第四号	使用人数	◎	◎	◎	
第六号	誓約書	◎	◎	◎	
第十一号	建設業法施行令第３条に規定する使用人の一覧表	○	○	○	
	定款	◎	－	△	法人のみ
第十五号 第十六号 第十七号 第十七号の二 第十七号の三	財務諸表（法人用） →直前１期分	◎	－	－	新規設立会社で決算期未到来の場合は開始貸借対照表を作成し提出
第十八号 第十九号	財務諸表（個人用） →直前１期分	◎	－	－	新規開業の場合は預金残高証明書を提出
第二十号	営業の沿革	◎	－	◎	
第二十号の二	所属建設業者団体	◎	－	◎	該当なしの場合も作成
第七号の三	健康保険等の加入状況	◎	◎	◎	
第二十号の三	主要取引金融機関名	◎	－	◎	該当なしの場合も作成

※　◎＝必ず提出　○＝必要に応じて提出
△＝提出は必ず必要だが、すでに提出済みのものと内容が変わらない場合はコピーで可

(2)　建設業許可申請書類、添付書類（別とじ用）

様式番号	提出書類			新規	追加	更新	摘　　要
	別とじ用表紙			◎	◎	◎	
第七号	常勤役員等（経営業務の管理責任者等）証明書			◎	◎	◎	従たる営業所がない場合も作成する
第七号の二	常勤役員等及び当該常勤役員等を直接に補佐する者の証明書（第一面）			◎	◎	◎	
	同（第二面～第四面）			◎	◎	◎	証明者別に作成
別紙	常勤役員等の略歴書			◎	◎	◎	経管のみの場合
別紙1	常勤役員等の略歴書			◎	◎	◎	直接補佐者を置く場合
別紙2	常勤役員等を直接に補佐する者の略歴書			△	△	△	直接補佐者を置く場合のみ
第八号	専任技術者証明書（新規・変更）			◎	◎	－	
	修業（卒業）証明書			○	○	△	
	資格認定証明書（写し）			○	○	△	原本提示
第九号	実務経験証明書			○	○	○	
第十号	指導監督的実務経験証明書			○	○	○	
	監理技術者資格者証写し			○	○	○	
第十二号	許可申請者の住所、生年月日等に関する調書			◎	◎	◎	第七号別紙を作成した者は不要
第十三号	建設業法施行令第３条に規定する使用人の住所、生年月日等に関する調書			○	○	○	支配人、令３条使用人について作成
第十四号	株主（出資者）調書			◎	－	◎	法人のみ
	登記事項証明書			◎	－	◎	発行後３カ月以内のもの
	納税証明書（法人）	知事	法人事業税	◎	－	－	新規設立会社の場合は法人設立届の写しを提出
		大臣	法人税	◎	－	－	

	納税証明書（個人）	知事	個人事業税	◎	−	−	事業開始等申告書の写しを提出
		大臣	申告所得税	◎	−	−	

※　◎＝必ず提出、○＝必要に応じて提出
△＝提出は必ず必要だが、すでに提出済みのものと内容が変わらない場合はコピーで可

(3)　確認資料等

様式番号	提出書類	新規	追加	更新	摘　　要
	成年後見登記に登記されていないことの登記事項証明書	◎	◎	◎	役員、相談役、顧問、法定代理人、個人事業主、令３条使用人が要提出
	身分証明書	◎	◎	◎	
	個人の印鑑証明書	○	○	○	自己証明をする場合等
	預金残高証明書	○	○	−	
第七号	常勤役員等（経営業務の管理責任者等）証明書の確認資料★	◎	◎	◎	47ページ参照
第八号、第十号	専任技術者の確認資料★	◎	◎	◎	57ページ参照
第十一号	建設業法施行令第３条に規定する使用人の確認資料★	○	○	○	健康保険証（写）
	営業所の確認資料★	◎	○	○	写真
第二十号の三	健康保険・厚生年金・雇用保険の加入を証明する資料	◎	◎	◎	コピーの提示で可

※　◎＝必ず提出　○＝必要に応じて提出
△＝提出は必ず必要だが、すでに提出済みのものと内容が変わらない場合はコピーで可
★については、提出先窓口に必要な確認資料を確認してください。

常勤役員等（経営業務の管理責任者等）の確認資料

建設業者に許可を行う以上、事業の経営を司る管理責任者については、「建設業の経営に長けた方」が「営業所に常勤で勤務し」、「適切な判断を行える」ことが要件となります。

その観点から、建設業法では許可業者にあっては、原則として役員（個人にあっては本人あるいは登記された支配人）の中にこれらの要件を満たす者（個人たる“経営業務の管理責任者”）がいることが要求されます。

令和２年10月施行の改正建設業法の下では、経営業務の管理責任者に就任する予定の者が、本来要求される「経営業務の管理責任者に就任する要件」を満たさない場合であっても、その者を直接補佐する者を選任して「組織として適正な建設業の経営を管理できる」体制を構築できる場合にも許可要件を充足するものとして取り扱うことになりました。

許可の申請時に求められる確認資料は、個人としての「経営業務の管理責任者」を選任する場合は従来どおりの資料を用意することになりますが、新たに用意された「組織としての経営体制」を選択する場合には、別途いくつかの資料を用意することとなりました。

(1)　選任する対象となる人物が申請事業者に現在常勤していることの確認資料

①　健康保険被保険者証の写し

原則として、被保険者証に記載されている「事業所名」で確認し、被保険者証に事業所名の記載がない場合には、別途確認資料が必要となります。

ア　対象者が国民健康保険被保険者証の所持者の場合

- 健康保険・厚生年金保険被保険者標準報酬決定通知書の写し
- 健康保険・厚生年金保険被保険者資格取得確認および標準報酬決定通知書の写し
- 住民税特別徴収税額通知書（特別徴収義務者用）の写し
- 確定申告書の写し
  - 法人の場合：受付印のある表紙＋役員報酬欄
  - 個人の場合：第一表と第二表

イ　対象となる人物が、在籍出向で他社の事業所名が記載されている健康保険被保険者証を所持している場合

→出向契約書などの出向に関する疎明資料の提出が必要となります。

医療制度の適正かつ効率的な運営を図るための健康保険法等の一部を改正する法律（令和元年法律第９号）により、保険者番号および被保険者の記号・番号について、個人情報保護の観点から、健康保険事業またはこれに関連する事務の遂行等の目的以外で告知を求めることを禁止する「告知要求制限」の規定が設けられ、令和２年10月１日から施行されました。

確認書類として提出する各保険証の写しおよび標準報酬決定通知書の写し等について、次のように「被保険者の記号・番号」の欄が見えないように消して（マスキングして）提出する必要があります。

（被保険者等記号・番号の箇所）

※ ░░░░░ の箇所を見えないように消した上でご提出下さい。

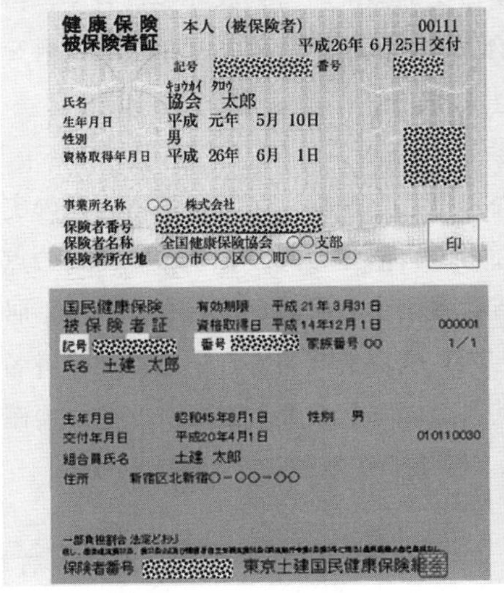

健康保険　本人（被保険者）　00111
被保険者証　平成26年 6月25日交付
記号 ░░░░░ 番号 ░░░
氏名　キョウカイ タロウ 協会 太郎
生年月日　平成 元年 5月 10日
性別　男
資格取得年月日　平成 26年 6月 1日
事業所名称　○○ 株式会社
保険者番号 ░░░░░
保険者名称　全国健康保険協会 ○○支部
保険者所在地　○○市○○区○○町○－○－○
印

国民健康保険　有効期限 平成21年3月31日
被保険者証　資格取得日 平成14年12月1日　000001
記号 ░░░░ 番号 ░░░░ 家族番号 00　1/1
氏名　土建 太郎
生年月日　昭和45年8月1日　性別 男
交付年月日　平成20年4月1日　010110030
組合員氏名　土建 太郎
住所　新宿区北新宿○－○○－○○
一部負担割合 法定どおり
保険者番号 ░░░░ 東京土建国民健康保険組合

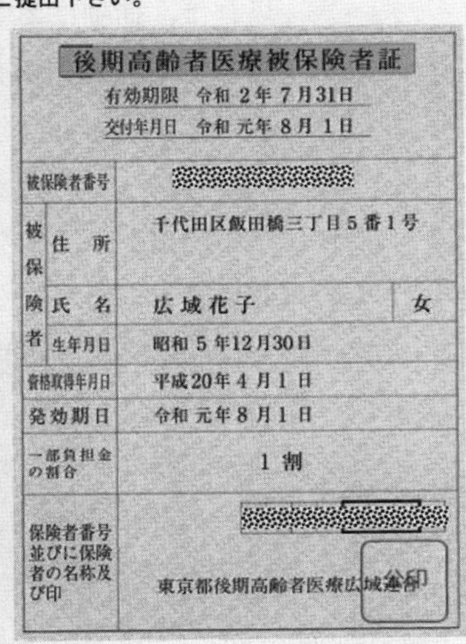

後期高齢者医療被保険者証
有効期限　令和 2年 7月31日
交付年月日　令和 元年 8月 1日

被保険者番号		░░░░░	
被保険者	住所	千代田区飯田橋三丁目5番1号	
	氏名	広域花子	女
	生年月日	昭和5年12月30日	
資格取得年月日		平成20年4月1日	
発効期日		令和 元年8月1日	
一部負担金の割合		1割	
保険者番号並びに保険者の名称及び印		░░░░░ 東京都後期高齢者医療広域連合　公印	

※　東京都公表の資料より引用

②　居所を確認する資料

住民票は、大臣許可においては令和２年４月より確認資料から削除されました。また、都道府県知事許可においても確認資料から削除する扱いが増えています（申請先によって判断が異なるため、事前に確認を要します）。

住民票は遠隔地にそのまま置いて、居所を主たる事務所の通勤圏に定めている場合、住所を記載する箇所には実際に住んでいる「居所」を記載することになります。

申請する行政庁が、勤務可能である「通勤圏」をどのように定めているかは、それぞれ判断が異なります。

参考：東京都では主たる事務所からの通勤時間がおおむね２時

間以内を通勤可能として判断しています。判断が微妙な場合は、通勤に要する交通機関の時刻表等の資料や、自動車での通勤の場合 ETC の走行記録などの説明資料を求めるケースもあります。

住民票の提出が不要になったことから、居所に係る居住の実態の確認資料を求めなくなった自治体もありますので、この点は申請する際に提出する行政機関への確認を要します（例：居所に係る（例えば社宅などの）賃貸借契約書の写し、契約者名と契約地の記載のある公共料金の写しなどが必要かどうか要確認）。

〈常勤性判断にあたっての注意点〉

○以下の役職等の方は、常勤性の観点から常勤役員等に選任できません。

- 他に個人営業を行っている者
- 建設業の他社の技術者、経営業務の管理責任者、常勤役員等、補佐者
- 他社の常勤役員
- 他社の代表取締役（他に常勤代表取締役等がいれば認められるケースもある）
- （解散手続に入っている）他社の清算人

○他の法令で専任性を要するとされる役職に就いている方も兼務できません。

- 宅地建物取引士
- 管理建築士　　など

※　同一の法人で同一の営業所内で例外的に兼務できる場合があります。

(2)　選任する対象者が過去に建設業の経営に携わった経験を確認する資料

①　建設業法施行規則第７条第１号イ(1)の場合

- 登記事項全部証明書（履歴事項、閉鎖事項）
- 役員（個人事業主）の経験期間に係る確定申告書の写し
- 令３条使用人に選任されていた期間の建設業許可申請書、変更届出書の副本など
- 過去の経験が建設業許可業者であった場合
  →経験期間中の許可通知書の写し
- 過去の経験が建設業許可業者ではなかった場合
  →経験期間中の「工事請負契約書」「発注（注文）書」「注文請書」「請求書」「工事請負代金の入金確認資料（通帳のコピーなど)」等

②　同イ(2)の場合

- 役員直下の役職で、当該役員に準ずる地位にあったことが確認できる書面（組織図、社内体制図等）
- 経験期間中権限の委任を受けていたことを証する書面
  →辞令、議事録（取締役、株主総会等)、有価証券報告書など
- 経験期間中所属していた部署が建設業に関する部門であったことが確認できる書面（業務分掌・職務内容がわかる規程類など）
- 建設業の経営業務の執行に関し、取締役会等から具体的な権限移譲を受けたことが確認できる書類

→執行役員に関する規程、執行役員の業務分掌に係る規程、取締役会議事録の写し、取締役会に係る規程、取締役に係る職務規程など

③　同イ(3)の場合

- 役員直下の役職で、当該役員に準ずる地位にあったことが確認できる書面（組織図、社内体制図、個人事業の場合の青色申告における専業従事者であることの資料等）
- 役員に準ずる地位にあって経営管理を補助した内容が確認できる書面
  →辞令書、業務の分掌に係る規程、決済欄があり決済印を押印している稟議書など
- 過去の経験が建設業許可業者であった場合
  →経験期間中の許可通知書の写し
- 過去の経験が建設業許可業者ではなかった場合
  →経験期間中の「工事請負契約書」「発注（注文）書」「注文請書」「請求書」「工事請負代金の入金確認資料（通帳のコピー）」などの写し等

④　同ロ(1)の場合

Ａ：２年間建設業者の役員（自社、他社を問わない）であった場合

(i)　建設業許可業者の役員であった場合

→当該期間に係る許可通知書の写しおよび登記事項全部証明書（履歴事項、閉鎖事項）（最少２年分）

(ii)　許可を有していない建設業者の役員経験の場合

→当該期間中の「工事請負契約書」「発注（注文）書」「注文請書」「請求書」「工事請負代金の入金確認資料（通帳のコ

ピー)」などの写し等

※　非常勤役員の経験が認められるか、およびその場合の他に別途書証が求められるかについては申請窓口に要確認

B：２年間建設業者の執行役員であった場合

- 上記A(ⅰ)または(ⅱ)の書類
- 建設業の経営業務の執行に関し、取締役等から具体的な権限移譲を受けたことが確認できる書類

→執行役員に関する規程、執行役員の業務分掌に係る規程、取締役会議事録等の写し、取締役会に関する規程、取締役に係る職務規程など

- その期間中、役員等の直下の役職で、当該役員等に次ぐ職制上の地位にあったことが確認できる書類

→組織図、社内体制図、辞令書、業務の分掌に係る規程、議事録（取締役会、株主総会等)、有価証券報告書など

C：財務管理または労務管理または業務運営の業務を担当していたことを証する書面（AおよびBに共通)

→組織図、社内体制図、辞令書、業務の分掌に係る規程、議事録（取締役会、株主総会等)、有価証券報告書など

※　通算５年からＡまたはＢに係る年月を除いた期間分が必要

※　この経験を積んだ期間中の職位は問わない

※　この経験を積んだのは自社においてか、他社においてかは問わない（補佐者の場合の労務管理、財務管理、業務運営の経験は自社でのものに限定されることとの違いに注意)

⑤　同ロ⑵の場合

- 上記ロ⑴の場合のＡ～Ｃと同じ
- 建設業以外の会社の登記事項証明書（履歴事項、閉鎖事項)

→通算５年からＡまたはＢに係る年月を除いた期間分が必要

(3)　常勤役員等（経営業務の管理責任者等）を補佐する者を選任する際の確認資料（建設業法施行規則第７条第１号ロ(1)およびロ(2)の場合について共通）

- 過去の自社での労務管理、財務管理、業務運営に係る経験が許可を有している期間中に積まれた者である場合
  →経験期間中の許可通知書の写し
- 過去の自社での労務管理、財務管理、業務運営に係る経験が許可を有していなかった期間中に積まれた者である場合
  →経験期間中の「工事請負契約書」「発注（注文）書」「注文請書」「請求書」「工事請負代金の入金確認資料（通帳のコピー）」などの写し等
- 当該期間中に携わった職務内容を確認できる資料（組織図、社内体制図等、辞令書、業務分掌規程、決済欄のある稟議書等）
- 補佐者に就任するにあたっての職務内容と組織内のポジションが確認できる資料（組織図、社内体制図等、辞令書、業務分掌規程等）

※　補佐者は、組織体系上および実態上常勤役員との間に他の者を介在させることなく、当該常勤役員等から直接指揮命令を受け業務を常勤で行う必要がある。

○　同ハの場合

- 大臣特認の認定証の写し

（注１）資料を提出する際には、原本の提示を求められるか否か、必ず事前に申請先で確認してください。
（注２）経験年数を証明する期間に施工した工事の実績を明らかにする資料（工事請負契約書等）を提出するにあたっては、どれだけの分量を提出すべきか、必ず事前に申請先で確認してください。
（注３）過去の経営経験期間の役職が「執行役員」や「経営業務を補佐した地

位」である場合には、証明に必要な書類について申請先で事前に説明を受けて、個別具体的な指示に基づいて収集し提出してください。
（注４）同一の営業所内であれば、後述の「専任技術者」と兼務することができますので、証明資料で重複するものは一つにまとめることが可能です。

〈参考〉
関東地方整備局では、常勤役員等（経営業務の管理責任者等）の就任に係る申請手続・届出に際して、候補者が要件に該当するか否かを手続前にチェックを行う「経営業務の管理責任者の個別認定申請」の制度を用意して実施しています（巻末資料286ページの申請要領と書式を参照）。
なお、このような手続が実施されているか否かについては、申請先の窓口にて各自確認してください。

役所で証明書を取得するときに注意すること

許可申請を急いでいる際に、申請書類の作成時間はおおむね作成担当者の努力で短縮できますが、作成当事者の意思にかかわらず時間が読めないのは証明書類の郵送による取得です。

添付書類となる「身分証明書」や「（成年後見登記に）登記されていないことの証明書」などを郵送で取得する機会があると思われますが、申請会社の書類作成担当者や行政書士などが本人に依頼されて代理で取得する場合、本人から委任状を取り付ける段階で想定以上に時間がかかってしまうケースがあります。規模の大きい企業の社外取締役がいる場合などは特に注意が必要です。

また、本籍地が遠方にある場合なども郵便事情で考えていた以上に日数がかかるケースがあったり、申請手数料が不足していて追加の郵送を求められてしまうようなこともありますので、遠方への申請の際には特に細心の注意が必要です。

最近では、横浜市や大阪市のように、証明書類の郵送申請専用の窓口を設置して対応している自治体も出てきています。このような窓口は、専門性を発揮して通常は処理能力を発揮しますが、証明書類の発行申請が集中する時期に当たってしまうと、かえって時間がかかってしまう場合もあります。

法務局で取得できる「（成年後見登記に）登記されていないことの証明書」の発行窓口は、医師の国家試験合格後など特定の資格の合格発表直後や企業への就労が集中する年度末の時期は窓口が非常に混雑します。郵送申請による発行請求に関し通常の処理日数を大幅に超えるばかりでなく、東京法務局では窓口での待ち時間も大幅に延びる傾向がありますので注意が必要です。

専任技術者の確認資料

(1)　専任技術者とは

専任技術者は、建設業者が請負工事を施工するにあたり、営業所に常勤する担当業種の技術的総括責任者です。知識と経験を活かして請負工事の受注並びに施工について主導的な役割を果たし、所属営業所で行う見積や契約、履行等を適正に執行し、発注者の期待に応える役割を担う重大な職務と位置付けられています。

その観点から、各営業所での「専任性」が求められ、その営業所に常勤して専らその職務に従事することが要請され、その者の勤務状況、給与の支払状況、その者に対する人事権の状況等により「専任」といえるか否か判断されます。

したがって、次に掲げるような者は原則として、「専任」の者とはいえないものとして取り扱われます。

① 住所が勤務を要する営業所の所在地から著しく遠距離にあり、常識上通勤不可能な者

② 他の営業所（他の建設業者の営業所を含む）において専任を要する者

③ 建築士事務所を管理する建築士、専任の宅地建物取引主任者等他の法令により特定の事務所等において専任を要することとされている者（建設業において専任を要する営業所が他の法令により専任を要する事務所等と兼ねている場合においてその事務所等において専任を要する者を除く）

④ 他に個人営業を行っている者、他の法人の常勤役員である者等他の営業等について専任に近い状態にあると認められる者

(2)　専任技術者の確認資料

選任する対象となる人物が、申請事業者に現在常勤していることを確認するための資料は以下のとおりです。

①　健康保険被保険者証の写し

原則として、被保険者証に記載されている「事業所名」で確認し、被保険者証に事業所名の記載がない場合には、別途確認資料が必要となります。

ア　対象者が国民健康保険被保険者証の所持者の場合

- 健康保険・厚生年金保険被保険者標準報酬決定通知書の写し
- 健康保険・厚生年金保険被保険者資格確認および標準報酬決定通知書の写し
- 住民税特別徴収税額通知書（特別徴収義務者用）の写し
- 確定申告書の写し
  - 法人の場合：受付印のある表紙＋役員報酬欄
  - 個人の場合：第一表と第二表

イ　対象となる人物が、在籍出向で他社の事業所名が記載されている健康保険被保険者証を所持している場合

→出向契約書などの出向に関する疎明資料の提出が必要となります。

②　技術者としての要件を確認するための資料（建設業法第7条または第15条の第2号のイ、ロまたはハ）

ア　技術者の要件が国家資格者等の場合

→その合格証、免許証の写し

イ　技術者の要件が監理技術者の場合

→監理技術者資格者証の写し

ウ　技術者の要件が大臣特認の場合

→その認定証の写し

エ　技術者の要件が実務経験の場合

ⅰ　実務経験の内容を確認できるものとして次のいずれか

a　実務経験を積んだ事業者（証明者）が建設業許可を有している（いた）場合

→建設業許可申請書および変更届出書（決算変更届）

b　実務経験を積んだ事業者（証明者）が建設業許可を有していない（いなかった）場合

→経験を積んだ期間にかかる「工事請負契約書」「工事請書」「注文書」「請求書」等の写し（申請する業種としての業務内容が明確にわかるもの）

ⅱ　ⅰで実務経験を積んだことを証明する期間中に、その事業者に常勤で勤務していたことを証する書面

a　健康保険被保険者証の写し（現在も在職している場合で、事業所名と資格取得年月日の記載が確認できるもの）

……自社での「許可を有していなかった期間中」に施工した「許可を要せず請け負うことができる工事」の施行実績をもって実務経験を証明する場合

b　厚生年金被保険者記録照会回答票（事業所名が記載されているもの）

c　住民税特別徴収税額通知書（特別徴収義務者用・対象期間分）

d　確定申告書の写し

- 法人の場合：受付印のある表紙＋役員報酬欄
- 個人の場合：第一表と第二表

e　対象となる人物が、在籍出向で証明者たる事業者に出向していた際の実務経験を利用する場合

→出向していた当時の出向に関する疎明資料の提出が必要となります。

iii　指導監督的実務経験を証明する場合

→指導監督的実務経験証明書の記載した工事についての契約書の写し（契約書を提示する請負工事については、請負代金が4,500万円以上のもの。ただし、平成6年12月28日以前の工事にあっては、3,000万円以上のもの。昭和59年10月1日以前の工事にあっては、1,500万円以上のもの）

指定学科の制度を有効に活用しましょう

原則10年の実務経験期間を証明する必要がある専任技術者の「実務経験」に基づく選任について、指定学科卒業による実務経験期間の短縮の措置は非常にありがたい制度です。

契約書や工事の実施を裏付ける書面、請負代金の授受のやり取りがあったことの書証などは、一般的に税務上の書面保管期間が７年であることから、10年丸々揃わないことがあります。このような場合に、専任技術者の対象者が指定学科を卒業していれば10年揃えなくてよいケースも出てきます。

また、本来であれば実務経験を使って２業種の専任技術者に就任しようとすると、重ならない期間で10年ずつ、計20年の書証を用意しなければならないこともあり、書類の保管体制が非常にいい事業者でない限り収集すること自体非常に難しいのが実情です。このよ

うな場合でも、大学の指定学科を卒業していれば、最短で６年の実務経験で済むことにもなるので、その裏付け資料の収集の可能性もかなり高くなります。

指定学科については、申請する行政機関の手引き等を参照していただくと、どのような名称の各部や学科が対象となるか、例示がきめ細かく出ています。しかしながら、昨今の教育機関が設定している各部や学科の名称は非常に多岐にわたり、従来のどのような学科に相当するのか件名だけでは判断がつかないことも多々あります。

このような場合には、事前に候補者の卒業証明書に加え、履修科目が記載されている履修証明書等を入手して申請窓口に相談してみることをお勧めします。窓口で従前に取り扱った事例を把握していれば申請の可否をいただくことができますし、窓口で判断がつかない場合であっても、国土交通省に照会をかけていただき、申請の可否の判断をいただくこともできます。

対象者が、どのようなことを学んできたのかよくヒアリングした上で、申請窓口で相談してみましょう。

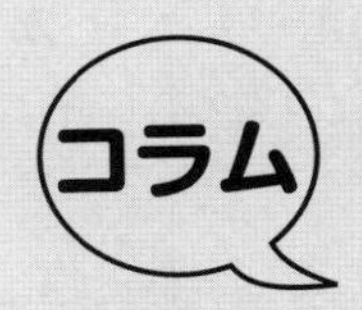

専任技術者の専任要件の緩和

令和元年６月12日に公布された「建設業法及び公共工事の入札及び契約の適正化の促進に関する法律の一部を改正する法律」が令和３年４月１日に施行されました。これに伴い、技術検定制度が大きく変わり、新制度の下で試験が行われるようになりました。

これまでの技術検定では、学科試験と実地試験の合格者を「技士」として称号を付与していましたが、今回の改正により、第一次検定と第二次検定の再編成を行い、第一次検定の合格者を「技士補」、第一次検定及び第二次検定の両方の合格者に「技士」の称号が付与されることとなりました。

さらに、建設業における中長期的な担い手の確保・育成を図るため、建設業法に基づく技術検定の受検資格の見直しや、一般建設業許可の営業所専任技術者の要件の緩和等を行う「施工技術検定規則及び建設業法施行規則の一部を改正する省令」及び関連告示が、令和５年５月12日に公布されました。この公布に伴い、令和５年７月１日より以下の一般建設業許可の営業所専任技術者の要件の緩和の運用が始まりました。

①技術検定合格者を指定学科卒業者と同等（１級一次合格者を大学指定学科卒業者と同等、２級一次合格者を高校指定学科卒業者と同等）とみなし、第一次検定合格後に一定期間（指定学科卒と同等）の実務経験を有する者が当該専任技術者として認められることとなりました（指定建設業と電気通信工事業は除く）。

②また、特定建設業許可の<u>営業所専任技術者要件</u>、建設工事において配置する主任技術者・<u>監理技術者</u>も同様の扱いとなりました（下線部については指定建設業を除く）。

この要件緩和の詳細については、国土交通省のホームページ(https://www.mlit.go.jp/report/press/content/001609320.pdf)を参照してください。

特に機械器具設置工事業に関しては、専任技術者の資格要件として、対象の国家資格者が技術士しかないため、担い手の確保が非常に難しかったところですが、今回の要件緩和により実務経験を有する技術検定試験の第一次検定（一次試験）合格者が対象者に加わることによって、専任技術者の選任の対象が大きく緩和されることになりました。

押印の廃止について

国の規制緩和策の一環として、押印を求める手続の見直し等のため、建設業法施行規則の一部が改正されました（令和２年12月23日公布、令和３年１月１日施行）。

押印については、以下の取扱いとなりました。

①　建設業法施行規則の別記様式の押印は不要となります。

- 「様式第○号」という記載がある書式は原則押印が不要となります。
- 省略可となる印は、会社実印、個人実印、個人認め印の別を問わずすべて対象となります。

②　廃業届出書（一部廃業を含む、建設業法施行規則別記様式22号の４）も押印不要となりますが、提出する行政庁によって、申請者の意思による提出であることを法人の印鑑証明書などの提示により確認が行われますので、あらかじめ提出書類の確認が必要です。

法人の場合は、印鑑証明書、個人事業主の場合は本人の運転免許証など、本人確認ができる書類の提示が必要となります。

※　従来どおり押印した書類の提出を受け付けるかどうかは、提出先で確認が必要です（一部の書類を押印し、一部は押印を省略する場合は受付をしない窓口もあります）。

※　押印を省略する場合でも、行政書士が手続を行う場合は職印の捺印が必要です（行政書士法施行規則第９条第２項）。

建設業許可申請書の作成

建設業許可申請書

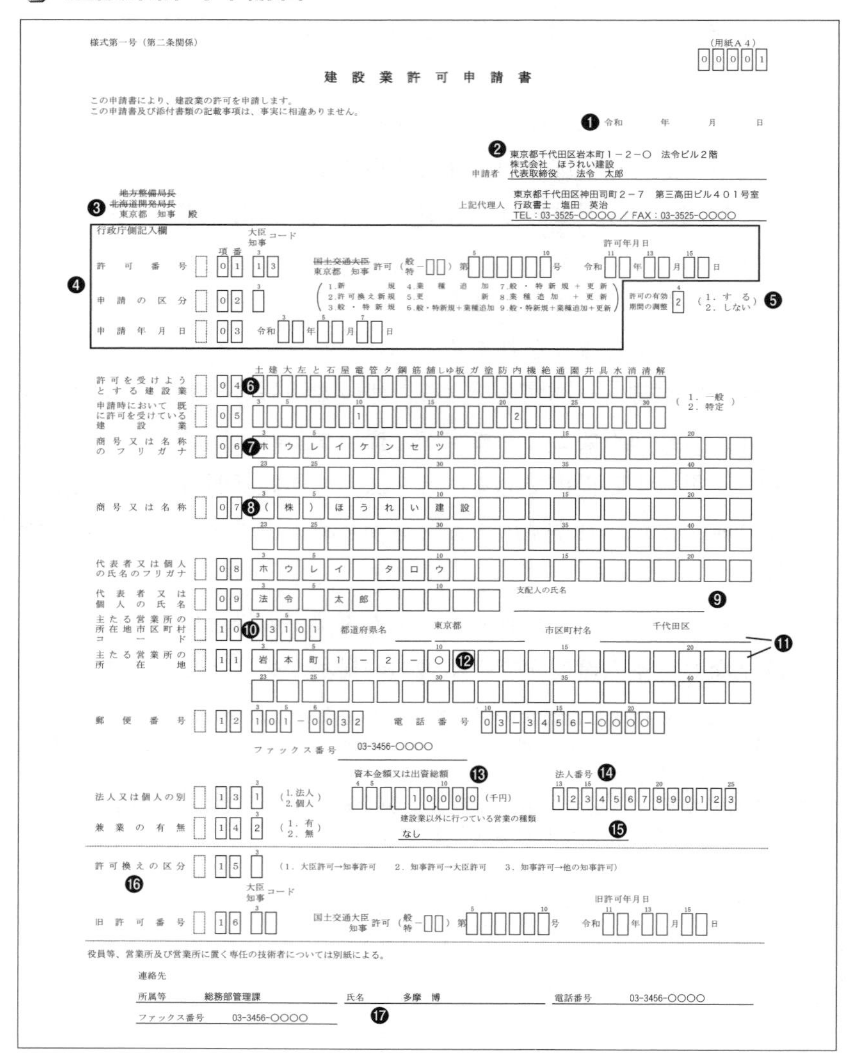

様式第一号（第二条関係）

（用紙Ａ４）
0 0 0 0 1

建　設　業　許　可　申　請　書

この申請書により、建設業の許可を申請します。
この申請書及び添付書類の記載事項は、事実に相違ありません。

❶ 令和　　年　　月　　日

❷ 東京都千代田区岩本町１－２－○　法令ビル２階
株式会社　ほうれい建設
申請者　代表取締役　　法令　太郎

上記代理人　東京都千代田区神田司町２－７　第三高田ビル４０１号室
行政書士　塩田　英治
TEL：03-3525-○○○○ ／ FAX：03-3525-○○○○

❸ ~~地方整備局長~~
~~北海道開発局長~~
東京都　知事　殿

❹ 行政庁側記入欄

	項番	大臣・知事コード	
許可番号	01	13	~~国土交通大臣~~ 東京都 知事 許可（般・特－　　）第　　　　　　号　許可年月日 令和　　年　　月　　日
申請の区分	02		（1.新規　2.許可換え新規　3.般・特新規　4.業種追加　5.更新　6.般・特新規＋業種追加　7.般・特新規＋更新　8.業種追加＋更新　9.般・特新規＋業種追加＋更新）
申請年月日	03		令和　　年　　月　　日

❺ 許可の有効期間の調整　2　（1. する　2. しない）

	項番	
許可を受けようとする建設業	04	❻ 土 建 大 左 と 石 屋 電 管 タ 鋼 筋 舗 しゅ 板 ガ 塗 防 内 機 絶 通 園 井 具 水 消 清 解
申請時において既に許可を受けている建設業	05	1（10）　2（20）　（1. 一般　2. 特定）
商号又は名称のフリガナ	06	❼ ホウレイケンセツ
商号又は名称	07	❽（株）ほうれい建設
代表者又は個人の氏名のフリガナ	08	ホウレイ　タロウ
代表者又は個人の氏名	09	法令　太郎　支配人の氏名 ❾
主たる営業所の所在地市区町村コード	10	❿ 13101　都道府県名　東京都　市区町村名　千代田区 ⓫
主たる営業所の所在地	11	岩本町1－2－○ ⓬ ⓫
郵便番号	12	101－0032　電話番号　03－3456－○○○○
		ファックス番号　03-3456-○○○○
法人又は個人の別	13	1（1. 法人　2. 個人）　⓭ 資本金額又は出資総額　10000（千円）　⓮ 法人番号　1234567890123
兼業の有無	14	2（1. 有　2. 無）　建設業以外に行っている営業の種類　なし ⓯
許可換えの区分 ⓰	15	（1. 大臣許可→知事許可　2. 知事許可→大臣許可　3. 知事許可→他の知事許可）
旧許可番号	16	大臣・知事コード　国土交通大臣・知事 許可（般・特－　　）第　　　　　　号　旧許可年月日 令和　　年　　月　　日

役員等、営業所及び営業所に置く専任の技術者については別紙による。

連絡先
所属等　総務部管理課　　氏名　多摩　博　　電話番号　03-3456-○○○○
ファックス番号　03-3456-○○○○　⓱

〔記載方法〕

❶　申請する当日の日付を記入します。

❷－１　登記上の住所と実際主たる営業所のある所在地が異なる場合
登記上：東京都中野区弥生町４丁目５番○号
事実上：東京都渋谷区千駄ヶ谷２丁目９番○号
と二段書きにします（その他の書類は、事実上の住所のみを記載します）。

❷－２　営業所については、都道府県によって、
ⅰ　原則的に、営業所の実態調査をする
ⅱ　登記上の住所と事実上の住所が異なる場合のみ、事実上の住所にある主たる営業所の使用権限を確認する
ⅲ　許可通知書を「転送不要」の書留郵便で送付し存在確認を実施する
など、様々な方法によって現地確認が行われています。

❷－３　営業所が個人の自宅内に併設されている場合には、事業用のスペースと生活空間が混在していないかどうかという視点で、見取り図を要求するなど慎重な確認が実施されています。

❷－４　代理申請の場合は、申請者の下に左記のように申請代理人を表記し代理人が捺印します（行政書士の場合、行政書士の職印を捺印）。※　申請者の捺印は不要

❸　都道府県、地方整備局等長の氏名は不要です。

❹　太枠の中は申請者は記入しません。

❺　許可の有効期間の調整（42ページ）を行う場合は「１」を記入します。新規の場合は常に「２」になります。

❻　項番０４　　これから許可を受けようとする業種のカラムに、一般建設業の場合は「１」、特定建設業の場合は「２」を記入します。

項番０５　業種追加や更新のように、申請時点ですでに何らかの許可を保有している場合に、その保有している業種につき一般建設業の場合は「１」、特定建設業の場合は「２」を記入します。

❼ 「株式会社」「一般社団法人」など法人の種類は記載しません。

❽ 法人の種別については、かっこ（「（　」や「　）」など）も１カラム使用し、略号で示します。

❾ 支配人を登記している場合に記入します。

❿ 項番１０には、地方公共団体の行政コードを記載します。

※地方公共団体情報システム機構　地方公共団体コード住所に示される６桁のコードの「上５桁」を使用します（https://www.j-lis.go.jp/code-address/jititai-code.html）。

⓫ 東京都の特別区（23区）および、政令指定都市の「区」を記載します。

⓬ 「〇丁目〇番〇号」や「〇丁目〇番地」はハイフン（「－」）でつないで表記します。

⓭ 千円単位なので注意が必要です。

⓮ 申請者が法人の場合には法人番号を記入しますが、裏付け資料として法人番号指定通知書の写しまたは国税庁法人番号公表サイト（https://www.houjin-bangou.nta.go.jp/）で検索された画面コピーを提示してください。

⓯ 項番１４で「１」を選択した場合に、簡潔に記載します。

⓰ 項番１５、１６を記入する場合は、申請時点で有している許可通知書の写しの添付が必要となります。

⓱ 連絡先担当者名は必ず記入しましょう。行政書士が申請手続を代理している場合には、行政書士事務所と担当者を記入して差し支えありません。

この様式を初めとして、いくつかの書式で□の中に文字を埋める形式の表記が現れます。この□のことを「カラム」と呼びます。

許可申請書類が受理されると、このカラムに記載されている事項は、キーパンチャーによってデータベースに入力されます。

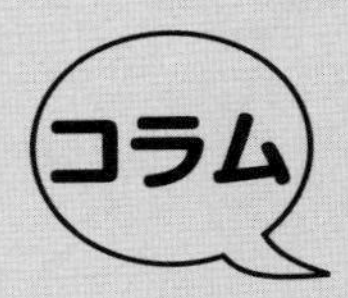

許可の更新手続の受付期間に注意しましょう

許可の更新手続を申請できる期限は、大臣許可と知事許可では異なります。大臣許可、知事許可とも許可有効期限の30日前までに更新申請手続を行う必要があります（受付の始期は、大臣許可は許可有効期限の３カ月前からですが、知事許可は自治体によって異なりますので、申請先の都道府県担当部署に確認してください）。更新手続に併せて許可の業種追加を申請する場合、上記の期限内に間に合うタイミングで申請する場合は、更新手続と業種の追加手続を一括で申請することができますが、申請期限を過ぎてしまった場合にはそれぞれ別個の申請書類を作成して提出しなければなりません。

申請期限を徒過したという一事をもって更新申請を拒絶する行政庁は少ないと思われますが、申請期限を過ぎた手続については更新の許可通知の発行（発送）が遅れて申請事業者の手元に到着するのが許可の有効期限より後になるなどの不利益が生じることがあるので注意すべきです。

役員等の一覧表

別紙一

（用紙Ａ４）

役　員　等　の　一　覧　表

令和　　年　　月　　日

❶役員等の氏名及び役名等		❸
氏(フリ) 名(ガナ)	役　名　等	常勤・非常勤の別
ホウレイ　タロウ 法令　太郎	代表取締役 ❷	常勤
ホウレイ　ケンタ 法令　建太	取締役等	非常勤
ヤマカワ　サユリ 山川　小百合	取締役等	常勤
アダチ　イワオ 足立　岩男	顧問	非常勤

1　法人の役員、顧問、相談役又は総株主の議決権の100分の５以上を有する株主若しくは出資の総額の100分の５以上に相当する出資をしている者（個人であるものに限る。以下「株主等」という。）について記載すること。
2　「株主等」については、「役名等」の欄には「株主等」と記載することとし、「常勤・非常勤の別」の欄に記載することを要しない。

〔記載方法〕

❶　監査役は含まれません。

❷　取締役で、かつ、株主の場合には、「取締役等」と表記します。

❸　「常勤」とは…原則として建設業の営業所において休日その他の勤務を要しない日を除き、一定の計画の下に常時所定の時間中、その職務に従事していることをいいます。

営業所一覧表（新規許可等）

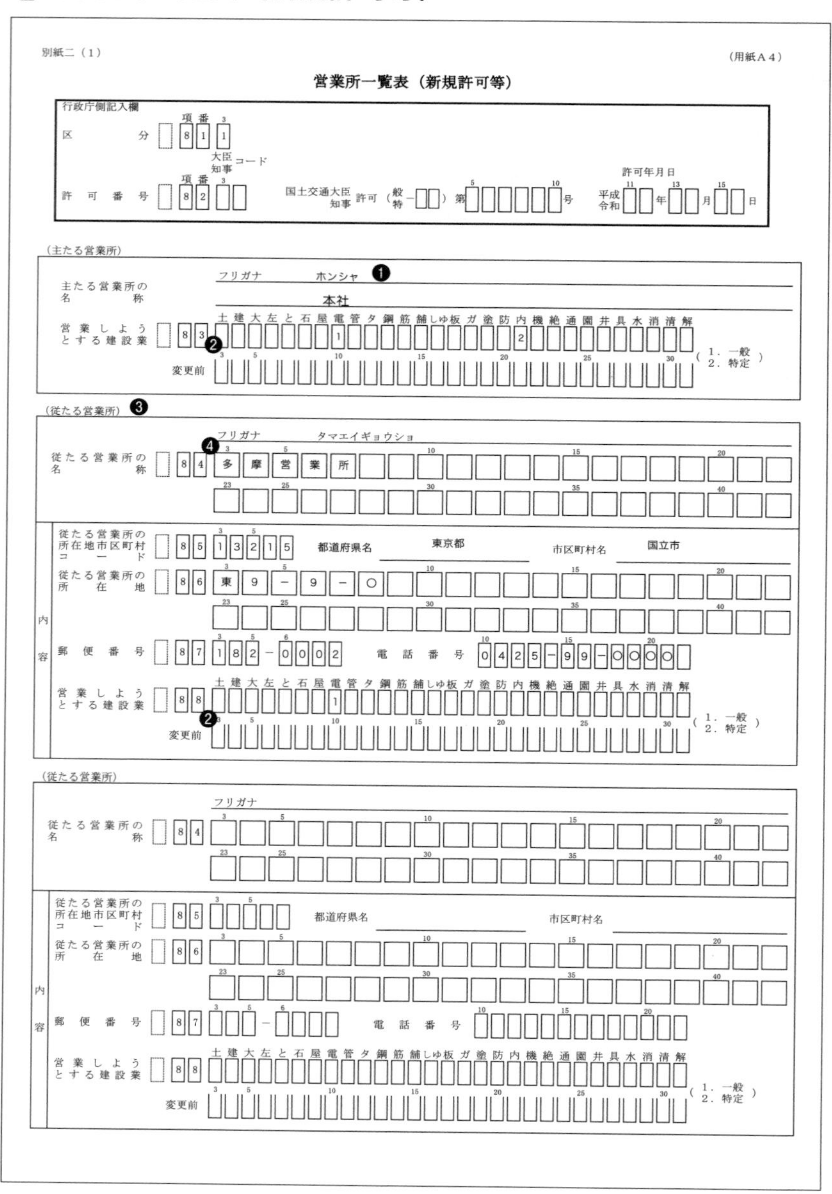

別紙二（1）　　　　　　　　　　　　（用紙A4）

営業所一覧表（新規許可等）

行政庁側記入欄

区分　項番 8 1　1

許可番号　項番 8 2　大臣・知事コード　国土交通大臣・知事　許可（般・特－　）第　　号　許可年月日　平成・令和　年　月　日

（主たる営業所）

主たる営業所の名称　フリガナ　ホンシャ ❶

本社

営業しようとする建設業　8 3 ❷

土	建	大	左	と	石	屋	電	管	タ	鋼	筋	舗	しゅ	板	ガ	塗	防	内	機	絶	通	園	井	具	水	消	清	解
							1											2										

（1．一般　2．特定）

変更前

（従たる営業所）❸

従たる営業所の名称　8 4 ❹　フリガナ　タマエイギョウショ

多摩営業所

内容

従たる営業所の所在地市区町村コード　8 5　13215　都道府県名　東京都　市区町村名　国立市

従たる営業所の所在地　8 6　東9－9－〇

郵便番号　8 7　182－0002　電話番号　0425－99－〇〇〇〇

営業しようとする建設業　8 8 ❷

土	建	大	左	と	石	屋	電	管	タ	鋼	筋	舗	しゅ	板	ガ	塗	防	内	機	絶	通	園	井	具	水	消	清	解
							1																					

（1．一般　2．特定）

変更前

（従たる営業所）

従たる営業所の名称　8 4　フリガナ

内容

従たる営業所の所在地市区町村コード　8 5　都道府県名　市区町村名

従たる営業所の所在地　8 6

郵便番号　8 7　－　電話番号

営業しようとする建設業　8 8

土	建	大	左	と	石	屋	電	管	タ	鋼	筋	舗	しゅ	板	ガ	塗	防	内	機	絶	通	園	井	具	水	消	清	解

（1．一般　2．特定）

変更前

〔記載方法〕

❶　主たる営業所の呼称は、「本社」や「本店」が一般的です。

他の様式でも、この名称は記載されることになるので、統一的な記載が必要です。

❷　業種を追加する場合は、項番８３、項番８８の下段には追加申請前の全業種を、上段には追加申請後の全業種を記載します。

❸　名目上の営業所や、登記上の営業所でしかない場合（＝建設業法上の営業所に該当しない場合）は記載を要しません。

❹　営業所の名称を記載します。営業所の数が４以上ある場合は、この書式を複数用意して表記します。

収入印紙等はり付け用紙

別紙三（第二条関係）

収入印紙、証紙、登録免許税領収証書又は許可手数料領収証書はり付け欄

この様式は大臣許可の場合に添付します

記載要領

「収入印紙、証紙、登録免許税領収証書又は許可手数料領収証書はり付け欄」は、収入印紙、証紙、登録免許税領収証書又は許可手数料領収証書をはり付けること。ただし、登録免許税法（昭和42年法律第35号）第24条の２第１項又は情報通信技術を活用した行政の推進等に関する法律（平成14年法律第151号）第６条第５項の規定により国土交通大臣の許可に係る登録免許税又は許可手数料を納めた場合にあつては、この限りでない。

申請をやめるとお金は戻ってくるか？

建設業許可の手続を申請し受理されたものの、例えば、選任しようとしていた専任技術者の候補者が家庭の事情で申請会社からの退職を余儀なくされてしまうなど、何らかの事情で許可通知書の交付を受ける前に手続を撤回しなければならない場合もあり得ます。

この点に関し、大臣許可の場合と都道府県知事許可の場合で一旦窓口で納付したお金を返していただけるかどうか差があります。

大臣許可の場合は、納付したお金は登録免許税の納付として扱われます。行政庁の審査が終了し許可行為が行われるまでに申請手続を撤回（取下げ）した場合には、この登録免許税については返還（還付）の手続をとることができます。

これに対し、都道府県知事許可の場合は、「審査手数料」としての納付の性質を有しています。申請が受理されると同時に審査手続に入ったことになるため、申請手続を撤回（取下げ）する場合でもこの手数料は返還されません。これは、受付段階で発見されなかった事由により不許可になるケースにおいても同様です（例えば、申請者の役員の欠格事由に気がつかないまま申請して受け付けられた後に、行政側の調査で欠格事由が発覚し許可が得られない場合など）。

納付した審査手数料を無駄にしないためにも、申請手続にあたっては許可を妨げる事由が存在していないかどうか、慎重な調査、判断が必要といえましょう。

なお、大臣許可であっても、業種の追加や更新手続においては、撤回（取下げ）した場合でも還付の手続は取れませんので注意が必要です。

専任技術者一覧表

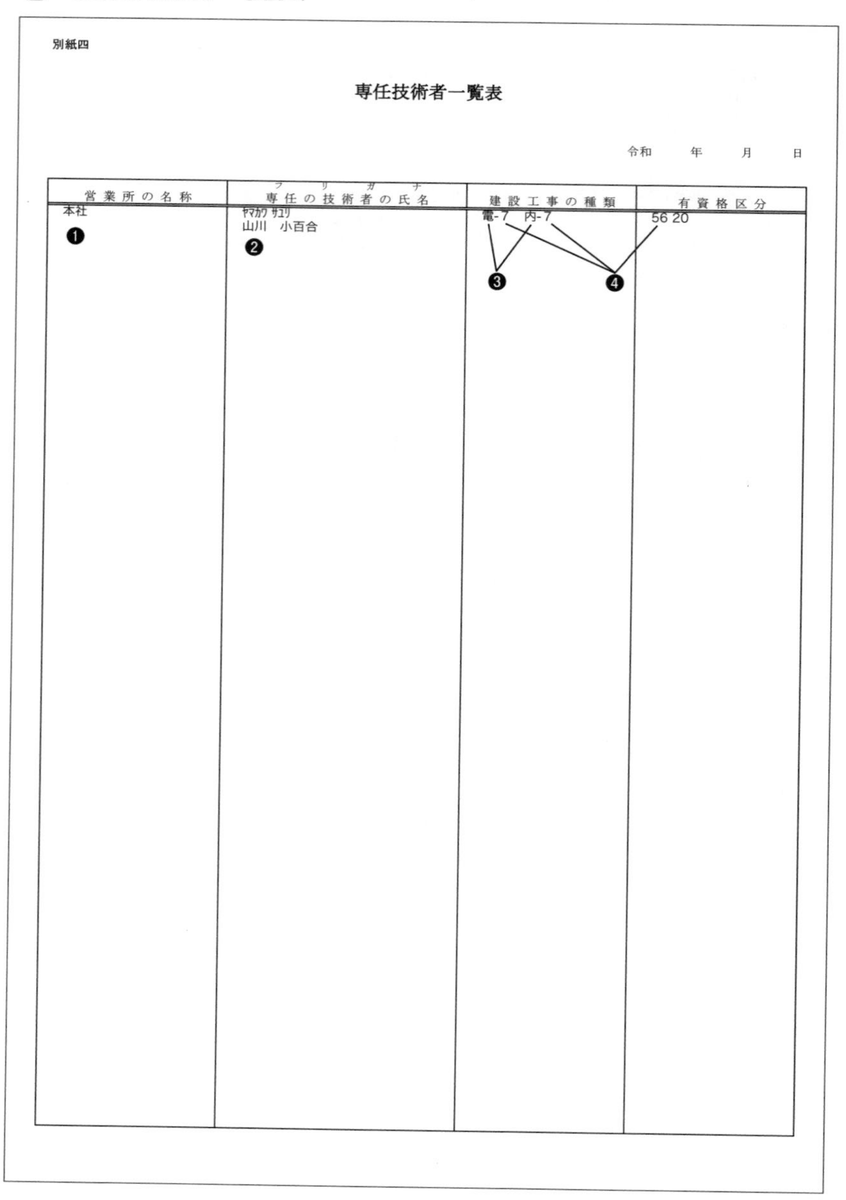

別紙四

専任技術者一覧表

令和　　年　　月　　日

営業所の名称	フリガナ 専任の技術者の氏名	建設工事の種類	有資格区分
本社 ❶	ﾔﾏｶﾜ ｻﾕﾘ 山川　小百合 ❷	電-7　内-7 ❸ ❹	56 20

〔記載方法〕

❶　こちらに記載する「営業所の名称」は、「別紙二」（70ページ）に記載された名称と同一となります。

❷　資格保有者の場合は、資格者証（合格証）に記載された文字を用います。実務経験で専任技術者となる者については、住民票の氏名の表記に合わせます（住民票は確認資料ではないため、別途確認が必要）。

❸　業種については、略号での記載も可能です（例：内装仕上工事の場合＝内）。

❹　略号の後ろの数字と有資格区分の番号は、以下の一覧表を参照して記載します（資格表は334、335ページ参照）。

<table>
<tr><th colspan="2">一般建設業</th><th>建設業の種類
（項番 64）</th><th>有資格区分
（項番 65）</th></tr>
<tr><td rowspan="3">法第7条2号</td><td>イ（指定学科卒業と実務経験）</td><td>1</td><td>0 1</td></tr>
<tr><td>ロ（実務経験 10 年以上）</td><td>4</td><td>0 2</td></tr>
<tr><td>ハ（国家資格者または大臣特認）</td><td>7</td><td>資格表のうち
○と◎のもの</td></tr>
</table>

<table>
<tr><th colspan="3">特定建設業</th><th>建設業の種類
（項番64）</th><th>有資格区分
（項番65）</th></tr>
<tr><td colspan="3">法第15条第２号イ（国家資格者）</td><td>9</td><td>資格表のうち
◎のもの</td></tr>
<tr><td rowspan="3">法第15条
第２号ロ
（指導監督的
実務経験）</td><td rowspan="3">法第７条
第２号</td><td>イ（指定学科卒業と実務経験）</td><td>2</td><td>0 1</td></tr>
<tr><td>ロ（実務経験10年以上）</td><td>5</td><td>0 2</td></tr>
<tr><td>ハ（国家資格者または大臣特認）</td><td>8</td><td>資格表のうち
○のもの</td></tr>
<tr><td colspan="2" rowspan="2">法第15条第２号ハ
（大臣特認）</td><td>国家資格者または大臣特認</td><td>3</td><td>0 3</td></tr>
<tr><td>国家資格者または大臣特認</td><td>6</td><td>0 4</td></tr>
</table>

工事経歴書

様式第二号（第二条、第十三条の二、第十三条の三、第十九条の八関係）　　　　（用紙Ａ４）

工　事　経　歴　書

（建設工事の種類）　内装仕上❶　工事　（税込❷・　税抜　）

注文者	元請又は下請の別	JVの別❹	工事名	工事現場のある都道府県及び市区町村名	配置技術者 氏名❻	主任技術者又は監理技術者の別（該当箇所にレ印を記載） 主任技術者	監理技術者	請負代金の額	うち、・PC・法面処理・鋼橋上部❼	工期❽ 着工年月	完成又は完成予定年月
㈱三鷹不動産	元請		本社ビル防音工事	東京都三鷹市	竹原　翔太	レ		❾ 2,826 千円	千円	令和　1年10月	令和　1年11月
B ❸	元請		B邸1階リフォーム工事	千葉県浦安市	橋本　和正	レ		1,680 千円	千円	令和　1年10月	令和　1年10月
㈱新宿建設	下請		目黒オーチャードホール防音工事	東京都目黒区	竹原　翔太	レ		6,020 千円	千円	令和　1年12月	令和　2年　2月
駒沢インテリア㈱	下請		高崎ビル社長室インテリア工事	群馬県高崎市	桑田　義人	レ		1,405 千円	千円	令和　2年　2月	令和　2年　4月
C	元請		C邸内装間仕切り工事 ❺	東京都練馬区	橋本　和正	レ		870 千円	千円	令和　2年　3月	令和　2年　3月
大宮建物㈱	下請		千住パークプラザ303号室天井仕上工事	東京都足立区	竹原　翔太	レ		490 千円	千円	令和　2年　4月	令和　2年　4月
永田町ビル㈱	下請		人形町ゲストハウス食堂壁貼り工事	東京都中央区	桑田　義人	レ		310 千円	千円	令和　2年　5月	令和　2年　5月
㈱赤坂都市開発	下請		武蔵野民芸館2Fふすま工事	東京都武蔵野市	竹原　翔太	レ		220 千円	千円	令和　2年　6月	令和　2年　7月
乃木坂ハウス㈱	下請		生田商業高校実験室間仕切り工事	神奈川県川崎市多摩区	橋本　和正	レ		180 千円	千円	令和　2年　8月	令和　2年　8月
㈱品川住宅販売	下請		豊洲ベイハイム1503号室床仕上げ工事	東京都中央区	桑田　義人	レ		160 千円	千円	令和　2年　9月	令和　2年　9月
								千円	千円	年　月	年　月
								千円	千円	年　月	年　月
								千円	千円	年　月	年　月

	件数	請負代金の額	うち PC等	うち　元請工事	
❿ 小　計	10 件	14,161 千円	千円	5,378 千円	千円
⓫ 合　計	123 件	26,533 千円	千円	7,985 千円	千円

〔記載方法〕

❶　（内）などの略号でも可能です。

❷　いずれかに○。様式第三号や財務諸表と一致していることが必要です。

❸　元請の場合、記載相手は次のように推奨しています。

個人が発注者である場合の表記は、これまで苗字の記載やフルネームの記載が認められていましたが、個人が特定されないよう配慮して、「Ａ」などの表記をなるべく使用します。

❹　JV（共同企業体）での受注形態の場合、「JV」と記入します。

請負契約書やコリンズの竣工カルテなどでJVの出資比率などの詳細を確認します（「コリンズ」については243ページ参照）。

❺　注文者の欄と同様に、個人が特定されないよう配慮して、「Ｂ邸」などの表記をなるべく用いるよう推奨しています。

直近の年度内において工事実績がない場合は、「工事名」の行の最上段に「実績なし」、「工事実績ございません」などの記載します。

❻　工期の途中で退職等の理由により、配置技術者が変更した場合には、変更前の者を含めてすべての配置技術者を記載します。

❼　施工にかかる方法について○で囲んで特定します。

❽　未成工事の場合は、完成予定年月を記載します。未成工事は、完成工事と段を分けて表記し、完成予定年月を記載します。

❾　工事進行基準を採用している場合には、二段書きになります。

〈記載例〉

（55,000）……今期の完成工事高

231,000　……請負代金の総額

❿　このページの表に記載された工事に関する合計を記載します。

⓫　今期の年度内に施工された「全件数」と「請負金額の合計額」を記載します。

工事経歴書の記載のルール

① 経営事項審査を受けない場合

ⅰ 直近の決算期にかかる完成工事について、請負金額の大きい順に10件記載します。

※ 提出先の都道府県ごとに記載すべき件数が異なります。各都道府県で発行する手引き等で確認してください。

ⅱ 続けて主な未成工事について請負金額の大きい順に記載します。

② 経営事項審査を受ける場合

各業種ごとに

ⅰ 元請工事について、直近の決算期にかかる完成工事について、請負金額の大きい順に「元請工事の請負金額全体の70％に達するまで」記載します。

ⅱ 続けて、①で記載しなかった元請工事と下請工事全体の中から、直近の決算期にかかる完成工事について、請負金額の大きい順に「申請会社が当該事業年度内に施工した工事の請負金額全体の70％に達するまで」記載します。

ⅲ ただし、建設業許可を必要としない規模の工事がⅰとⅱに記載された工事を含めて合計10件に達した場合は、ⅱの下線部の記載にもかかわらず、11件目以降の記載は必要ありません。

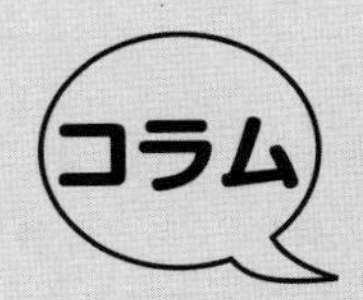

手続の電子化は序章。その先にあるものは？

2021年冒頭、申請書類から印鑑の捺印がなくなりました。これは電子化に向けての第一歩といってもよいでしょう。

そして、2023年１月10日より、国土交通大臣許可と東京都、京都府、大阪府、兵庫県、福岡県を除く１道41県の知事許可の建設業許可申請および経営事項審査申請について、電子申請システムが稼働し始めました。これを利用することによって、今まで紙に書かれていた文書がパソコンの中の電子データのまま送信され手続が完結します。

建設業許可申請関係の電子化の大きな目玉として挙げられるのは、バックヤード連携です。国土交通省（または都道府県）の審査担当窓口から、住民票（住民基本台帳）、法人登記簿謄本（登記情報）、納税証明書（国税、地方税のデータベース）の情報を確認できるシステムが構築されました。これまででは決してありえなかった、他の省庁のデータを行政間で確認できるようになりました。

今まで一つひとつの文書に捺印をし、様々な行政機関から証明書類を入手して手続を行っていたところを、IT 技術を駆使して申請者（国民）の利便性を高めていきます。これはいわゆる行政手続における DX（デジタルトランスフォーメーション）と呼ばれるものです。

電子申請システムはまだ動き始めたばかりで、これから実際の申請手続が行われる過程で様々な改善が行われ、利用者の利便性を考えて改善・進化していくことでしょう。新しいシステムについて行政手続として一体どのような変化が起こるのか、手続に携わる者は常にアンテナを張っておく必要があるでしょう。

直前３年の各事業年度における工事施工金額

様式第三号（第二条、第十三条の二、第十三条の三関係）

（用紙Ａ４）

直前３年の各事業年度における工事施工金額

❷（税込）・税抜／単位：千円）❸

❶ 事業年度	注文者の区分		許可に係る建設工事の施工金額				その他の建設工事の施工金額 ❹	合計
			（電）工事	（内）工事	工事	工事		
第10期 平成30年 4月 1日から 平成31年 3月31日まで	元請	公共	0	0			0	0
		民間	2,400	11,000			0	13,400
	下請		16,172	13,387			0	29,559
	計		18,572	24,387			0	42,959
第11期 平成31年 4月 1日から 令和 2年 3月31日まで	元請	公共	0	0			0	0
		民間	1,208	4,820			0	6,028
	下請		26,611	19,636			0	46,247
	計		27,819	24,456			0	52,275
第12期 令和 2年 4月 1日から 令和 3年 3月31日まで	元請	公共	0	0			0	0
		民間	2,800	5,376			0	8,176
	下請		10,720	9,462			0	20,182
	計		13,520 ❺	14,838 ❺			0	28,358 ❻
第　期 年　月　日から 年　月　日まで	元請	公共						
		民間						
	下請							
	計							
第　期 年　月　日から 年　月　日まで	元請	公共						
		民間						
	下請							
	計							
第　期 年　月　日から 年　月　日まで	元請	公共						
		民間						
	下請							
	計							

記載要領

1　この表には、申請又は届出をする日の直前３年の各事業年度に完成した建設工事の請負代金の額を記載すること。

2　「税込・税抜」については、該当するものに丸を付すこと。

3　「許可に係る建設工事の施工金額」の欄は、許可に係る建設工事の種類ごとに区分して記載し、「その他の建設工事の施工金額」の欄は、許可を受けていない建設工事について記載すること。

4　記載すべき金額は、千円単位をもつて表示すること。
ただし、会社法（平成17年法律第86号）第２条第６号に規定する大会社にあつては、百万円単位をもつて表示することができる。この場合、「（単位：千円）」とあるのは「（単位：百万円）」として記載すること。

5　「公共」の欄は、国、地方公共団体、法人税法（昭和40年法律第34号）別表第一に掲げる公共法人（地方公共団体を除く。）及び第18条に規定する法人が注文者である施設又は工作物に関する建設工事の合計額を記載すること。

6　「許可に係る建設工事の施工金額」に記載する建設工事の種類が５業種以上にわたるため、用紙が２枚以上になる場合は、「その他の建設工事の施工金額」及び「合計」の欄は、最終ページにのみ記載すること。

7　当該工事に係る実績が無い場合においては、欄に「０」と記載すること。

〔記載方法〕

❶　事業年度は計６期分あります。決算期が６カ月の場合もあり得るため、記載すべき事業年度は計６段分設けられています。

　また、年度の途中で決算期を変更している場合には４期分の記載となることもあります。

❷　いずれかに○。工事経歴書や財務諸表と一致していることが必要です。

❸　会社法に規定する「大会社」の場合は、千円単位ではなく百万円単位で記入することも認められています（その場合は、右上の「単位：千円」の表記を「単位：百万円」と訂正して使用します）。

❹　許可を有していない建設業に係る軽微な工事の施工金額を記入します。保有している許可業種が５以上の場合、複数の用紙を使用して記載していきますが、「その他の建設工事の施工金額」および「会計」の欄は、最終の用紙のみ記載することになります。

❺　業種ごとに作成した工事経歴書の合計金額の欄と一致します。

❻　財務諸表の損益計算書に記載される「完成工事高」と一致します。

附帯工事という考え方

大きな建物の周囲に防水工事を施そうとする場合に、建物の周囲全体に足場を組んで作業をする。このようなケースで、建物に直接施す施工は「防水工事」であり、足場を組む工事は「とび・土工・コンクリート工事」の範疇に入ります。この場合における「足場を組む工事」は、主たる工事（防水工事）を施工するために生じた「他の従たる建設工事」ということができます。

また、屋根工事の施工に伴って必要を生じた塗装工事のように、主たる建設工事の施工により必要を生じた「他の従たる建設工事」などもあります。

これらの「従たる工事」を「附帯工事」といい、建設業法では「許可を受けた建設業に係る建設工事以外の建設工事」であっても例外的に請け負うことができると定めています。

上述の例でいえば、足場を組む「とび・土工・コンクリート工事」は、請負契約の主目的である「防水工事」の附帯工事であり、また、「塗装工事」は主目的である「屋根工事」の附帯工事となります。

附帯工事は、その施工の部分だけを見ればそれぞれの業種にかかる内容の工事を施工しているといえます。しかし、経営業務の管理責任者の選任にあたっての過去の経営経験を裏付ける工事や、専任技術者における実務経験の証明の対象としての工事に、これら附帯工事の実績を使用することはできません。経営経験や実務経験を裏付ける工事の実績は、あくまでその工事に関して依頼を受け業務の完成を請け負ったものが対象となり、付随的に発生した業務を目的として請負契約を締結して納品しているわけではないからです。

使用人数

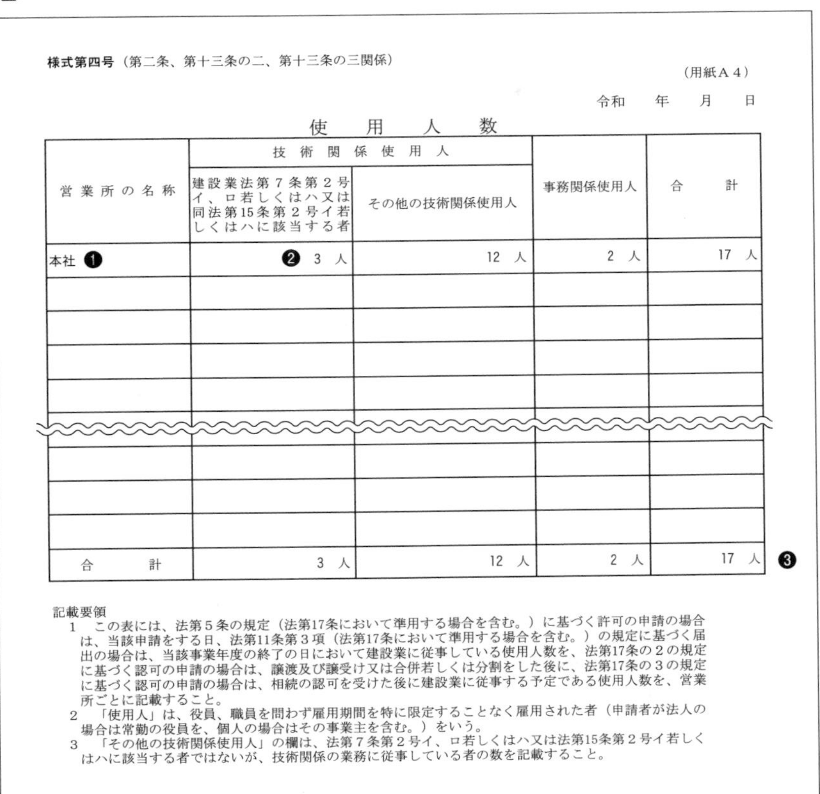

様式第四号（第二条、第十三条の二、第十三条の三関係）

（用紙Ａ４）

令和　　年　　月　　日

使　用　人　数

営業所の名称	技術関係使用人		事務関係使用人	合計
	建設業法第７条第２号イ、ロ若しくはハ又は同法第15条第２号イ若しくはハに該当する者	その他の技術関係使用人		
本社 ❶	❷ 3　人	12　人	2　人	17　人
合計	3　人	12　人	2　人	17　人 ❸

記載要領
1　この表には、法第５条の規定（法第17条において準用する場合を含む。）に基づく許可の申請の場合は、当該申請をする日、法第11条第３項（法第17条において準用する場合を含む。）の規定に基づく届出の場合は、当該事業年度の終了の日において建設業に従事している使用人数を、法第17条の２の規定に基づく認可の申請の場合は、譲渡及び譲受け又は合併若しくは分割をした後に、法第17条の３の規定に基づく認可の申請の場合は、相続の認可を受けた後に建設業に従事する予定である使用人数を、営業所ごとに記載すること。
2　「使用人」は、役員、職員を問わず雇用期間を特に限定することなく雇用された者（申請者が法人の場合は常勤の役員を、個人の場合はその事業主を含む。）をいう。
3　「その他の技術関係使用人」の欄は、法第７条第２号イ、ロ若しくはハ又は法第15条第２号イ若しくはハに該当する者ではないが、技術関係の業務に従事している者の数を記載すること。

〔記載方法〕

❶　許可申請書別紙二(1)(2)に記載された順に、営業所ごとに一段ずつ使用して記載します。

❷　専任技術者に就任する資格を有する技術職員が該当します。

❸　合計欄を記入することを失念しないよう注意が必要です。

- 建設業以外の事業を担当するものは除きます。
- 代表権を有する役員や個人事業主も含めてカウントします。

誓 約 書

様式第六号（第二条、第十三条の二、第十三条の三関係）

（用紙Ａ４）

誓　　約　　書

❶

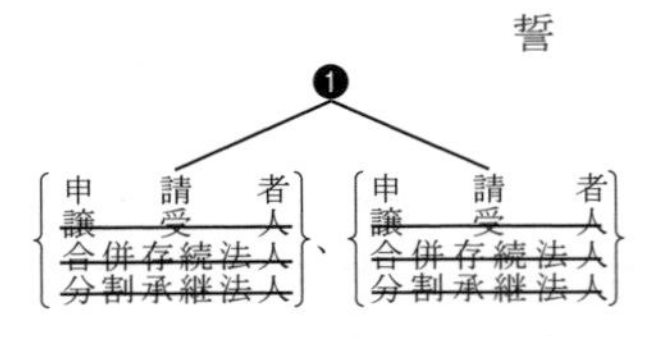
申請者 ~~譲受人~~ ~~合併存続法人~~ ~~分割承継法人~~、申請者 ~~譲受人~~ ~~合併存続法人~~ ~~分割承継法人~~ の役員等及び建設業法施行令第3条に規定する使

用人並びに法定代理人及び法定代理人の役員等は、建設業法第８条各号(同法第17条において準用される場合を含む。)に規定されている欠格要件に該当しないことを誓約します。

❷

令和　　年　　月　　日

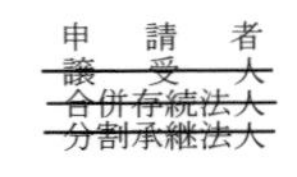
申請者
~~譲受人~~
~~合併存続法人~~
~~分割承継法人~~

東京都千代田区岩本町1丁目2番○号 法令ビル２階
株式会社　ほうれい建設
代表取締役　法令　太郎

~~地方整備局長~~
~~北海道開発局長~~ ❸
東京都知事　　殿

記載要領

「申請者 譲受人 合併存続法人 分割承継法人」、「申請者 譲受人 合併存続法人 分割承継法人」、「地方整備局長 北海道開発局長 知事」については不要なものを消すこと

〔記載方法〕

❶　通常の申請のほか、事業譲渡、合併、会社分割の認可申請手続でも使用します。

❷　誓約した後に欠格要件に該当していることが発覚した場合、許可の取り消し事由になるため、代理申請、代行申請する場合は申請者に欠格要件が列挙された書面を提示して確認するなどして十分注意を払う必要があります。

❸　地方整備局長や都道府県知事の個人名は記載しません。

常勤役員等（経営業務の管理責任者等）証明書

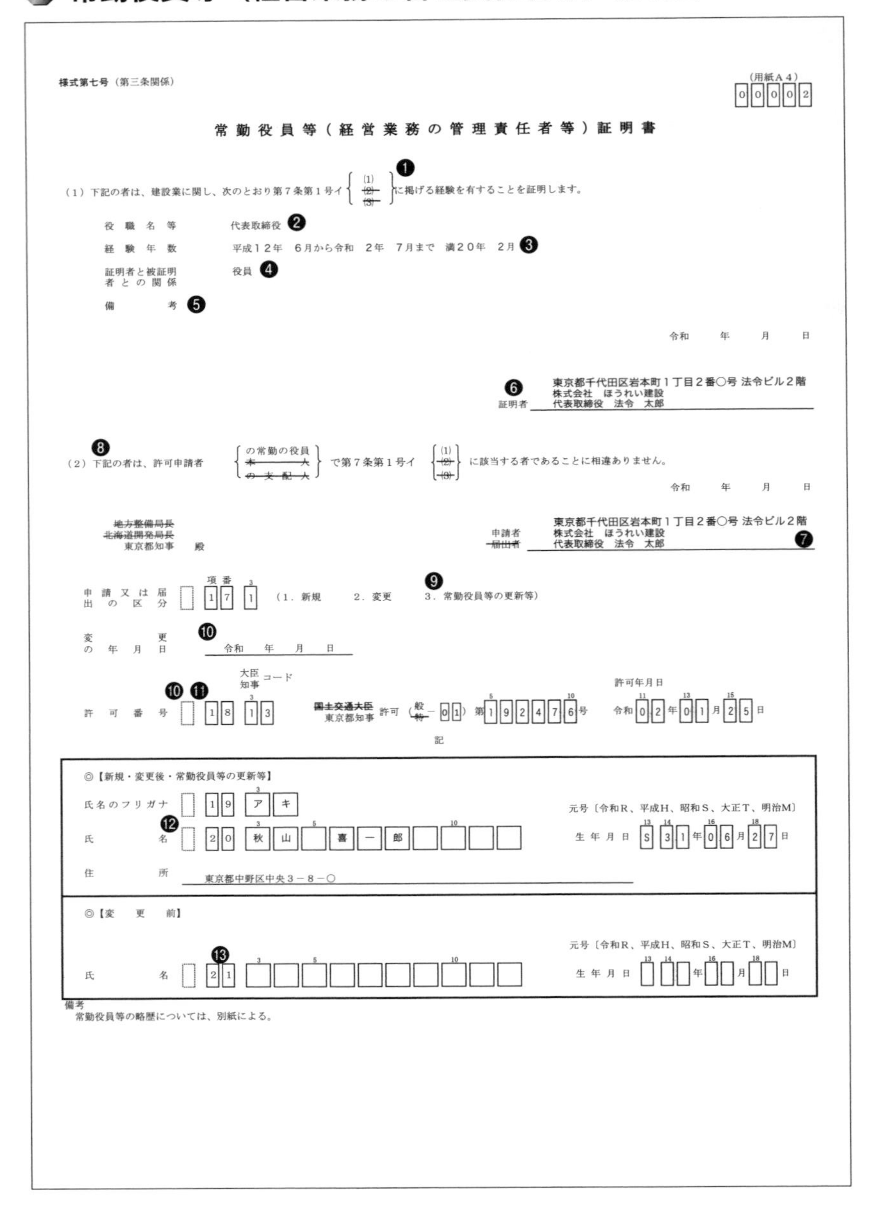

様式第七号（第三条関係）

（用紙Ａ４）

0 0 0 0 2

常勤役員等（経営業務の管理責任者等）証明書

（１）下記の者は、建設業に関し、次のとおり第７条第１号イ {(1) ~~(2)~~ ~~(3)~~} に掲げる経験を有することを証明します。❶

役職名等　代表取締役 ❷

経験年数　平成１２年　６月から令和　２年　７月まで　満２０年　２月 ❸

証明者と被証明者との関係　役員 ❹

備考 ❺

令和　年　月　日

❻ 証明者　東京都千代田区岩本町１丁目２番○号 法令ビル２階
株式会社　ほうれい建設
代表取締役　法令　太郎

❽（２）下記の者は、許可申請者 {の常勤の役員 ~~本人~~ ~~の支配人~~} で第７条第１号イ {(1) ~~(2)~~ ~~(3)~~} に該当する者であることに相違ありません。

令和　年　月　日

~~地方整備局長~~
~~北海道開発局長~~
東京都知事　殿

申請者 ~~届出者~~　東京都千代田区岩本町１丁目２番○号 法令ビル２階
株式会社　ほうれい建設
代表取締役　法令　太郎 ❼

申請又は届出の区分　項番 17　1　（１．新規　２．変更　３．常勤役員等の更新等）❾

変更の年月日 ❿　令和　年　月　日

許可番号 ❿ ⓫　18　13　大臣知事コード ~~国土交通大臣~~ 東京都知事　許可（~~般特~~ − 01）第 192476 号　許可年月日 令和 02 年 01 月 25 日

記

◎【新規・変更後・常勤役員等の更新等】

氏名のフリガナ　19　アキ

氏名 ⓬　20　秋山喜一郎

生年月日　S 31 年 06 月 27 日　元号〔令和R、平成H、昭和S、大正T、明治M〕

住所　東京都中野区中央３－８－○

◎【変更前】

氏名 ⓭　21

生年月日　年　月　日　元号〔令和R、平成H、昭和S、大正T、明治M〕

備考
常勤役員等の略歴については、別紙による。

〔記載方法〕

❶ 「下記の者」とは、項番２０に記載する、常勤役員等対象者を指します。

❷ 証明者となる企業、個人事業体の中での役職を記載します。

❸－１　常勤役員等（経営業務の管理責任者等）としての経験を有した期間を記載します（役員等として在籍した全期間を記載するのではありません）。

❸－２　途中、常勤役員等（経営業務の管理責任者等）としての経験を有した期間に中断期間がある場合は、上下に二段書きで併記します。

❹ 証明者からみた身分を記載します。

❺ かつて許可を有していた実績を利用する場合、その許可の内容を備考欄に記載します。

〈記載例〉
東京都知事許可
（般－01）第＊＊＊＊＊＊号
機械器具設置工事業
令和元年９月28日許可

❻ 証明者は、自社の場合と他社（他者）の場合と双方あり得ます。一方、⑵の申請者は常に自社となります。

❼ 証明すべき会社がすでに解散している、所属が何十年も前のことなので、印鑑をもらいに行きづらい、喧嘩別れで退職したため、いまさら印鑑をもらえないなどの事情がある場合には、経営業務の管理責任者の対象者自身の住所氏名を記載することができます（この扱いを認めていない行政窓口（関東地方整備局など）もありますので、事前に確認が必要です）。

❽－１　⑵の「下記の者」とは、項番２０に記載する、経営業務の管理責任者の対象者を指します。

❽－２　「の常勤の役員」…申請者が法人の場合

「本人」…申請者が個人の場合

「の支配人」…申請者が個人で支配人を置いている場合

❾「３．常勤役員等の更新等」…更新、業種追加、般・特新規を申請する場合

❿　新規申請の場合は記入しません。

⓫　新規申請以外の場合は、現在の許可番号を記載する。複数の許可を有している場合は、最も古い日付を記載する。許可番号は右詰で記入し、左側のカラムに空きが出る場合は「０」を記入します。

⓬－１　項番２０に記載する氏名は、法人の場合は商業登記の記載、個人の場合は住民票の記載に一致させます。ただし、専任技術者をかねている場合は、資格証明書、卒業証明書と一致させます。

⓬－２　住民票上の住所と実際に居住している住所が異なる場合には、実際の居住地である住所を記載します。

⓭　項番２１は変更の場合にのみ記載します。

常勤役員等及び当該常勤役員等を直接に補佐する者の証明書

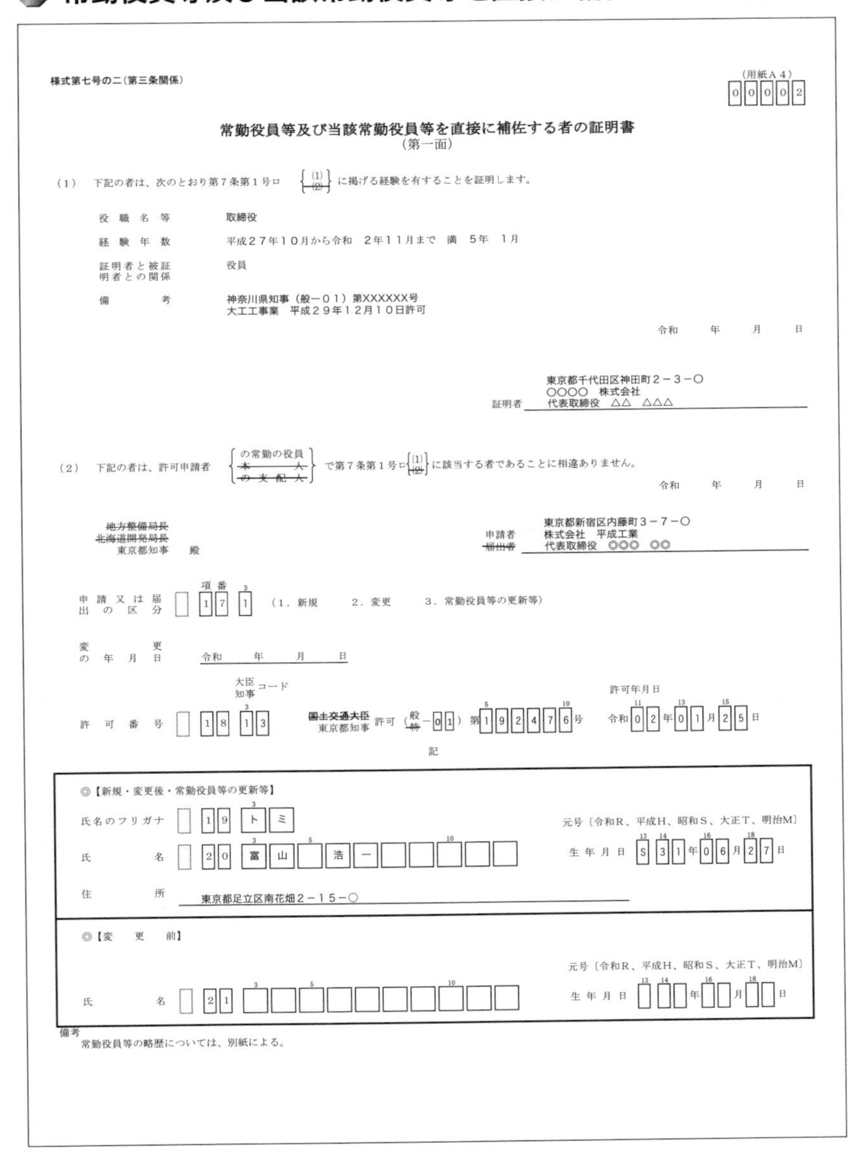

様式第七号の二（第三条関係）

（用紙Ａ４）

0 0 0 0 2

常勤役員等及び当該常勤役員等を直接に補佐する者の証明書
（第一面）

（1）　下記の者は、次のとおり第７条第１号ロ {(1) / ~~(2)~~} に掲げる経験を有することを証明します。

役職名等	取締役
経験年数	平成２７年１０月から令和　２年１１月まで　満　５年　１月
証明者と被証明者との関係	役員
備考	神奈川県知事（般－０１）第XXXXXX号 大工工事業　平成２９年１２月１０日許可

令和　　年　　月　　日

証明者　東京都千代田区神田町２－３－○
○○○○　株式会社
代表取締役　△△　△△△

（2）　下記の者は、許可申請者 {の常勤の役員 / ~~本　人~~ / ~~の支配人~~} で第７条第１号ロ {(1) / ~~(2)~~} に該当する者であることに相違ありません。

令和　　年　　月　　日

~~地方整備局長~~
~~北海道開発局長~~
東京都知事　殿

申請者 ~~届出者~~　東京都新宿区内藤町３－７－○
株式会社　平成工業
代表取締役　○○○　○○

申請又は届出の区分　項番 1 7　1　（1．新規　2．変更　3．常勤役員等の更新等）

変更の年月日　令和　　年　　月　　日

許可番号　1 8　大臣/知事コード 1 3　~~国土交通大臣~~ 東京都知事 許可（般/~~特~~－0 1）第 1 9 2 4 7 6 号　許可年月日 令和 0 2 年 0 1 月 2 5 日

記

◎【新規・変更後・常勤役員等の更新等】

氏名のフリガナ　1 9　ト　ミ

氏名　2 0　富　山　　浩　一

元号〔令和R、平成H、昭和S、大正T、明治M〕
生年月日　S 3 1 年 0 6 月 2 7 日

住所　東京都足立区南花畑２－１５－○

◎【変更前】

氏名　2 1

元号〔令和R、平成H、昭和S、大正T、明治M〕
生年月日　　年　　月　　日

備考
常勤役員等の略歴については、別紙による。

※　記載例、記載方法は、86～88ページを参照してください。

（用紙A4）

（第二面）

（3）　下記の者は、次のとおり5年以上の建設業の財務管理の業務経験を有し、上記の常勤役員等を直接に補佐する者として適切に配置するものであることに相違ありません。

令和　○年　月　日

~~地方整備局長~~
~~北海道開発局長~~
東京都知事　殿

~~申請者~~
届出者　東京都千代田区神田町2－3－○
○○○○　株式会社
代表取締役　△△　△△△

役職名等　財務部長

経験年数　平成26年　4月から　令和3年　3月まで　満　7年　0月

証明者と被証明者との関係　社員

備考

申請又は届出の区分　[ ] 2 2 2　（1．新規　2．変更　3．常勤役員等を直接に補佐する者の更新等）

変更の年月日　令和　○年　4月　1日

許可番号　[ ] 2 3　大臣/知事コード 1 3　~~国土交通大臣~~ 東京都知事　許可（般/~~特~~－0 3）第 1 9 2 4 7 6 号　許可年月日　令和 0 2 年 0 1 月 2 5 日

記

◎【新規・変更後・常勤役員等を直接に補佐する者の更新等】

氏名のフリガナ　[ ] 2 4　モ リ

氏名　[ ] 2 5　盛 田 光

元号〔令和R、平成H、昭和S、大正T、明治M〕
生年月日　S 5 4 年 1 1 月 0 8 日

住所　東京都港区元麻布3－52－○－1901

◎【変　更　前】

氏名　[ ] 2 6

元号〔令和R、平成H、昭和S、大正T、明治M〕
生年月日　年　月　日

備考
常勤役員等を直接に補佐する者の略歴については、別紙による。

※　記載例、記載方法は、86～88ページを参照してください。

(用紙A4)

（第三面）

下記の者は、次のとおり５年以上の建設業の労務管理の業務経験を有し、上記の常勤役員等を直接に補佐する者として適切に配置するものであることに相違ありません。

令和　○年　　月　　日

~~地方整備局長~~
~~北海道開発局長~~
東京都知事　殿

申請者 ~~届出者~~　東京都千代田区神田町２－３－○
○○○○　株式会社
代表取締役　△△　△△△

役職名等　人事課長

経験年数　平成２４年１０月から　令和２年　６月まで　満　８年　９月

証明者と被証明者との関係　社員

備考

申請又は届出の区分　[ ] [2][7] [1]　（１．新規　　２．変更　　３．常勤役員等を直接に補佐する者の更新等）

変更の年月日　令和　○年　4月　1日

許可番号　[ ] [2][3] [1][3]　大臣 知事 コード　国土交通大臣 東京都知事　許可（般 特－[ ][ ]）第[ ][ ][ ][ ][ ][ ]号　許可年月日 令和[ ][ ]年[ ][ ]月[ ][ ]日

記

◎【新規・変更後・常勤役員等を直接に補佐する者の更新等】

氏名のフリガナ　[ ] [2][8] [ヤ][マ]

元号〔令和R、平成H、昭和S、大正T、明治M〕

氏名　[ ] [2][9] [山][崎][ ][天][子][ ][ ][ ][ ][ ]

生年月日　[H] [0][1]年[0][7]月[2][6]日

住所　千葉県船橋市元船橋２－２２－○

◎【変　更　前】

元号〔令和R、平成H、昭和S、大正T、明治M〕

氏名　[ ] [3][0] [ ][ ][ ][ ][ ][ ][ ][ ][ ][ ]

生年月日　[ ] [ ][ ]年[ ][ ]月[ ][ ]日

備考
常勤役員等を直接に補佐する者の略歴については、別紙による。

※　記載例、記載方法は、86～88ページを参照してください。

(用紙A4)

(第四面)

下記の者は、次のとおり5年以上の建設業の業務運営の業務経験を有し、上記の常勤役員等を直接に補佐する者として適切に配置するものであることに相違ありません。

令和　○年　月　日

~~地方整備局長~~
~~北海道開発局長~~
東京都知事　殿

申請者
届出者
東京都千代田区神田町2－3－○
○○○○　株式会社
代表取締役　△△　△△△

役職名等　業務企画部長

経験年数　平成27年10月から　令和　3年　3月まで　満　5年　6月

証明者と被証明者との関係　社員

備考

申請又は届出の区分　[ ] [3][1] [2]　(1．新規　2．変更　3．常勤役員等を直接に補佐する者の更新等)

変更の年月日　令和　○年　4月　1日

許可番号　[ ] [2][3]（大臣/知事コード） [1][3]　~~国土交通大臣~~ 東京都知事 許可（般/~~特~~－[0][3]）第[1][9][2][4][7][6]号　許可年月日　令和[0][2]年[0][1]月[2][5]日

記

◎【新規・変更後・常勤役員等を直接に補佐する者の更新等】

氏名のフリガナ　[ ] [3][2] [フ][ジ]

氏名　[ ] [3][3] [富][士][吉][ ][可][林][ ][ ][ ][ ]

元号〔令和R、平成H、昭和S、大正T、明治M〕

生年月日　[S][5][1]年[1][0]月[0][2]日

住所　東京都目黒区五本木4－5－○

◎【変更前】

氏名　[ ] [3][4] [ ][ ][ ][ ][ ][ ][ ][ ][ ][ ]

元号〔令和R、平成H、昭和S、大正T、明治M〕

生年月日　[ ][ ][ ]年[ ][ ]月[ ][ ]日

備考
常勤役員等を直接に補佐する者の略歴については、別紙による。

※　記載例、記載方法は、86～88ページを参照してください。

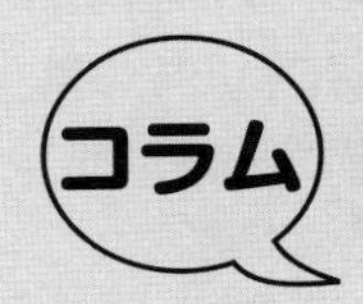

裏付け資料の収集は経験と知識がモノを言う

常勤役員等の「建設業の経営経験」を証明したり、専任技術者の実務経験を証明するための書証を揃える場面で、建設業法が要求している「内容」と「期間」を充足している文書を、一発でパッと整えて出せる事業者さんは稀です。「うちは特定の発注者さんからのご依頼ばかりなのでＦＡＸかメールで発注を受けています」「発注書と請書は交わしているけど、請書に印紙は貼っていませんよ」「うちは請求書しかないからなぁ…」と様々な事態に遭遇します。

また、保管状況も様々で、すべてきれいにファイリングしている事業者もありますが、紙ベースでは保管せずすべてデータ化している会社もあれば、発注書の束や請求書の束を黒い綴じひもで綴じて、その束をダンボールに無造作に放り込んで保管している会社もあります。

税務上の保管期限が７年の文書があるため、その保管期間中は営業所内の片隅に保管しているものの、保管期限が経過すると倉庫に眠らせておく会社もあります。行政書士の仕事をしていると、「今度倉庫に案内するから、見つけ出してくれません？」などと要請され、倉庫の中で埃まみれになって資料整理に励んだりもします。このようなときはスーツで出向くことは避けて、上下ジャージに軍手をはめ、首から手ぬぐいをぶら下げることさえあります。

それでも、「うん、これだけあれば何とか使えそうな資料が整いそうだな」という感触があれば、どれだけ埃まみれになろうとも諦めることなく書証を発掘します。そういう過程を経て、これまで何社もの許可取得に結び付けてきました。

このような地道な作業の経験も必要ですが、許可申請の書証を集める過程で、証明の対象となる人物が他の企業で得た経験を証明する場合には、その「他の企業」が行政庁で許認可を経ていた際の資料を取得することも有効な手段となり得ます。行政庁が保管している文書を「情報開示請求」の方法で取り寄せて、そこに記載されている事実を援用する方法です。また、東京都のように、建設業者の過去の実績をコンピュータ内に登録している行政庁もありますので、窓口でそのデータを確認してもらうといった手段も有効活用すべきでしょう。

常勤役員等の略歴書

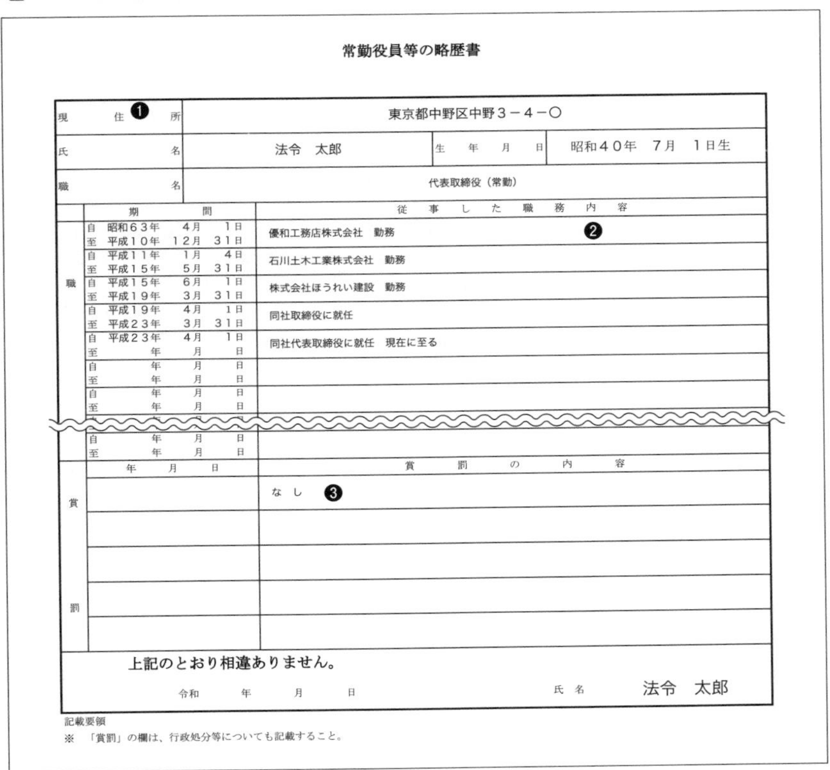

常勤役員等の略歴書

現住所 ❶	東京都中野区中野３－４－〇		
氏名	法令　太郎	生年月日	昭和４０年　7月　1日生
職名	代表取締役（常勤）		

	期間	従事した職務内容
職歴	自 昭和６３年 4月 1日 至 平成１０年 １２月 ３１日	優和工務店株式会社　勤務 ❷
	自 平成１１年 1月 4日 至 平成１５年 5月 ３１日	石川土木工業株式会社　勤務
	自 平成１５年 6月 1日 至 平成１９年 3月 ３１日	株式会社ほうれい建設　勤務
	自 平成１９年 4月 1日 至 平成２３年 3月 ３１日	同社取締役に就任
	自 平成２３年 4月 1日 至 年 月 日	同社代表取締役に就任　現在に至る
	自 年 月 日 至 年 月 日	
	自 年 月 日 至 年 月 日	
	自 年 月 日 至 年 月 日	

	年月日	賞罰の内容
賞罰		なし ❸

上記のとおり相違ありません。

令和　年　月　日　　　氏名　法令　太郎

記載要領
※　「賞罰」の欄は、行政処分等についても記載すること。

〔記載方法〕

❶　現住所と氏名は、常勤役員等（経営業務の管理責任者等）証明書（86ページ）の項番２０と一致します。

❷　学校卒業後現在までの職歴を記載します。特に建設業に関わる経歴は詳しく記載します。

❸　建設業の行政処分、行政罰のほか、刑罰その他の賞罰も記載します。

常勤役員等を直接に補佐する者の略歴書

常勤役員等を直接に補佐する者の略歴書

現住所 ❶	東京都千代田区神田多町２丁目○番地　櫻坂パレス406		
氏名	守田　光	生年月日	昭和５７年　８月　２２日生
職名	財務部長		

	期間	従事した職務内容	
職歴	自 平成１８年 ４月 １日 至 平成 年 月 日	○○○株式会社　入社　総務部勤務　❷	
	自 平成２２年 ７月 １日 至 平成２５年 ６月３０日	○○○株式会社　総務部勤務（人事係長）　❸	労務３年０月
	自 平成２５年 ７月 １日 至 平成２９年 ３月３１日	○○○株式会社　総武部勤務（人事課長）	労務３年９月
	自 平成２９年 ４月 １日 至 令和 １年 ３月３１日	○○○株式会社　総務部勤務（総務部長）	労務２年０月
	自 令和 １年 ４月 １日	○○○株式会社　財務部勤務（財務部長）	財務２年０月
	自 年 月 日 至 年 月 日	現在に至る	
	自 年 月 日 至 年 月 日		
	自 年 月 日 至 年 月 日		

	年月日	賞罰の内容
賞罰		なし　❹

上記のとおり相違ありません。

令和　○年　４月　１日　　　　氏名　守田　光

記載要領

※　「賞罰」の欄は、行政処分等についても記載すること。

〔記載方法〕

❶　現住所と氏名は、常勤役員等及び常勤役員等を直接に補佐する者の証明書（89～92ページ）の項番２０、２５、２９、３３と一致します。

❷　学校卒業後現在までの職歴を記載します。特に建設業に関わる経歴は詳しく記載します。

❸　補佐した職務の内容ごとに、┌┈┈┐内のように記載します。

❹　建設業の行政処分、行政罰のほか、刑罰その他の賞罰も記載します。

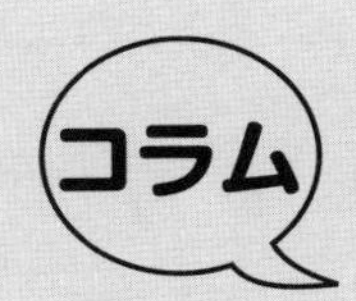

許可申請で用いられたデータの確認はどうすればよいか？

建設業許可においては、手続を申請した行政庁での閲覧制度を利用して、他の会社の工事経歴や財務関係情報などを調べることが可能です。しかし、残念ながら現在では申請書に綴られている「個人情報が記載されている書面」は閲覧の対象外となっており、公開された情報を収集することはできません。かつて許可申請において使われた情報を確認するにあたって、申請手続が電子化された後に注意しておかなければならない点が２つあります。

１つは、これまで紙申請の場合、申請者の手元には提出行政庁の収受印が押印された「申請書副本」が残されました。受付印が押印されているし、要所要所には捺印が施されているし、２穴紐綴じで綴られているし…と一目瞭然で「提出した書類を同じ内容の控えだな」と判別できました。ところが、電子申請手続によって提出したデータは、紙に打ち出して手元に残したいのであれば、収受印も押されていなければ、各様式にも捺印されている箇所もない書類の束となって保管されることになります。となると、印が押されていないがためにいつどのタイミングでプリントアウトされたものなのかが判別し難くなります。

もう一つは、電子化されると紙申請された「正本」も存在しないため、紙ベースで閲覧の対象として保管されるということもなくなってしまうのです。

後者に関しては、電子申請開始後は、閲覧可能な情報はオンラインでデータを確認することができるようになりそうです。

申請人や手続代理人は、これまで以上に「申請手続で最終的に提出した情報」の管理をしっかり行うことが要求されます。

専任技術者証明書（新規）

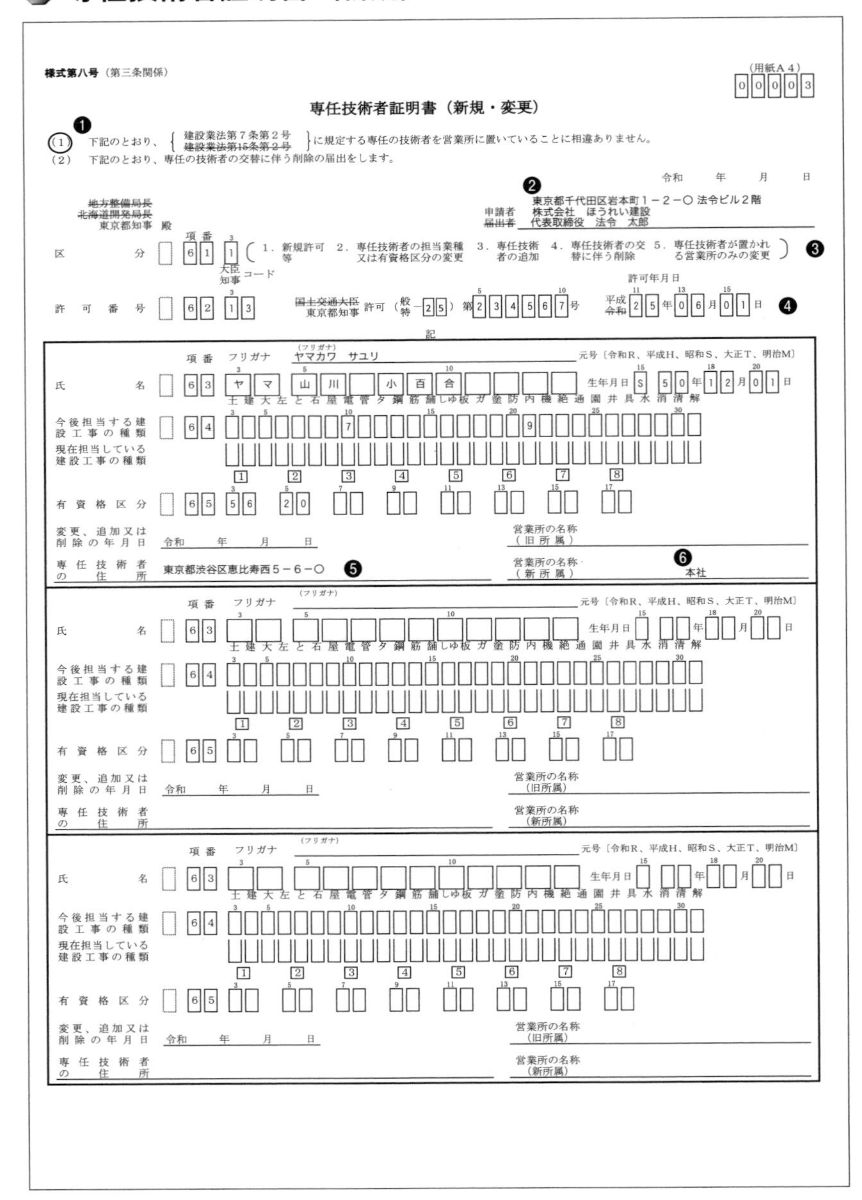
様式第八号（第三条関係）

（用紙Ａ４）
00003

専任技術者証明書（新規・変更）

❶
(1) 下記のとおり、{建設業法第７条第２号 / ~~建設業法第15条第２号~~} に規定する専任の技術者を営業所に置いていることに相違ありません。
（2） 下記のとおり、専任の技術者の交替に伴う削除の届出をします。

令和　年　月　日

~~地方整備局長~~
~~北海道開発局長~~
東京都知事 殿

❷
東京都千代田区岩本町１－２－〇 法令ビル２階
申請者 株式会社 ほうれい建設
~~届出者~~ 代表取締役 法令 太郎

区分　項番 61　1（1. 新規許可等　2. 専任技術者の担当業種又は有資格区分の変更　3. 専任技術者の追加　4. 専任技術者の交替に伴う削除　5. 専任技術者が置かれる営業所のみの変更）❸

大臣コード 知事

許可番号　62　13　~~国土交通大臣~~ 東京都知事 許可（般－25）第234567号　許可年月日 平成 ~~令和~~ 25年06月01日 ❹

記

氏名　63　フリガナ ヤマカワ サユリ　ヤ マ 山 川 小 百 合　生年月日 S 50年12月01日
元号〔令和R、平成H、昭和S、大正T、明治M〕

土 建 大 左 と 石 屋 電 管 タ 鋼 筋 舗 しゅ 板 ガ 塗 防 内 機 絶 通 園 井 具 水 消 清 解

今後担当する建設工事の種類　64　7　9
現在担当している建設工事の種類

有資格区分　65　56　20

変更、追加又は削除の年月日　令和　年　月　日
営業所の名称（旧所属）

専任技術者の住所　東京都渋谷区恵比寿西５－６－〇 ❺
営業所の名称（新所属）　本社 ❻

氏名　63　フリガナ　生年月日　年　月　日
元号〔令和R、平成H、昭和S、大正T、明治M〕

土 建 大 左 と 石 屋 電 管 タ 鋼 筋 舗 しゅ 板 ガ 塗 防 内 機 絶 通 園 井 具 水 消 清 解

今後担当する建設工事の種類　64
現在担当している建設工事の種類

有資格区分　65

変更、追加又は削除の年月日　令和　年　月　日
営業所の名称（旧所属）

専任技術者の住所
営業所の名称（新所属）

氏名　63　フリガナ　生年月日　年　月　日
元号〔令和R、平成H、昭和S、大正T、明治M〕

土 建 大 左 と 石 屋 電 管 タ 鋼 筋 舗 しゅ 板 ガ 塗 防 内 機 絶 通 園 井 具 水 消 清 解

今後担当する建設工事の種類　64
現在担当している建設工事の種類

有資格区分　65

変更、追加又は削除の年月日　令和　年　月　日
営業所の名称（旧所属）

専任技術者の住所
営業所の名称（新所属）

〔記載方法〕

❶　（1）を選び○で囲みます。

- 一般建設業を申請する場合…「建設業法第15条第２号」を線で消します。
- 特定建設業を申請する場合…「建設業法第７条第２号」を線で消します。
- 一般建設業と特定建設業の双方を申請する場合…消さずに双方残します。

❷　必ず自社が記載されることになります。

❸　「２．専任技術者の担当業種又は有資格区分の変更」とは、

- 担当業種の変更…今まである業種の専任技術者だった者が、他の業種の許可の追加によって他の業種の専任技術者も担当することになった場合をいいます。
- 有資格区分の変更…これまで２級の資格で選任されていたところ１級の資格を取得した場合や、これまで１級建築士の資格で選任されていたところ、１級の建築施工管理技士の資格を取得した場合などをいいます。

「３．専任技術者の追加」とは、業種を追加するにあたり、これまでの専任技術者が担当できない業種であるため、新たに他の者を専任技術者として追加で選任する場合をいいます。

「５．専任技術者が置かれる営業所のみの変更」とは、対象となる専任技術者が異動のため他の営業所の専任技術者になる場合をいいます。

❹　新規申請の場合には記入しません。

❺　住民票上の住所と実際に居住している住所が異なる場合には、実際の居住地である住所を記載します。

❻　新規申請の場合は（新所属）のみを記載します。

一人で兼任できない役職に注意しましょう

建設業許可を有する事業者が、他の許認可に係る事業を兼業で営んでいるケースは少なくありません。また、他の許認可に係る事業のほうがメインの事業で、後発的に建設業許可を取得するケースも多々あります。

建設業の事業においては、許可上の地位に関して専任性や常勤性、常駐性を要求される役職がいくつかあります。これらの役職に就任すべき者が他の事業の役職も兼務できるかという問題があります。

例えば、営業所の専任技術者である社員が一級建築士と宅地建物取引士の資格を有している場合、この事業者が併せて一級建築士事務所の登録と宅地建物取引業の免許を持っている場合に、管理建築士や専任取引主任者に従事できるかという問題が発生します。

一般的には、建設業許可の面からは、同一の営業所内で常勤している限り管理建築士との兼務は認められると考えられています。これに対し、宅地建物取引業の専任の宅地建物取引士との関係でいうと、宅建業法のほうで専任の宅地建物取引士は「常勤性」と「専従性」を求めているため「①当該事務所に常勤して」「②専ら宅地建物取引業の業務に従事することが必要」とされているため、建設業許可の専任性を有する職務を兼務することはできないといえます。

また、経営業務の管理責任者においても、稀にではありますが介護タクシー事業を営んでいる企業にあっては、その事業に専従する取締役の選任を要求しており、当該役員を他の事業である建設業の経営業務管理責任者に選任することもできないなど、制約が加わるケースも存在します。

このように、建設業法で求められる要求事項を充足させることは当然のことながら、他の事業も営んでいる場合には、その事業を司る法令にも違反しないかどうかも併せて検討を加える必要があります。

実務経験証明書

様式第九号（第三条関係）

（用紙Ａ４）

実　務　経　験　証　明　書

❶

下記の者は、内装仕上 工事に関し、下記のとおり実務の経験を有することに相違ないことを証明します。

令和　　年　　月　　日

❸

東京都港区櫻坂１－２－〇〇
株式会社 櫻工芸社
❷
証　明　者 代表取締役　菅井　由佳

被証明者との関係　社員

記

技術者の氏名	森谷　玲奈 ❹	生年月日	昭和59年12月24日	使用された期間	平成２２年　４月から ❻ 令和　３年　１月まで
使用者の商号又は名称	株式会社　櫻工芸社 ❺				
職名	実務経験の内容			実務経験年数 ❽	
職長 ❼	渋谷エクセレントタウンインターカフェ床仕上工事　他９件 ❾			平成２２年４月から 平成２２年１２月まで	
職長	Ｒ邸新築工事に伴う内装仕上工事　他８県			平成２３年１月から 平成２３年１２月まで	
工事主任	吉祥寺ハイタウンＢ棟３０３号室改修工事　他１１件			平成２４年１月から 平成２４年１２月まで	
工事主任	エクセレントバル天井補修工事　他１４件			平成２５年１月から 平成２５年１２月まで	
工事主任	国立能楽堂茶室畳張替え工事　他１２件			平成２６年１月から 平成２６年１２月まで	
工事主任	坂上警察署武道場床張り替え工事　他１７件			平成２７年１月から 平成２７年１２月まで	
工事課長	日の丸住宅販売課㈱大阪営業所耐震工事に伴う内装仕上工事他９件			平成２８年１月から 平成２８年１２月まで	
工事課長	銀座増本ビルサウンドキラ音響防音工事　他１４件			平成２９年１月から 平成２９年１２月まで	
工事課長	星野医院診察室内装工事　他１９件			平成３０年１月から 平成３０年１２月まで	
工事課長	森本高校音楽室防音工事　他１０件			平成３１年１月から 令和　１年１２月まで	
工事部長	橋訓警察署廊下床改修工事　他６件			令和　２年１月から 令和　２年　８月まで	
				年　月から　年　月まで	
				年　月から　年　月まで	
				年　月から　年　月まで	
				年　月から　年　月まで	
使用者の証明を得ることができない場合はその理由	⓫			合計 ⓬ 満　１０年　５月	

❿

記載要領

1　この証明書は、許可を受けようとする建設業に係る建設工事の種類ごとに、被証明者１人について、証明者別に作成すること。
2　「職名」の欄は、被証明者が所属していた部課名等を記載すること。
3　「実務経験の内容」の欄は、従事した主な工事名等を具体的に記載すること。
4　「合計　満　年　月」の欄は、実務経験年数の合計を記載すること。

〔記載方法〕

❶ 「下記の者は、」に続けて記載する業種名は、(と)などの略号でも可能です。

❷－1　3パターンあります。

i　自社が証明者となる（新規申請の場合は、当然当該業種の許可業者ではない）

ii　他社が証明者となる（当該業種の許可業者である場合）

iii　他社が証明者となる（当該業種の許可業者ではない場合）

❷－2　証明すべき会社がすでに解散している、所属が何十年も前のことなので、印鑑をもらいに行きづらい、喧嘩別れで退職したため、いまさら印鑑をもらえないなどの事情がある場合には、専任技術者の対象者自身の住所氏名を記載し、個人の実印を捺印（印鑑証明書の添付を要する）することに換えることができます（この場合は、備考欄に捺印がもらえない理由を記載する必要があります）。

❷－3　証明者の立場からみた被証明者との関係を記入します。

（例：役員、社員、従業員など）

❸ 証明者がかつて許可を有していた期間について実務経験を証明する場合、その許可の内容を証明者の記載の左側の余白に記載します。

〈記載例〉

東京都知事許可

（般－01）第＊＊＊＊＊＊号

機械器具設置工事業

令和元年９月28日許可

❹ 専任技術者証明書に記載した氏名（項番６３）と同じ文字で記載します。

❺　実務経験を得た当時の商号や名称を記載します。
❻　実際に雇用されていた期間を記入します。
❼　具体的な役職名を記載します。
（例：現場監督、工事部長、現場主任、現場施工技術者など）
❽　記載方法：「１年ごとにまとめて記載する」「１工事案件ごとに記載して、通算で120カ月の記載を求める」など受け付ける許可行政庁によって判断が異なるため確認が必要です。
❾　裏付資料に記載された工事件名や、実際の請負工事の施工内容と合致するように記載します。
❿　各年度ごとに記載した内容は重複できません。
⓫　前ページ❷－２で示した場合の理由を簡潔に記載します。
⓬　実務経験期間の合計を記入します。

実務経験として認めてもらえない場合があるので要注意!!

技術職員は国家資格等を保有していなくても一定期間の実務経験を有することで建設業許可の専任技術者として選任することができます。施工現場の技術職員として原則として通算10年の実務経験があればその経歴を活用することができます。

ところが、この実務経験についてはいくつかの制約を伴います。例えば、個別の受注案件によっては複数の業種の施工を同時並行で行うことがあります。電気工事と空調設備工事（管工事)、塗装工事と防水工事などが代表例です。

また、長期的にみれば、複数の業種を保有する建設業者の下で技術職員として勤務する過程では、Aという業種の現場に従事したり、Bという業種の現場に従事したりと、複数の業種の実務経験を積んでいくことも少なくありません。

しかし、専任技術者の実務経験は、ある10年の期間を区切って評価する場合、「○年△月～◎年×月まで」の10年間に関しては、1業種分の実務経験しか認めてもらえません。もし、2業種の専任技術者を実務経験で認めてもらおうとするならば、期間の重ならない10年でそれぞれ1業種ずつの実務経験を認めてもらうしかないのです。これは、指定学科を卒業した経歴を利用して実務経験を認めてもらう「3年」や「5年」の期間においても同様です。

他方、業種によっては実務に携わった期間を認定するにあたって、その時点で国家資格を保有することが条件になる場合があります。「電気工事」と「消防施設工事」にあっては、電気工事士法および消防法の規定により無資格者が施工現場で実務に携わることをそもそも予定していないため、資格取得以前の期間を実務経験期間とする申請そのものができません。

また、専任技術者に就任できる資格の中には、給水装置工事主任技術者や第2種電気工事士のように、資格の保有自体に加えて合格後（あるいは免許交付後）一定期間の実務経験が要求される場合があるので、資格を持っているからという一事をもって安心せず、しっかりと専任技術者に就任できる要件を見極めて申請に臨むことが肝要です。

指導監督的実務経験証明書

様式第十号（第十三条関係）

（用紙Ａ４）

指導監督的実務経験証明書

下記の者は、　内装仕上　工事に関し、下記の元請工事について指導監督的な実務の経験を有することに相違ないことを証明します。

令和　　年　　月　　日

❶
東京都千代田区岩本町1-2-○
株式会社　ほうれい建設
証明者　代表取締役　法令　太郎

❷

被証明者との関係　社員

記

技術者の氏名	金川　浅也	生年月日	昭和46年4月6日	使用された	平成２４年　１月から
使用者の商号又は名称	株式会社　ほうれい建設			期間	平成２７年　６月まで ❸

発注者名	請負代金の額	職名	❻ 実務経験の内容	実務経験年数
❹ 八万ビルディング㈱	❺ 50,000 千円	現場監督	八万渋谷ビルディング新築室内間仕切り工事	平成２４年　１月から平成２４年　９月まで
金本建物㈱	105,000 千円	現場監督	狸穴坂ミッドタウンビル新築内装仕上工事	平成２４年１０月から平成２６年　１月まで
ＴＢＣ不動産㈱	48,000 千円	現場監督	羽田空港国際線ターミナルホテル新築床仕上げ工事	平成２６年　２月から平成２６年　７月まで
㈱ラグジュアリーホテルグループ	96,000 千円	現場監督	池袋センターホテル新築内装仕上工事（第２期）	平成２６年　８月から平成２７年　５月まで
	千円			年　月から　年　月まで
	千円			年　月から　年　月まで
	千円			年　月から　年　月まで
	千円			年　月から　年　月まで
	千円			年　月から　年　月まで
	千円			年　月から　年　月まで
	千円			年　月から　年　月まで
	千円			年　月から　年　月まで
	千円			年　月から　年　月まで
	千円			年　月から　年　月まで
使用者の証明を得ることができない場合はその理由				合計　満　３年　１月 ❽

❼（上記4件の実務経験年数）

記載要領
1　この証明書は、許可を受けようとする建設業に係る建設工事の種類ごとに、被証明者１人について、証明者別に作成し、請負代金の額が4,500万円以上の建設工事（平成６年12月28日前の建設工事にあつては3,000万円以上のもの、昭和59年10月１日前の建設工事にあつては1,500万円以上のもの）１件ごとに記載すること。
2　「職名」の欄は、被証明者が従事した工事現場において就いていた地位を記載すること。
3　「実務経験の内容」の欄は、従事した元請工事名等を具体的に記載すること。
4　「合計　満　年　月」の欄は、実務経験年数の合計を記載すること。

〔記載方法〕

- 指定建設業（7業種）を除く特定建設業の専任技術者で、実務経験により選任される者または2級の国家資格者により選任される場合にこの様式を利用します。

　記載できる実務経験は、建設工事の設計または施工の全般について、工事現場主任者または工事現場監督者のような資格で工事の技術面を総合的に指導監督した経験が対象となります。記載できる工事は完成工事のみが対象となり、未成工事は対象外です。

❶　4パターンあります。

　i　ある時点から現在に至るまで特定建設業許可を有している期間の実績を利用して自社で証明する

　ii　かつて、ある期間中特定建設業許可を有していた過去の実績を利用して自社で証明する

　iii　ある時点から現在に至るまで特定建設業許可を有している他社に、その期間中の実績を利用して証明してもらう

　iv　かつて、ある期間中特定建設業許可を有していた他社に、その期間中の過去の実績を利用して証明してもらう

❷　証明者が実務経験を証明する期間中に有していた許可の内容を記載します。

〈記載例〉

東京都知事許可

（般－01）第＊＊＊＊＊＊号

機械器具設置工事業

令和元年9月28日許可

❸　実際に雇用されていた期間を記載します。

❹　元請として締結した契約の相手先（施主）の名称を記載します。

❺　１件の請負代金が4,500万円以上（税込）の元請工事の請負代金を記載します（平成６年12月28日以前は3,000万円以上（税込）、昭和59年10月１日以前は1,500万円以上（税込））。

❻　経験の内容が明らかになるようにより具体的に記載します（契約書を作成する時点で具体的な施工内容や指導監督する技術職員の氏名などを記載しておくような配慮が必要）。

❼　各工事の施工期間は重複できません。

❽　請負契約で示される工期の最初の月はカウントしません。
１工事ごとに記載します。

不測の事態に備えて社内体制を整備しましょう

一般建設業であるか特定建設業であるかを問わず、現場の配置技術者をいかに確保していくかということは建設業者にとっては、建設業法を遵守していく上で非常に重要な問題です。

許可を取得するために必要な技術者の確保と、許可を取得した後で現場に配置する必要がある技術者の確保は、それぞれ別個に考えておかなければならないのですが、十分に理解せずに社内体制を構築しようとする事業者が意外と多いのが事実です。

一般建設業の許可を取得して業績が好調となり、1,000万円、2,000万円…とだんだんと大きい金額の工事が受注できるようになっていき、配置する技術者は当初はいくつかの現場を掛け持ちで見ていたものの、4,000万円以上の工事を複数受注した後も、同じ技術者を配置技術者として掛け持ちで担当させてしまうようなケースです。これは建設業法の不知で違法な技術者の配置を行ってしまう典型的なパターンです。

また、指定７業種の一般建設業許可を有する事業者が、１級の資格者を確保できたことを期に、特定建設業を取得することはよくあります。業績が上がり財務内容も特定の要件を満たしてきたので、「待ってました！」と特定建設業への切替えにかかるのですが、１級の資格者は社内にまだ一人しか確保できていないというパターンです。これは特定建設業に切り替えた後に、元請として大きい金額の工事を受注したものの、下請に4,500万円以上発注しなければならないため、監理技術者の専任が必要となるにもかかわらず、１級の資格者が不足しかつ指導監督的実務経験を有する技術者もいないため施工体制が組めないという現実に突き当たってしまいます。

事業者の業績の推移に伴って大型の工事の受注を目指すにあたっては、専任技術者の営業所常勤性、4,000万円以上の施工金額の工事を施行する場合の配置技術者の現場専任性、監理技術者を配置しなければならない工事にあたっての配置技術者の現場専任性のほか、配置技術者の雇用継続要件等も踏まえた上で、技術者の必要数を検討する必要があります。「許可は取れても、仕事ができない」が現実には「あり」なのです。

建設業法施行令第3条に規定する使用人の一覧表

様式第十一号（第四条関係）　　　　（用紙Ａ４）

建　設　業　法　施　行　令　第　3　条　に　規　定　す　る　使　用　人　の　一　覧　表

令和　　年　　月　　日

❶ 営業所の名称	❷ 職　　名	氏（フリ）　　名（ガナ）
多摩営業所	多摩営業所長	クワタ ヨシト 桑田　義人

〔記載方法〕

❶　様式第一号別紙二(1)・(2)に記入した順序で記入します。

❷　職名については、記載する対象者が役員等を兼務している場合は「取締役兼支店長」、「取締役兼営業所長」のように記載します。

他社の登録が抜けていないと手も足も出ません

許可要件に関して万全の体制を整えて窓口に申請に出向いたところ、思わぬところで受付印をもらえないケースが時々生じます。特に気を付けなければいけないのは、申請に際して選任する「経営業務の管理責任者」と「専任技術者」です。

この２つの役職に従事する予定者は、選任する手続の段階で他の会社に所属していないかどうかのチェックが行われます。すなわち、国土交通省と各都道府県の所管窓口を結ぶオンライン登録システムによって、対象者が建設業の許可を有する企業の①「経営業務管理責任者」、②「専任技術者」、③様式第十一条の二で届け出される「国家資格者等、監理技術者」として登録されていると、このオンラインシステムを介して二重の申請になることが判明することとなるのです。

上述の①～③に該当する人物が当該建設業者を退職する際には、建設業許可の窓口に変更届を提出し、登録されている事項を抹消してもらうのが通常です。ところが、何らかの事由によって変更手続が提出されておらず、その対象者の身分が従前の勤務先に登録されたままの状況が続いていることがあります。悪質な場合には、その方の登録を外してしまうと許可が失効してしまうために故意に抹消を遅らせていたり、経営事項審査のＺ点（技術職員に関する配点）の減点を回避するために抹消していなかったりするケースさえあるのです。

このように、他の会社に登録されている人物を自社の「経営業務の管理責任者」や「専任技術者」として登録しようとする企業は、他社で登録を抹消してもらえない限り手続を進めることができないことになります。その事業者に働きかけ、一刻も早く登録を抹消していただき、その手続に関する申請書類の副本（審査行政庁の受付印があるもの）の写しを入手する必要があります（その写しを提出することで受け付けていただくことが可能となります）。

中には、登録の抹消に協力してくれない事業者もあり、また、その事業者に対する連絡がつかないといったケースもあり得ますので、その場合には申請する管轄行政庁の窓口で対処方法を相談の上行動してください。

許可申請者（法人の役員等）の住所、生年月日等に関する調書

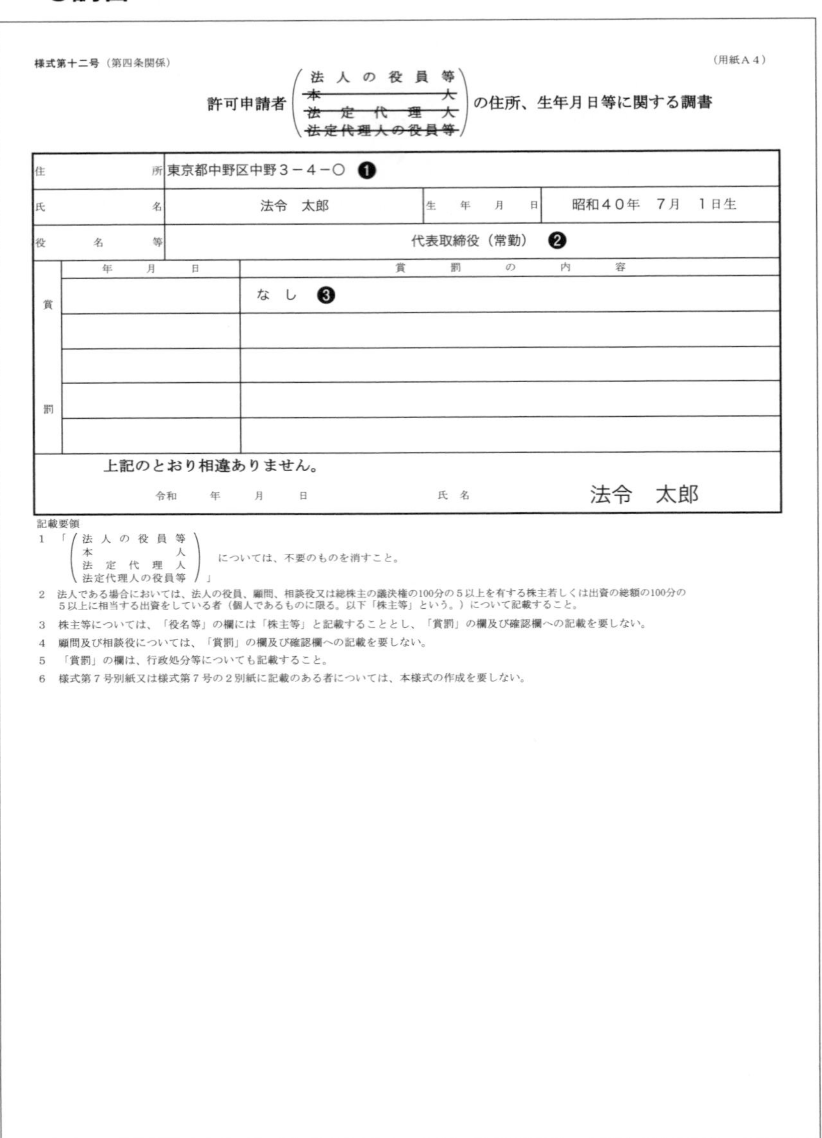

様式第十二号（第四条関係）　（用紙Ａ４）

許可申請者（法人の役員等 / ~~本人~~ / ~~法定代理人~~ / ~~法定代理人の役員等~~）の住所、生年月日等に関する調書

住所	東京都中野区中野３－４－○ ❶		
氏名	法令　太郎	生年月日	昭和４０年　７月　１日生
役名等	代表取締役（常勤） ❷		

賞罰	年月日	賞罰の内容
		なし ❸

上記のとおり相違ありません。

令和　年　月　日　　氏名　法令　太郎

記載要領

1 「（法人の役員等 / 本人 / 法定代理人 / 法定代理人の役員等）」については、不要のものを消すこと。

2 法人である場合においては、法人の役員、顧問、相談役又は総株主の議決権の100分の５以上を有する株主若しくは出資の総額の100分の５以上に相当する出資をしている者（個人であるものに限る。以下「株主等」という。）について記載すること。

3 株主等については、「役名等」の欄には「株主等」と記載することとし、「賞罰」の欄及び確認欄への記載を要しない。

4 顧問及び相談役については、「賞罰」の欄及び確認欄への記載を要しない。

5 「賞罰」の欄は、行政処分等についても記載すること。

6 様式第７号別紙又は様式第７号の２別紙に記載のある者については、本様式の作成を要しない。

〔記載方法〕

- 経営業務の管理責任者は作成する必要はありません。
- 取締役兼令３条使用人は、役員の分のみ調書を作成することで足り、令３条使用人の調書は作成する必要はありません。

❶　事実上の居住地の住所と住民票上の住所が異なる場合は、二段書きで双方を記載する必要があります。

例：住民票の住所：大阪府吹田市昭和町１－１－○
　　事実上の住所：東京都世田谷区代田２－３－○

❷　申請する時点での職名を記入し、カッコ書きで常勤・非常勤の別を併記します。

❸　建設業の行政処分、行政罰のほか、刑罰その他の賞罰も記載しなければなりません。

建設業法施行令第３条に規定する使用人の住所、生年月日等に関する調書

様式第十三号（第四条関係）

（用紙Ａ４）

建設業法施行令第３条に規定する使用人の住所、生年月日等に関する調書

<table>
<tr><td colspan="2">住　　所</td><td colspan="3">東京都町田市高ヶ坂８－９－○ ❶</td></tr>
<tr><td colspan="2">氏　　名</td><td>桑田　義人</td><td>生 年 月 日</td><td>昭和２９年　６月　３日生</td></tr>
<tr><td colspan="2">営 業 所 名</td><td colspan="3">多摩営業所 ❷</td></tr>
<tr><td colspan="2">職　　名</td><td colspan="3">多摩営業所長</td></tr>
<tr><td rowspan="6">賞
罰</td><td>年　月　日</td><td colspan="3">賞　罰　の　内　容</td></tr>
<tr><td></td><td colspan="3">なし</td></tr>
<tr><td></td><td colspan="3"></td></tr>
<tr><td></td><td colspan="3"></td></tr>
<tr><td></td><td colspan="3"></td></tr>
<tr><td></td><td colspan="3"></td></tr>
<tr><td colspan="5">上記のとおり相違ありません。
令和　　年　　月　　日　　　　氏　名　　桑田　義人</td></tr>
</table>

記載要領

「賞罰」の欄は、行政処分等についても記載すること。

〔記載方法〕

❶　事実上の居住地（居所）の住所と住民票上の住所が異なる場合は、居所を記載します。

❷　役員の調書と記載する内容はほぼ同じですが、職名の上の段に「営業所名」の記載が必要です。

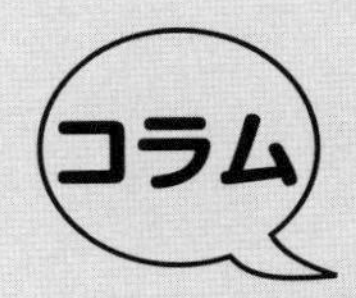

「令３条の使用人」って誰がなれる？　何ができる？

経営業務の管理責任者に就任できる要件として、現に取締役等の役員であり、主たる営業所に常勤していることが求められます。これに対して、主に従たる営業所を統括・管理する立場にある営業所長・支店長と呼ばれる責任者について、役員である必要があるのかと疑問を持つ方が意外と多く存在します。

社内における重要なポストですから、当然役員を兼務している場合もあろうかと思いますが、役員であることは特にその立場に就任する要件とされているわけではありません。建設業許可手続においては、あくまでその方の常勤性や、権限としてその範囲で代表者から権限を委任されているかという点の確認が求められるにすぎません。

逆に、契約締結権限を委任され、営業所（支店）の労務管理を統括するなど、重要な権限を任されて就任する地位であるからこそ、その経験年数が一定期間に達することをもって、役員就任後は経営業務の管理責任者に就任するための要件である「許可を受けようとする建設業の業種に関し、経営業務の管理責任者としての経験を有する者」として扱われます。

経営業務の管理責任者を選任する段階で、「過去の役員経験」を基準に対象者を探すことが一般的ですが、過去の自社での営業所長の経験や、過去の他社における勤務時代での建設業法上の営業所の所長経験があるかないかを確認することで要件を充足することもありますので、選任する準備段階で念頭に置いておくと有益でしょう。

株主（出資者）調書

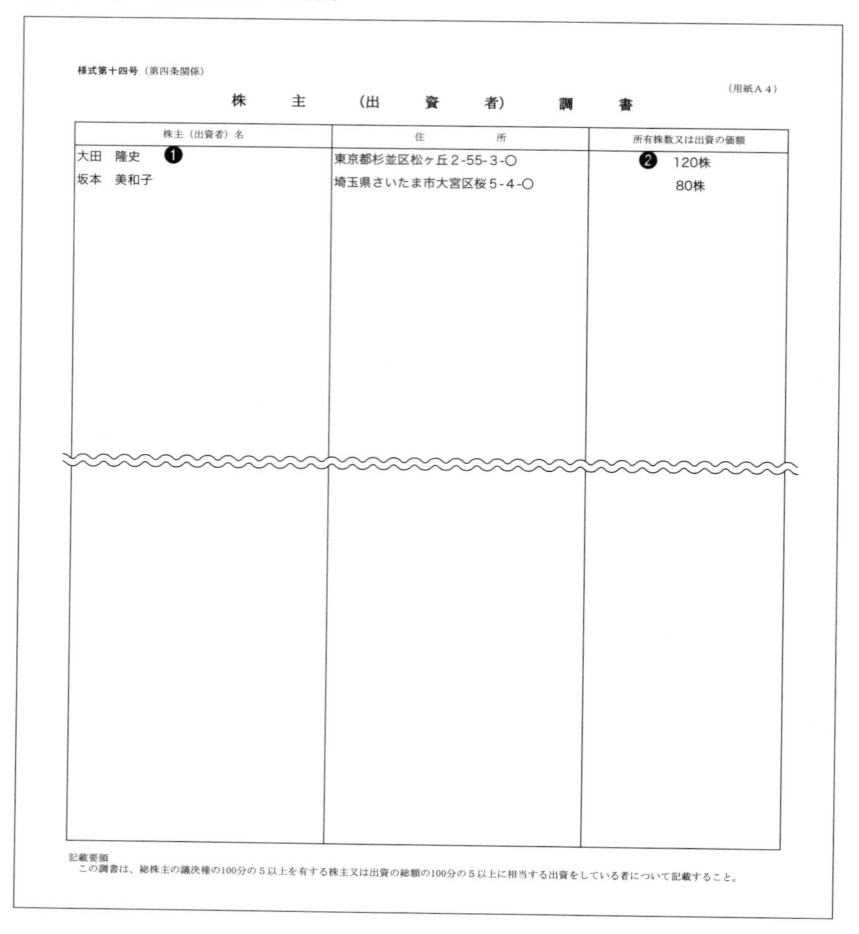

様式第十四号（第四条関係）

（用紙Ａ４）

株　主　（出　資　者）　調　書

株主（出資者）名	住　所	所有株数又は出資の価額
大田　隆史　❶	東京都杉並区松ヶ丘2-55-3-○	❷ 120株
坂本　美和子	埼玉県さいたま市大宮区桜5-4-○	80株

記載要領

この調書は、総株主の議決権の100分の５以上を有する株主又は出資の総額の100分の５以上に相当する出資をしている者について記載すること。

〔記載方法〕

❶　記載された株主（出資者）は、役員等一覧表に必ず記載されることになります。

❷　総株主の議決権の100分の５以上を有する株主、または出資の総額の100分の５以上に相当する出資をしている者を記載します。

開始貸借対照表

❶ 開始貸借対照表

令和 ○ 年　6月　1日現在

資産の部		負債の部	
科　目	金　額	科　目	金　額
【流動資産】 現　金	7,000,000		0
		合計	0
		純資産の部	
		科　目	金　額
		【資本金及剰余金】 資 本 金	7,000,000
合　計	7,000,000	合　計	7,000,000

（本　店）　東京都千代田区岩本町１−２−○　法令ビル２階

（商　号）　株式会社　ほうれい建設

（代表者）　代表取締役　法令　太郎

財務諸表（法人用）

財　務　諸　表

（法　人　用）

様式十五号	貸借対照表
様式十六号	損益計算書
	完成工事原価報告書
様式十七号	株主資本等変動計算書
様式十七号の二	注記表
（様式十七号の三	附属明細表）

事業年度 ｛ 自 令和　○年　１月　１日
至 令和　○年　12月　31日 ｝

（会社名）　株式会社　ほうれい建設

様式第十五号（第四条、第十条、第十九条の四関係）

貸　借　対　照　表

令和　〇年　12月　31日　現在

（会社名）　株式会社　ほうれい建設

資　産　の　部

		千円
Ⅰ　流　動　資　産		
現金預金		11,807
受取手形		
完成工事未収入金		9,325
有価証券		
未成工事支出金		
材料貯蔵品		2,953
短期貸付金		
前払費用		5,485
その他		
貸倒引当金		△
流動資産合計		29,570
Ⅱ　固　定　資　産		
(1) 有形固定資産		
建物・構築物		
減価償却累計額	△	
機械・運搬具	2,912	
減価償却累計額	△ 1,922	989
工具器具・備品		
減価償却累計額	△	
土　地		
リース資産		
減価償却累計額	△	
建設仮勘定		
その他		
減価償却累計額	△	
有形固定資産合計		989
(2) 無形固定資産		
特許権		
借地権		
のれん		

科目		金額
リース資産		
その他		
無形固定資産合計		
(3) 投資その他の資産		
投資有価証券		
関係会社株式・関係会社出資金		
長期貸付金		9,241
破産更生債権等		
長期前払費用		
繰延税金資産		
その他		10
貸倒引当金	△	
投資その他の資産合計		9,251
固定資産合計		10,241
Ⅲ 繰延資産		
創立費		
開業費		
株式交付費		
社債発行費		
開発費		
繰延資産合計		
資産合計		39,811 ❷

負債の部

科目	金額
Ⅰ 流動負債	
支払手形	142
工事未払金	15,600
短期借入金	
リース債務	
未払金	1,475
未払費用	
未払法人税等	402
未成工事受入金	
預り金	789
前受収益	
……引当金	
その他	
流動負債合計	18,408

Ⅱ　固　定　負　債	
社債	
長期借入金	9,381
リース債務	
繰延税金負債	
……………引当金	
負ののれん	
その他	
固定負債合計	9,381
負債合計	27,789

純　資　産　の　部

Ⅰ　株　主　資　本	
(1) 資本金	10,000
(2) 新株式申込証拠金	
(3) 資本剰余金	
資本準備金	
その他資本剰余金	
資本剰余金合計	
(4) 利益剰余金	
利益準備金	
その他利益剰余金	
……………準備金	
……………積立金	
繰越利益剰余金	2,022 ❺
利益剰余金合計	2,022 ❻
(5) 自己株式	△
(6) 自己株式申込証拠金	
株主資本合計	12,022 ❼
Ⅱ　評価・換算差額等	
(1) その他有価証券評価差額金	
(2) 繰延ヘッジ損益	
(3) 土地再評価差額金	
評価・換算差額等合計	
Ⅲ　新株予約権	
純資産合計	12,022 ❽
負債純資産合計	39,811 ❷

様式第十六号（第四条、第十条、第十九条の四関係）

損　益　計　算　書

自　令和〇年　1月　1日
至　令和〇年　12月　31日

（会社名）株式会社　ほうれい建設

千円

科目	金額	金額
Ⅰ　売　上　高		
完成工事高	28,358 ❸	
兼業事業売上高	52,665	81,024
Ⅱ　売　上　原　価		
完成工事原価	19,221 ❹	
兼業事業売上原価	24,954	44,176
売上総利益（売上総損失）		
完成工事総利益（完成工事総損失）	9,136	
兼業事業総利益（兼業事業総損失）	27,711	36,848
Ⅲ　販売費及び一般管理費		
役員報酬	15,600	
従業員給料手当	3,856	
退職金		
法定福利費	3,060	
福利厚生費	480	
修繕維持費	5	
事務用品費	51	
通信交通費	1,732	
動力用水光熱費		
調査研究費	119	
広告宣伝費		
貸倒引当金繰入額		
貸倒損失		
交際費	389	
寄付金		
地代家賃	1,291	
減価償却費	708	
開発費償却		
租税公課	21	
保険料	4,570	
雑費	3,602	35,490
営業利益（営業損失）		1,357
Ⅳ　営　業　外　収　益		
受取利息及び配当金	2	
その他		2

千円

Ⅴ　営　業　外　費　用		
支払利息		
貸倒引当金繰入額		
貸倒損失		
その他		
経常利益（経常損失）		1,359
Ⅵ　特　別　利　益		
前期損益修正益		
その他		
Ⅶ　特　別　損　失		
前期損益修正損		
その他		
税引前当期純利益（税引前当期純損失）		1,359
法人税、住民税及び事業税	403	
法人税等調整額		403
当期純利益（当期純損失）		956

完成工事原価報告書

自　令和〇年　1月　1日
至　令和〇年　12月　31日

（会社名）株式会社　ほうれい建設

		千円
Ⅰ　材料費		7,027
Ⅱ　労務費		5,784
（うち労務外注費	0）	
Ⅲ　外注費		
Ⅳ　経費		6,409
（うち人件費	2,119）	
完成工事原価		19,221 ❹

様式第二十五号の九（第十九条の四関係）

兼業事業売上原価報告書

自　令和○年　1月　1日
至　令和○年 12月 31日

会　社　名　株式会社　ほうれい建設

千円

兼業事業売上原価	
期首商品（製品）たな卸高	
当期商品仕入高	
当期製品製造原価	24,954
合計	24,954
期末商品（製品）たな卸高	
兼業事業売上原価	24,954
（当期製品製造原価の内訳）	
材料費	24,954
労務費	
経費	
（うち外注加工費	）
小計（当期総製造費用）	24,954
期首仕掛品たな卸高	
計	24,954
期末仕掛品たな卸高	
当期製品製造原価	24,954

様式第十七号（第四条、第十条、第十九条の四関係）

株　主　資　本　等　変　動　計　算　書

自　令和○年　1月　1日
至　令和○年　12月　31日

（会社名）　株式会社　ほうれい建設

千円

	株主資本											評価・換算差額等					
			資本剰余金			利益剰余金											
							その他利益剰余金										
	資本金	新株式申込証拠金	資本準備金	その他資本剰余金	資本剰余金合計	利益準備金	積立金	繰越利益剰余金	利益剰余金合計	自己株式	株主資本合計	その他有価証券評価差額金	繰延ヘッジ損益	土地再評価差額金	評価・換算差額等合計	新株予約権	純資産合計
当期首残高	10,000							1,065	1,065		11,065						11,065
当期変動額																	
新株の発行																	
剰余金の配当																	
当期純利益								956	956		956						956
自己株式の処分																	
株主資本以外の項目の当期変動額（純額）																	
当期変動額合計								956	956		956						956
当期末残高	10,000							2,022	2,022		12,022						12,022

様式第十七号の二（第四条、第十条、第十九条の四関係）

❾ 注　記　表

自　令和○年１月１日
至　令和○年12月31日

（会社名）株式会社　ほうれい建設

注
1　継続企業の前提に重要な疑義を生じさせるような事象又は状況
2　重要な会計方針
(1)　資産の評価基準及び評価方法
最終仕入原価法による原価法を採用
(2)　固定資産の減価償却の方法　　定率法を採用
(3)　引当金の計上基準　　該当なし
(4)　収益及び費用の計上基準　　該当なし
(5)　消費税及び地方消費税に相当する額の会計処理の方法　　消費税抜
(6)　その他貸借対照表、損益計算書、株主資本等変動計算書、注記表作成のための基本となる重要な事項　　該当なし
3　会計方針の変更　　該当なし
4　表示方法の変更　　該当なし
4－2　会計上の見積り　　該当なし
5　会計上の見積りの変更　　該当なし
6　誤謬（びゅう）の訂正　　該当なし
7　貸借対照表関係
(1)　担保に供している資産及び担保付債務
①担保に供している資産の内容及びその金額　　該当なし
②担保に係る債務の金額　　該当なし
(2)　保証債務、手形遡求債務、重要な係争事件に係る損害賠償義務等の内容及び金額
受取手形割引高　0（千円）
裏書手形譲渡高　0（千円）
(3)　関係会社に対する短期金銭債権及び長期金銭債権並びに短期金銭債務及び長期金銭債務　　該当なし
(4)　取締役、監査役及び執行役との間の取引による取締役、監査役及び執行役に対する金銭債権及び金銭債務　　該当なし
(5)　親会社株式の各表示区分別の金額　　該当なし
(6)　工事損失引当金に対応する未成工事支出金の金額　　該当なし
8　損益計算書関係
(1)　売上高のうち関係会社に対する部分　　該当なし
(2)　売上原価のうち関係会社からの仕入高　　該当なし

(3)　売上原価のうち工事損失引当金繰入額　該当なし
(4)　関係会社との営業取引以外の取引高　該当なし
(5)　研究開発費の総額（会計監査人を設置している会社に限る。）
該当なし
9　株主資本等変動計算書関係
(1)　事業年度末日における発行済株式の種類及び数
普通株式　200株
(2)　事業年度末日における自己株式の種類及び数　該当なし
(3)　剰余金の配当　該当なし
(4)　事業年度末において発行している新株予約権の目的となる株式の種類及び数　該当なし
10　税効果会計　該当なし
11　リースにより使用する固定資産　該当なし
12　金融商品関係
(1)　金融商品の状況　該当なし
(2)　金融商品の時価等　該当なし
13　賃貸等不動産関係
(1)　賃貸等不動産の状況　該当なし
(2)　賃貸等不動産の時価　該当なし
14　関連当事者との取引
取引の内容

種　類	会社等の名称又は氏名	議決権の所有（被所有）割合	関係内容	科　目	期末残高（千円）

ただし、会計監査人を設置している会社は以下の様式により記載する。
(1)　取引の内容

種類	会社等の名称又は氏名	議決権の所有（被所有）割合	関係内容	取引の内容	取引金額	科目	期末残高（千円）

(2)　取引条件及び取引条件の決定方針　該当なし
(3)　取引条件の変更の内容及び変更が貸借対照表、損益計算書に与える影響の内容　該当なし
15　一株当たり情報
(1)　一株当たりの純資産額　60,112円61銭
(2)　一株当たりの当期純利益又は当期純損失　4,783円93銭
16　重要な後発事象　該当なし
17　連結配当規制適用の有無　該当なし
17－２　収益認識関係　該当なし
18　その他　該当なし

様式第十七号の三 (第四条、第十条関係)

❿ 附 属 明 細 表

令和 ○ 年12月31日現在

1 完成工事未収入金の詳細

相手先別内訳

相 手 先	金 額
	千円
計	

滞留状況

発 生 時	完成工事未収入金
当 期 計 上 分	千円
前期以前計上分	
計	

2 短期貸付金明細表

相 手 先	金 額
	千円
計	

3 長期貸付金明細表

相 手 先	金 額
	千円
計	

4 関係会社貸付金明細表

関連会社名	期首残高	当期増加額	当期減少額	期末残高	摘 要
	千円	千円	千円	千円	
計					―

附属明細表(2)

5 関連会社有価証券明細表

単位（千円）

株式	銘柄	一株の金額	期首残高			当期増加額		当期減少額		期末残高			摘要
			株式数	取得価額	貸借対照表上額	株式数	金額	株式数	金額	株式数	取得価額	貸借対照表上額	
	計												

	銘柄	期首残高		当期増加額	当期減少額	期末残高		摘要
		取得価額	貸借対照表計上額			取得価額	貸借対照表計上額	
社債								
	計							
その他の有価証券								
	計							

6 関連会社出資金明細表

単位（千円）

関連会社名	期首残高	当期増加額	当期減少額	期末残高	摘要
計					

附属明細表(3)

単位(千円)

7短期借入金明細表

借入先	金額	返済期日	摘要

8長期借入金明細表

借入先	期首残高	当期増加額	当期減少額	期末残高	摘要

9関係会社借入金明細表

関係会社名	期首残高	当期増加額	当期減少額	期末残高	摘要

10保証債務明細表

相手先	金額
	千円
計	

〔記載方法〕

❶　設立後最初の決算期を迎えていない場合は、開始貸借対照表を作成して添付します。

- ２カ所ずつ記載のある❷、❹はそれぞれ数値が一致します。
- 損益計算書の❸については、様式第三号「直前３年の各事業年度における工事施工金額」(80ページ）の❻と一致します。

❾　注記表中、記載を要する注記は以下のとおりです。

	株式会社			持分会社
	会計監査人設置会社	会計監査人なし		
		公開会社	株式譲渡制限会社	
1　継続企業の前提に重要な疑義を生じさせるような事象又は状況	○	×	×	×
2　重要な会計方針	○	○	○	○
3　会計方針の変更	○	○	○	○
4　表示方法の変更	○	○	○	○
5　会計上の見積りの変更	○	×	×	×
6　誤謬の訂正	○	○	○	○
7　貸借対照表関係	○	○	×	×
8　損益計算書関係	○	○	×	×
9　株主資本等変動計算書関係	○	○	○	×
10　税効果関係	○	○	×	×
11　リースにより使用する固定資産	○	○	×	×
12　金融商品関係	○	○	×	×
13　賃貸等不動産関係	○	○	×	×
14　関連当事者との取引	○	○	×	×
15　一株当たり情報	○	○	×	×

16 重要な後発事象	○	○	×	×
17 連結配当規制適用の有無	○	×	×	×
18 その他	○	○	○	○

❿ 「資本金が１億円を超える」または「貸借対照表の負債合計額が200億円以上」の株式会社のみ作成し添付が必要です。

〔財務諸表作成のポイント〕

すべての事業者は、毎年事業年度が終了すると、一定の期間内に税務申告を行わなければなりません。この税務申告の際に、「財務諸表」を作成し、各勘定科目の明細とともに税務申告書に添付して提出します。

建設業を営む事業者は、建設業法に従い、毎事業年度の終了後４カ月以内に直前事業年度の活動実績を報告する義務を負います。

これらの手続の際には、申請時からみて直近の事業年度にかかる財務諸表を提出しなければなりません。

建設業者が作成する財務諸表は、会社計算規則第118条により、「財務諸表はその内容の真実性を歪めない限りにおいて、他の法令又は準則に定めがあればその法令又は準則の定めに基づき作成することができる」とされています。同条が引用する「財務諸表等の用語、様式及び作成方法に関する規則」の別記事業において、「建設業」が規定されていることから、建設業を営む事業者にあっては建設業法及びその関連法令に定められた基準に基づく財務諸表（以下、「建設業財務諸表」という）を作成し、その基準に沿った表示方法を採用することが可能となっています。

また、元請で公共工事の受注を希望する建設業者が経営事項審査申請を受ける場合、審査基準日の決算変更届（事業年度報告）の際に消費税込の建設業財務諸表を添付していたときは、経営事項審査の際に改めて消費税抜の建設業財務諸表を作成し提出しなければなりません。

特定建設業を営もうとする建設業者においては、新規に許可を取得する際、および許可の有効期間満了日の直前の決算期にかかる建設業財務諸表は、特定建設業許可の要件である財産的要件４項目を満たしている必要があります。

●財務諸表の構成

- 貸借対照表
- 損益計算書
- 完成工事原価報告書
- 株主資本等変動計算書
- 注記表
- 附属明細書（資本金が１億円を超える場合、または貸借対照表の負債合計が200億円以上の株式会社のみ添付する）

①　消費税込の財務諸表と消費税抜の財務諸表

財務諸表を作成していくにあたって、消費税に係る会計処理の方式は「税抜方式」と「税込方式」の２種類があります。

建設業許可では、財務諸表について「税抜方式」で作成するか「税込方式」で作成するかの指定はなく、適正な会計処理方法に則って作成されていればどちらの基準でも作成することができます。財務諸表の表紙に「税抜処理」か「税込処理」かを明記し、毎年の決算変更届（事業年度終了報告）の添付書類として提出するのが一般的です。

ただし、公共工事の発注を受ける際にあらかじめ受ける「経営事項審査申請」（以下、「経審」という）を受審する場合は、「税抜方式」で財務諸表を作成する必要があります。経審では、年間の完成工事高が評点の決定に直接影響を及ぼします。完成工事高の消費税を除いた請負金額が同一の場合に、「税込方式」で財務諸表に計上された完成工事高は「税抜処理」で計上された完成工事高を上回ってしまうという不公平が生じてしまうため、経審においてはすべて「税抜方式」で作成された財務諸表、工事経歴書等を使用するルールになっています。

経審を受ける場合は、法人税の確定申告が、税法に基づき「税込方式」で処理されている場合、付属の財務諸表から消費税課税の対象科目を確認し、消費税を控除して「消費税抜」の財務諸表を作成する必要があります。

公共工事の受注を目指していく事業者においては、経審を受け続ける間は、法人税の確定申告をする前段階の会計処理の場面から消費税に関しては「税抜処理」としておくと便利です。

②　建設業法に基づく財務諸表中の科目と税法上の科目との相違

例えば、法人税確定申告書の「流動資産」に記載される勘定科目に「売掛金」という科目がありますが、「売掛金」には建設業の取引で発生する「完成工事未収入金」と、建設業以外の事業で発生する「売掛金」が混在している場合があります。

このように、建設業の事業で発生する内容とその他の事業で発生する内容が混在している場合には、建設業法上の勘定科目をしっかりと確認した上で、別々に認識した上で財務諸表を作成しなければなりません。

事業者が建設業を恒常的に営んでいくのであれば、建設業の事業で発生する勘定科目に相当する部分を区分して管理する体制を導入し、決算を組む段階から税理士等会計処理を取り行う方とよく打ち合わせをして、適切な財務諸表を作成できるよう努めていく必要があります。

税関係の証明書の発行時期に注意しましょう

社会保険や雇用保険の未加入の建設業者に対しては、平成29年11月を期限として加入を求める施策が実行されています。すでに加入している事業者であっても、経営業務の管理責任者や専任技術者、令３条の使用人のように常勤性を求められる対象者が高齢のため健康保険に加入できないケースもあります。

このようなケースで、その対象者が事業主から得る所得に対して住民税を天引きしている、いわゆる「特別徴収」の対象者になっている場合には、徴収義務者（建設業者側）用の「住民税特別徴収税額通知書」を提示し、常勤性を証明する対象者の氏名の記載が確認できることをもって常勤性の確認ができることになっています。

この「住民税特別徴収税額通知書」は、毎年５月頃に事業者に送付されることになっています。建設業許可の業務を手掛ける場合には知っておきたい知識の一つです。

また、許可の申請や毎年の年次事業報告（決算変更届）を申請する際には、当該事業者の法人事業税（個人事業者であれば個人事業税、大臣許可の場合は法人税）の納税証明書の添付が必要となります。個人事業者の場合は確定申告の時期は毎年２月中旬から３月の中旬と一定していますが、法人の場合決算の確定および税務署への申告は、決算期後２カ月を原則とするものの、手続を踏むことによって３カ月の申告に延長することもできます。

関与している会社が２カ月申告なのか３カ月申告の手続を踏んでいるのかをよく確認しないと、納税証明書を取りに行っても「まだ申告前です。」との理由で発行が受けられず２度手間になってしまいますので注意が必要です。

申告・納税後、まだ日にちがあまり経過していない場合には、納税証明発行窓口のコンピューターに納税済みの情報が反映されていないようなケースもありますので、手続を急ぐ場合で納税が完了していることが明らかな場合は、納税した際の納付書も併せて持参すると、コンピュータに反映されていなくても納税証明書の発行を受けることができるケースがありますので、覚えておきましょう。

営業の沿革

様式第二十号（第四条関係）

（用紙Ａ４）

営　業　の　沿　革

創業以後の沿革	平成　15年　4月　1日	創業❶
	平成　18年　9月　1日	資本金を2,000万円に増資
	平成　21年　6月　10日	本店を現在の所在地に移転
	年　月　日	
	年　月　日	
	年　月　日	
	年　月　日	
	年　月　日	
❷建設業の登録及び許可の状況	平成　15年　6月　10日	東京都知事許可電気工事業（般−１５）第２３４５６７号
	平成　21年　9月　21日	東京都知事許可内装仕上工事業（特−２１）第２３４５６７号
	年　月　日	
	年　月　日	
	年　月　日	
	年　月　日	
	年　月　日	
	年　月　日	
	年　月　日	
	年　月　日	
賞罰	年　月　日	なし❸
	年　月　日	
	年　月　日	
	年　月　日	

記載要領

1　「創業以後の沿革」の欄は、創業、商号又は名称の変更、組織の変更、合併又は分割、資本金額の変更、営業の休止、営業の再開等を記載すること。

2　「建設業の登録及び許可の状況」の欄は、建設業の最初の登録及び許可等（更新を除く。）について記載すること。

3　「賞罰」の欄は、行政処分等についても記載すること。

〔記載方法〕

❶　兼業事業も含めての創業年月日を記載します。

❷　更新の経歴に関する記載は不要です。

❸　建設業の行政処分、行政罰のほか、刑罰その他の賞罰も記載しなければなりません。

所属建設業者団体

様式第二十号の二（第四条関係）

（用紙Ａ４）

所　属　建　設　業　者　団　体

団　体　の　名　称	所　属　年　月　日
❶なし	

記載要領

「団体の名称」の欄には、法第27条の37に規定する建設業者の団体の名称を記載すること。

〔記載方法〕

❶　こちらに記載する団体は、建設業法第27条の37に規定する建設業者の団体です。同業者の団体や組合に所属している場合で、その団体や組合が建設業法第27条の37の規程に基づいて国土交通省に届出を済ませている場合はその名称をこの欄に記載します。

所属している団体や組合が届出をしているか否かは個別に確認してください。

届出をしていない場合は「なし」と記入します。

〈参考〉建設業法第27条の37

第４章の３　建設業者団体

（届出）

第27条の37　建設業に関する調査、研究、講習、指導、広報その他の建設工事の適正な施工を確保するとともに、建設業の健全な発達を図ることを目的とする事業を行う社団又は財団で国土交通省令で定めるもの（以下「建設業者団体」という。）は、国土交通省令の定めるところにより、国土交通大臣又は都道府県知事に対して、国土交通省令で定める事項を届け出なければならない。

健康保険等の加入状況

様式第七号の三（第三条、第七条の二関係）　　（用紙Ａ４）

健康保険等の加入状況

（１）　健康保険等の加入状況は下記のとおりです。
（２）　下記のとおり、健康保険等の加入状況に変更があつたので、提出します。

令和　　年　　月　　日

~~地方整備局長~~
~~北海道開発局長~~
東京都知事　殿

東京都千代田区岩本町1-2-〇　法令ビル２階
申請者　株式会社　ほうれい建設
~~届出者~~　代表取締役　法令　太郎

許可番号　~~国土交通大臣~~ 東京都知事　許可（般・~~特~~－０２）第　234567　号　許可年月日　令和　２年　１月２５日

営業所の名称 ❸	従業員数 ❹	保険の加入状況			事業所整理記号等	
		健康保険	厚生年金保険	雇用保険		
本社	１７人（　３　人）	1	1	1	健康保険	建設産業連合保険組合 甲 ❺
					厚生年金保険	ｳﾆKWR 69567 乙 ❺
					雇用保険	13-3-987654-000-0 丙 ❻
静岡営業所	８人（　１　人）	3	3	3	健康保険	本社一括 ❼
					厚生年金保険	本社一括 ❼
					雇用保険	本社一括 ❼
	人（　　人）		❶		健康保険	
					厚生年金保険	
					雇用保険	
	人（　　人）				健康保険	
					厚生年金保険	
					雇用保険	
	人（　　人）				健康保険	
					厚生年金保険	
					雇用保険	
合計	２５人（　４　人）					

❷

【注意】

1　「保険の加入状況」欄は旧様式から記載方法が変わりました。
健康保険等の加入状況に応じて、下記の番号を記載してください。

「保険の加入状況」	
適用事業所、適用事業の届出を行っている場合・・	1
適用が除外される場合・・・・・・・・・・・・・・	2
一括適用の承認に係る営業所・・・・・・・・・・	3

2　健康保険等に加入していない場合は許可要件を満たしません。

3　詳細は、記載要領の７,８,９を確認してください。

〔記載方法〕

❶ 「保険の加入状況」の番号は❷［　　］内の表のとおりです。

❷ 令和２年10月１日から記載要領が変更になりました。

❸ 様式第一号別紙二（１）・（２）に記入した順序で記入します。

❹ 従業員数は、役員（または個人事業主）を含めて常勤の者全員の合計人数を記載します。

カッコ内には、上記のうち「常勤の役員」または「個人事業主（同居親族である従業員を含む）の人数を記載します。

❺－１　甲欄、乙欄には、協会健保で双方加入している場合は同じ記号・番号が記載されます。

健康保険・厚生年金保険の領収証に「事業所整理番号」と「事業所番号」が以下のように表示されていますので、前ページの「甲」「乙」には「４６ケヤキ　１２３４５」のように記入してください。

事業所整理番号	事業所番号
４６ケヤキ	１２３４５

❺－２　健康保険のみ健康保険組合に加入している場合、組合名を記入します。

❻ 労働保険概算・確定保険料申告書に「労働保険番号」が以下のように表示されていますので、前ページの「丙」には「１３－３－０１－９８７６５４－０００」のように記入してください。

①労働保険番号	都道府県		所掌	管轄		基幹番号						枝番号		
	1	3	3	0	1	9	8	7	6	5	4	0	0	0

❼ 本社で一括適用している場合は、「本社一括」と記載します。

主要取引金融機関名

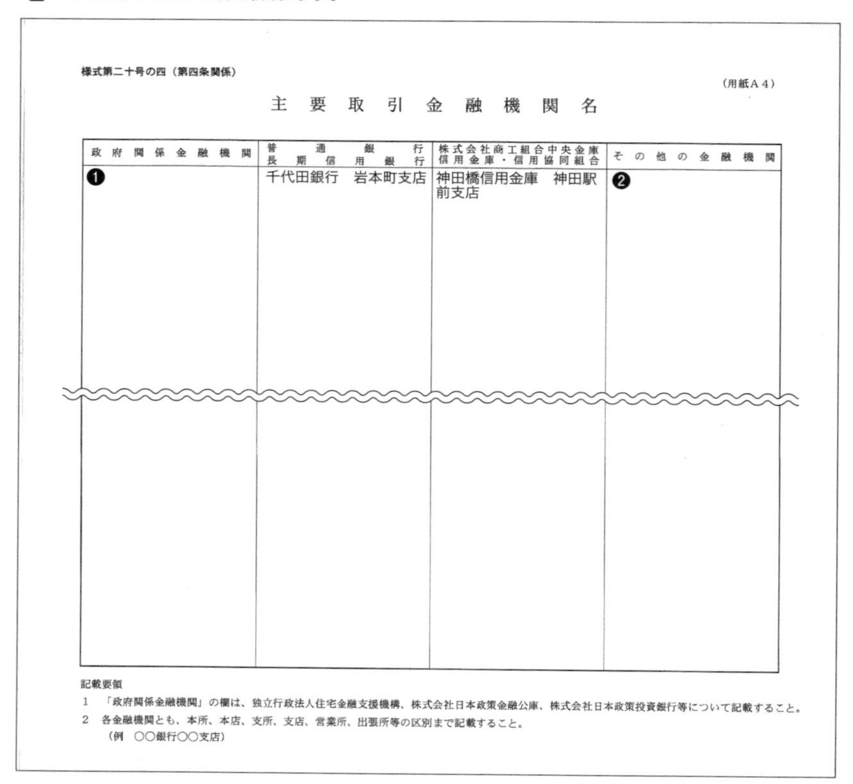

様式第二十号の四（第四条関係）

（用紙Ａ４）

主　要　取　引　金　融　機　関　名

政府関係金融機関	普通銀行 長期信用銀行	株式会社商工組合中央金庫 信用金庫・信用協同組合	その他の金融機関
❶	千代田銀行　岩本町支店	神田橋信用金庫　神田駅前支店	❷

記載要領

1　「政府関係金融機関」の欄は、独立行政法人住宅金融支援機構、株式会社日本政策金融公庫、株式会社日本政策投資銀行等について記載すること。

2　各金融機関とも、本所、本店、支所、支店、営業所、出張所等の区別まで記載すること。
（例　○○銀行○○支店）

〔記載方法〕

❶　政府関係金融機関については、「独立行政法人住宅金融支援機構」「株式会社日本政策金融公庫」「株式会社日本政策投資銀行」等を記載します。

❷　その他の金融機関の記載例

「ゆうちょ銀行○○○支店」「○○農業協同組合○○支店（JA）」

※　各金融機関とも「本社」「本店」「支店」「支所」「営業所」「出張所」等の区別も記載します。

建設業許可を承継する制度

個人の建設業者が死亡して相続人が事業を引き継ぐ場合や、建設業者が事業の譲渡、会社の合併、分割を行った場合、相続人あるいは譲渡、合併後または分割後の会社は新たに建設業許可の再取得が必要でした。新しい許可が下りるまでの間に建設業を営むことができない空白期間が生じ、不利益が生じていました。

このような状況を改善するため、①個人事業者の死亡に伴う相続承継のほか、②事業譲渡・譲受、③合併、④会社分割に関して新たな規定を創設し、事前または事後の認可を受けることで、建設業の許可を承継することが可能になりました。

(1)　相続の場合

被相続人の死亡後、30日以内に認可を受けることによって、被相続人が得ていた建設業許可を相続人が承継することができます。

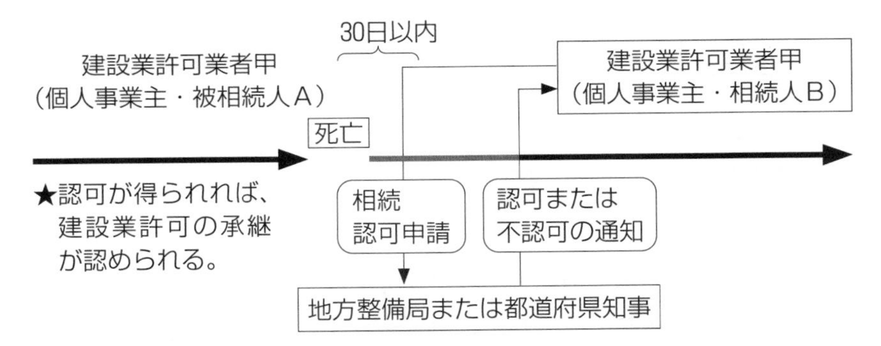

※　認可の申請に対する処分があるまでは、相続人は建設業の許可を受けたものとして扱うため、相続人Bは「━━━━」の部分においても甲の事業を行うことができる。

○相続による承認認可申請（被相続人の死亡の日から30日以内）

相続人を申請人とした認可申請書（様式第22号の10）を作成するとともに新規の許可申請の場合と同様の書類を調えます。

その他、承継用として以下の書類を提出します。

①　申請者と被相続人との続柄を証する書類（戸籍謄本等）

②　申請者以外に相続人がある場合においては、当該建設業を申請者が継続して営業することに対する当該申請者以外の相続人の同意書

○許可の承継後に提出する書類（承継の日から２週間以内）

①　健康保険等の加入状況（様式第７号の３）

②　健康保険等の加入に係る確認資料

(2)　事業譲渡・譲受、合併、会社分割の場合

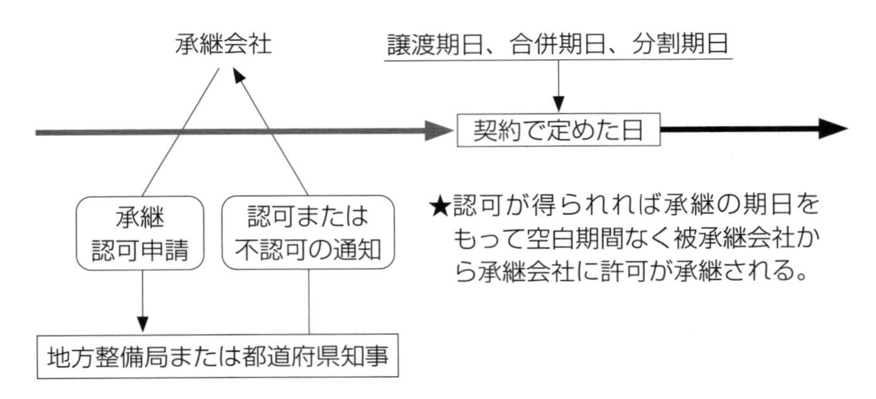

○承継認可申請（承継の期日までに認可を取得する）

承継会社を申請人とした認可申請書（注）を作成するとともに新規の許可申請の場合と同様の書類を調えます。

（注）　事業譲渡・譲受の場合　→　様式第22号の５

合併の場合　→　様式第22号の７
会社分割の場合　→　様式第22号の８

その他、承継用として以下の書類を提出します。

<事業譲渡・譲受の場合>

① 承継会社と被承継会社との間の事業譲渡に係る契約書の写し
② 承継会社および被承継会社において、事業譲渡・譲受を決議した株主総会議事録等の写し
③ 個人事業主が法人に成り代わる（法人成り）場合は、当該個人事業主と法人成り後の法人との譲渡契約書の写し

- 許可の承継後に提出する書類（承継の日から２週間以内に提出）

① 健康保険等の加入状況（様式第７号の３）
② 健康保険等の加入に係る確認資料

<合併の場合>

① 合併方法・条件の記載された合併契約書の写し
② 合併を決議した株主総会議事録等の写し

- 許可の承継後に提出する書類（承継の日から２週間以内に提出）

① 健康保険等の加入状況（様式第７号の３）
② 健康保険等の加入に係る確認資料
③ 合併後の登記事項証明書
④ 営業の沿革（様式第20号）
⑤ 所属建設業団体（様式第20号の２）

提出期限：①、②　承継の日から２週間以内
③～⑤　承継の日から30日以内

<会社分割の場合>

① 分割方法・条件の記載された分割契約書の写し（新設分割の場合においては分割計画書の写し）

②　分割契約の各当事者となる会社において、会社分割を決議した株主総会議事録等の写し

- 許可の承継後に提出する書類

（１）吸収分割の承継法人：以下の①～②

（２）新設分割の承継法人：以下の①～⑤

①　健康保険等の加入状況（様式第７号の３）

②　健康保険等の加入に係る確認資料

③　新設会社の登記事項証明書

④　営業の沿革（様式第20号）

⑤　所属建設業団体（様式第20号の２）

提出期限：①、②　承継の日から２週間以内

③～⑤　承継の日から30日以内

※　建設業許可の承継に係る必要書類の申請の際は、提出先窓口で確認の上、準備を進めてください。

※　次ページ以降の申請書については、記載例のみを掲載します。

譲渡及び譲受け認可申請書

様式第二十二号の五（第十三条の二関係）

（用紙A４）
0 0 1 0 1

譲 渡 及 び 譲 受 け 認 可 申 請 書
（第１面）

この申請書により、建設業の譲渡及び譲受けの認可を申請します。
この申請書及び添付書類の記載事項は、事実に相違ありません。

令和　　年　　月　　日

申請者　譲渡人　神奈川県横浜市都筑区荏田東１－２－○
関東建工　株式会社
代表取締役　清宮　玲惟

譲受人　東京都千代田区岩本町1丁目2番○号 法令ビル2階
株式会社　ほうれい建設
代表取締役　法令　太郎

~~地方整備局長~~
~~北海道開発局長~~
東京都知事　殿

行政庁側記入欄

項目	項番	内容
許可番号	01	大臣・知事コード 13　~~国土交通大臣~~ 東京都 知事 許可（般・特－　）第　　　号　許可年月日 令和　年　月　日
認可申請年月日	02	令和　年　月　日

項目	項番	内容
譲渡及び譲受け年月日	03	令和 03 年 01 月 04 日
譲渡及び譲受けの理由	04	株主総会による決議
譲渡及び譲受けの価格	05	100，000，000円
引き続き使用する許可番号	06	大臣・知事コード 00　国土交通大臣 ~~知事~~ 許可（般・特－01）第000000号

<譲受人に関する事項>

業種：土 建 大 左 と 石 屋 電 管 タ 鋼 筋 舗 しゅ 板 ガ 塗 防 内 機 絶 通 園 井 具 水 消 清 解

項目	項番	内容
譲渡及び譲受け後に営業しようとする建設業	07	建 2、管 1、塗 2、防 2、機 2、通 1、水 1、解 1（1．一般　2．特定）
認可申請時において許可を受けている建設業	08	建 2、管 2、塗 2、防 2、機 2（1．一般　2．特定）
商号又は名称のフリガナ	09	ホウレイケンセツ
商号又は名称	10	（株）ほうれい建設
代表者又は個人の氏名のフリガナ	11	ホウレイ　タロウ
代表者又は個人の氏名	12	法令　太郎　　支配人の氏名
譲渡及び譲受け後の主たる営業所の所在地市区町村コード	13	13101　都道府県名 東京都　市区町村名 千代田区
譲渡及び譲受け後の主たる営業所の所在地	14	岩本町１－２－○
郵便番号	15	101－0032　電話番号 03-3456-○○○○

ファックス番号　03-3456-○○○○

項目	項番	内容
法人又は個人の別	16	1（1．法人　2．個人）　資本金額又は出資総額 10,000（千円）　法人番号 7010001123456
兼業の有無	17	2（1．有　2．無）　建設業以外に行っている営業の種類 なし
許可番号	18	大臣・知事コード 00　国土交通大臣 ~~知事~~ 許可（般・特－01）第000000号　許可年月日 令和 02 年 01 月 25 日

（用紙Ａ４）

（第２面）

<譲渡人に関する事項>

譲り渡す建設業　19

土	建	大	左	と	石	屋	電	管	タ	鋼	筋	舗	しゅ	板	ガ	塗	防	内	機	絶	通	園	井	具	水	消	清	解
							1														1				1			1

（1．一般 2．特定）

商号又は名称のフリガナ　20　カントウケンコウ

商号又は名称　21　関東建工（株）

代表者又は個人の氏名のフリガナ　22　セイミヤ レイ

代表者又は個人の氏名　23　清宮 玲惟　　支配人の氏名

主たる営業所の所在地市区町村コード　24　14118　都道府県名　神奈川県　市区町村名　横浜市都筑区

主たる営業所の所在地　25　荏田東1−2−○

郵便番号　26　224−0006　電話番号　045-765-○○○○

ファックス番号　045-765-○○○○

法人又は個人の別　27　1　（1. 法人 2. 個人）　資本金額又は出資総額　7,000（千円）　法人番号　9020001001234

兼業の有無　28　1　（1．有 2．無）　建設業以外に行つている営業の種類　産業廃棄物収集運搬業

許可番号　29　大臣知事コード　14　~~国土交通大臣~~ 神奈川県知事 許可（般 ~~特~~−31）第111111号　許可年月日　平成31年04月20日

役員等、営業所及び営業所に置く専任の技術者については別紙による。

連絡先

所属等　総務部第一業務課　氏名　田村　真祐　電話番号　045-987-○○○○

ファックス番号　045-987-○○○○

合併認可申請書

様式第二十二号の七（第十三条の二関係）

（用紙A4）
0 0 1 1 1

合　併　認　可　申　請　書
（第1面）

この申請書により、合併の認可を申請します。
この申請書及び添付書類の記載事項は、事実に相違ありません。

令和　　年　　月　　日

申請者
東京都千代田区岩本町1丁目2番○号 法令ビル2階
株式会社　ほうれい建設
代表取締役　　法令　太郎
東京都三鷹市下連雀9－87－65－○
多摩電設　株式会社
代表取締役　　堀　美緒

~~地方整備局長~~
~~北海道開発局長~~
東京都 知事　殿

行政庁側記入欄

項目	項番	内容
許可番号	01	大臣／知事コード□□　国土交通大臣／知事 許可（般／特－□□）第□□□□□□号　許可年月日 令和□□年□□月□□日
認可申請年月日	02	令和□□年□□月□□日

項目	項番	内容
合併年月日	03	令和 03 年 01 月 04 日
合併の理由	04	グループ企業間で吸収合併を決議したため
合併の価格	05	1,000,000,000 円
引き続き使用する許可番号	06	大臣／知事コード 13　~~国土交通大臣~~ 東京都 知事 許可（般／~~特~~－31）第098765号

＜合併存続法人又は合併により新設される法人に関する事項＞

項目	項番	土	建	大	左	と	石	屋	電	管	タ	鋼	筋	舗	しゅ	板	ガ	塗	防	内	機	絶	通	園	井	具	水	消	清	解
合併後に営業しようとする建設業	07	1	1						1	1	1									1		1								
認可申請時において合併存続法人が許可を受けている建設業	08	1	1						1	1										1										

（1：一般　2：特定）

項目	項番	内容
商号又は名称のフリガナ	09	ホウレイケンセツ
商号又は名称	10	（株）ほうれい建設
代表者の氏名のフリガナ	11	ホウレイ　タロウ
代表者の氏名	12	法令　太郎
合併後の主たる営業所の所在地市町村コード	13	13101　都道府県名 東京都　市区町村名 千代田区
合併後の主たる営業所の所在地	14	岩本町1－2－○
郵便番号	15	101－0032　電話番号 03-3456-○○○○
		ファックス番号 03-3456-7899
資本金額等	16	資本金額又は出資総額 500000（千円）　法人番号 5010001987654

（用紙Ａ４）

（第２面）

兼業の有無　□　17　1　（1．有　2．無）　建設業以外に行っている営業の種類　産業廃棄物収集運搬業

許可番号　□　18　□□（大臣・知事コード）　~~国土交通大臣~~ 東京都 知事 許可（般・~~特~~－29）第087654号　許可年月日　平成29年12月10日

＜合併消滅法人に関する事項＞

認可申請時に合併消滅法人が許可を受けている建設業　□　19　土 建 大 左 と 石 屋 電 管 タ 鋼 筋 舗 しゆ 板 ガ 塗 防 内 機 絶 通 園 井 具 水 消 清 解（1．一般　2．特定）　電：1　通：1

商号又は名称のフリガナ　□　20　タマデンセツ

商号又は名称　□　21　多摩電設（株）

代表者の氏名のフリガナ　□　22　ホリ　ミオ

代表者の氏名　□　23　堀　美緒

主たる営業所の所在地市区町村コード　□　24　13204　都道府県名　東京都　市区町村名　三鷹市

主たる営業所の所在地　□　25　下連雀9－87－65－○

郵便番号　□　26　181－0013　電話番号　042-222-○○○○

ファックス番号　042-222-○○○○

資本金額等　□　27　資本金額又は出資総額　45000（千円）　法人番号　3010001654321

兼業の有無　□　28　2　（1．有　2．無）　建設業以外に行っている営業の種類

許可番号　□　29　13（大臣・知事コード）　~~国土交通大臣~~ 東京都 知事 許可（般・~~特~~－01）第111111号　許可年月日　令和01年04月10日

役員等、営業所及び営業所に置く専任の技術者については別紙による。

連絡先

所属等　法務部　氏名　中高　奈雄　電話番号　042-533-○○○○

ファックス番号　042-533-○○○○

分割認可申請書

様式第二十二号の八（第十三条の二関係）　　　（用紙A４）0 0 1 2 1

分割認可申請書
（第１面）

この申請書により、分割の認可を申請します。
この申請書及び添付書類の記載事項は、事実に相違ありません。

令和　　年　　月　　日

申請者　東京都千代田区岩本町１－２－○
株式会社　ほうれい建設
代表取締役　法令　太郎

東京都新宿区西新宿２－８－○
法令商事グループ　株式会社
代表取締役　盛田　光

~~地方整備局長~~
~~北海道開発局長~~
東京都知事　殿

行政庁側記入欄

項目	項番	内容
許可番号	01	大臣/知事コード 13　~~国土交通大臣~~ 東京都知事 許可（般－特－　）第　号　許可年月日 令和　年　月　日
認可申請年月日	02	令和　年　月　日

項目	項番	内容
分割年月日	03	令和03年01月04日
分割の理由	04	株主総会の決議により決定
分割の価格	05	70，000，000円
引き続き使用する許可番号	06	大臣/知事コード 13　~~国土交通大臣~~ 東京都知事 許可（般－特－02）第222222号

＜分割承継法人に関する事項＞

項目	項番	内容
分割後に営業しようとする建設業	07	土 建 大 左 と 石 屋 電 管 タ 鋼 筋 舗 しゅ 板 ガ 塗 防 内 機 絶 通 園 井 具 水 消 清 解：左 1、鋼 1、園 1、解 1（1．一般 2．特定）
認可申請時において許可を受けている建設業	08	（1．一般 2．特定）
商号又は名称のフリガナ	09	ホウレイケンセツ
商号又は名称	10	（株）ほうれい建設
代表者の氏名のフリガナ	11	ホウレイ タロウ
代表者の氏名	12	法令 太郎
分割後の主たる営業所の所在地市区町村コード	13	13101　都道府県名 東京都　市区町村名 千代田区
分割後の主たる営業所の所在地	14	岩本町1－2－○
郵便番号	15	101－0032　電話番号 03-3456-○○○○
		ファックス番号 03-3456-○○○○
資本金額等	16	資本金額又は出資総額 25,000（千円）　法人番号 2010001667788

（用紙Ａ４）

（第２面）

兼業の有無 [ ] 1 7 | 2 |（1. 有 2. 無）　建設業以外に行つている営業の種類 ＿＿＿＿

許可番号 [ ] 1 8 | 大臣/知事コード 1 3 | 国土交通大臣/東京都知事 許可（般/特－01）第012345号　許可年月日 令和01年12月05日

＜分割被承継法人に関する事項＞

認可申請時に分割被承継法人が許可を受けている建設業 [ ] 1 9

土	建	大	左	と	石	屋	電	管	タ	鋼	筋	舗	しゅ	板	ガ	塗	防	内	機	絶	通	園	井	具	水	消	清	解
				1								1										1						1

（1. 一般 2. 特定）

商号又は名称のフリガナ [ ] 2 0 | ホ ウ レ イ シ ョ ウ ジ グ ル ー プ

商号又は名称 [ ] 2 1 | 法 令 商 事 グ ル ー プ （ 株 ）

代表者の氏名のフリガナ [ ] 2 2 | モ リ タ　ヒ カ ル

代表者の氏名 [ ] 2 3 | 盛 田　光

主たる営業所の所在地市区町村コード [ ] 2 4 | 1 3 1 0 4 | 都道府県名 東京都　市区町村名 新宿区

主たる営業所の所在地 [ ] 2 5 | 西 新 宿 2 － 8 － ○

郵便番号 [ ] 2 6 | 1 6 0 － 0 0 2 3 | 電話番号 0 3 - 5 3 2 1 - ○ ○ ○ ○

ファックス番号 03-5321-○○○○

資本金額等 [ ] 2 7 | 資本金額又は出資総額 10,000（千円）| 法人番号 1 0 1 0 0 0 1 2 3 4 5 6 7

兼業の有無 [ ] 2 8 | 1 |（1. 有 2. 無）　建設業以外に行つている営業の種類 宅地建物取引業

許可番号 [ ] 2 9 | 大臣/知事コード 1 3 | 国土交通大臣/東京都知事 許可（般/特－01）第077777号　許可年月日 令和02年02月01日

役員等、営業所及び営業所に置く専任の技術者については別紙による。

連絡先

所属等 業務部　氏名 中田　金男　電話番号 03-5555-○○○○

ファックス番号 05-6543-○○○○

届出書（譲渡及び譲受け・合併・分割認可用）

様式二十二号の九（第十三条の二関係）

届　　出　　書

令和　　年　　月　　日

東京都知事　殿

東京都千代田区岩本町１－２－○
株式会社　ほうれい建設
届出者　代表取締役　法令　太郎

以下のとおり、国土交通大臣に { ~~譲渡及び譲受け~~ / 合　併 / ~~分　割~~ } の認可の申請を行いましたので届出をします。

記

１．届出者に関する事項

名称	株式会社　ほうれい建設
許可番号	東京都知事許可　（般－０２）第１２３４５６号
許可を受けている建設業	建築工事業、大工工事業、管工事業、鋼構造物工事業、内装仕上工事業

２．譲渡及び譲受け又は合併若しくは分割に関する事項

（１）譲渡人、合併消滅法人又は分割被承継法人に関する事項

名称	多摩電設　株式会社
許可番号	東京都知事許可　（般－０１）第１１１１１１号
許可を受けている建設業	電気工事業、電気通信工事業

（２）譲受人、合併存続法人若しくは合併により設立される法人又は分割承継法人に関する事項

名称	届出者と同一
許可番号	
許可を受けている建設業	

（３）その他

認可の申請	申請先の地方整備局等	関東地方整備局
	申請を行った日	令和２年１０月１日
譲渡及び譲受け又は合併若しくは分割の予定日		令和３年１月４日

記載要領

１　「{ 譲渡及び譲受け / 合　併 / 分　割 }」については、不要なものを消すこと。

２　２．（２）について合併により設立される法人又は分割承継法人（新設分割により設立される法人に限る。）である場合には、許可番号及び許可を受けている建設業については記載を要しない。

３　２．（１）又は（２）について届出者と同一である場合には、名称の欄に「届出者と同一」と記載することで、２．（１）又は（２）の名称以外の部分については記載を要しない。

相続認可申請書

様式第二十二号の十（第十三条の三関係）

（用紙Ａ４）
00131

相続認可申請書
（第１面）

この申請書により、建設業の相続の認可を申請します。
この申請書及び添付書類の記載事項は、事実に相違ありません。

令和　年　月　日

~~地方整備局長~~
~~北海道開発局長~~
東京都 知事　殿

申請者　相続人　東京都中野区弥生町１－２－３－○
星野　東吉

行政庁側記入欄	項番	
許可番号	01	大臣/知事コード □□　国土交通大臣/知事 許可（般/特－□□）第□□□□□□号　許可年月日 令和□□年□□月□□日
認可申請年月日	02	令和□□年□□月□□日

項目	項番	記入内容
被相続人の死亡日	03	令和02年10月31日
引き続き使用する許可番号	04	大臣/知事コード 01　~~国土交通大臣~~ 東京都 知事 許可（般/~~特~~－01）第077777号

＜相続人に関する事項＞

項目	項番	記入内容
相続後に相続人が営業しようとする建設業	05	土 建 大 左 と 石 屋 電 管 タ 鋼 筋 舗 しゅ 板 ガ 塗 防 内 機 絶 通 園 井 具 水 消 清 解：土＝1、内＝1（1.一般 2.特定）
認可申請時において相続人が許可を受けている建設業	06	（空欄）（1.一般 2.特定）
商号又は名称のフリガナ	07	
商号又は名称	08	
氏名のフリガナ	09	
氏名	10	星野　東吉　支配人の氏名
被相続人との続柄	11	長男
相続後の主たる営業所の所在地市区町村コード	12	13114　都道府県名 東京都　市区町村名 中野区
相続後の主たる営業所の所在地	13	弥生町１－２－３－○
郵便番号	14	164－0013　電話番号 03-3333-○○○○
		ファックス番号 03-3333-○○○○
兼業の有無	15	2（1.有 2.無）　建設業以外に行つている営業の種類
許可番号	16	大臣/知事コード 13　~~国土交通大臣~~ 東京都 知事 許可（般/~~特~~－01）第077777号　許可年月日 令和02年04月15日

（用紙Ａ４）

（第２面）

<被相続人に関する事項>

土 建 大 左 と 石 屋 電 管 タ 鋼 筋 舗 しゅ 板 ガ 塗 防 内 機 絶 通 園 井 具 水 消 清 解

許可を受けていた建設業　17　1　（1．一般 2．特定）

商号又は名称のフリガナ　18

商号又は名称　19

氏名のフリガナ　20　ホシノ　ナミオ

氏名　21　星野　南男　　支配人の氏名

主たる営業所の所在地市区町村コード　22　13114　都道府県名　東京都　市区町村名　中野区

主たる営業所の所在地　23　弥生町1－2－3－○

郵便番号　24　164－0013　電話番号　03-3380-○○○○

ファックス番号　03-3380-○○○○

兼業の有無　25　2　（1．有 2．無）　建設業以外に行つている営業の種類

大臣 知事 コード

許可番号　26　13　~~国土交通大臣~~ 東京都 知事 許可（般－02）第077777号　許可年月日 令和02年04月15日

役員等、営業所及び営業所に置く専任の技術者については別紙による。

連絡先

所属等　　　氏名　星野　東吉　　電話番号　03-3380-○○○○

ファックス番号　03-3380-○○○○

届出書（相続認可用）

様式二十二号の十二（第十三条の三関係）

届　　出　　書

令和　２年　　月　　日

東京都知事　殿

東京都中野区弥生町１－２－〇
届出者　山下　水樹

以下のとおり、国土交通大臣に相続の認可の申請を行いましたので、~~相続人~~ 被相続人 に関する事項について、届出をします。

１．届出をする ~~相続人~~ 被相続人 に関する事項

名称	星野　南男
許可番号	神奈川県知事許可　（般－０１）第９９９９９号
許可を受けている建設業	建築工事業

２．届出者に関する事項

名称	山下　水樹
許可番号	東京都知事許可　（般－０２）第８７６５４３号
許可を受けている建設業	建築工事業、大工工事業、内装仕上工事業

３．その他

認可の申請	申請先の地方整備局等	関東地方整備局
	申請を行った日	令和２年１１月１１日
被相続人の死亡日		令和２年１０月３１日

記載要領

1　「相続人 被相続人」については、不要なものを消すこと。

2　１．の届出が相続人に関するものであるときは、２．の届出者に関する事項の記載は要しない。

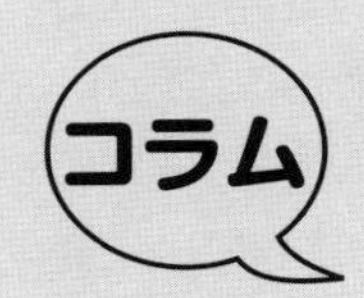

手引き―ガイドライン―通達―建設業者のための建設業法

建設業許可や、経営事項審査、入札参加資格登録などの各手続のルールは法令や条例を根拠とするものですが、その詳細な手続を理解するためには条文の確認だけではなく、様々なツールを使いこなして効率的に、また例外的な事項を押さえながら進める必要があります。

各手続の窓口には、「許可の手引き」「審査の説明書」「登録の説明書」などその名称は様々ですが、いわゆる「手引書」にあたるものが存在します。有料で販売されているものもありますが、おおむね無料で頒布され、現在ではインターネット経由でダウンロードできるものも多数あります。

建設業許可に関しては、国土交通省から平成13年４月に「建設業許可事務ガイドライン」が発行され、建設業許可に関する事務手続の基準を示し、以後法律の改正にあわせてガイドラインも随時改訂され、インターネット上でも公表されています。

そのほか、国土交通省から発出されている通達も重要です。法令やガイドラインでカバーできない特殊事例における事務取扱についてそれぞれの判断基準が示されています。

https://www.mlit.go.jp/totikensangyo/const/1_6_bt_000177.html

さらに、これらの多数にわたる建設業許可関係法令や通達の重要事項を、建設業者にもわかりやすく理解できるようにコンパクトにまとめた「建設業者のための建設業法」という冊子が国土交通省の地方整備局から発行されています。この冊子は、単に法令や許可基準を解説しているばかりではなく、建設現場で遵守しなければならない事項や施工体制台帳の解説など、建設業者の日常業務の様々な場面で対応すべき事項までカバーした１冊となっています。建設業許可事務等に関わる企業内の担当者や、そのサポートをする行政書士等の資格者も、これらを精読し行政事務に対応していく姿勢が必要です。

建設業法改正の内容を詳細に定める建設業許可事務ガイドライン

建設業法は昭和24年に施行された法律で、許可制度がスタートしたのも昭和46年と古い時代の制度が改定を重ねて今日まで維持されてきています。高度成長期やバブル期を経て世の中の産業が著しく変化する過程で、当初想定していた許可業種の範疇にそのまま適合しないような施工案件も数多く発生してきています。

国土交通省は、時代の要請に即して、その都度許可申請の審査に関連する対応をしてきました。根本的に建設業法そのものを改定しなければならないケースもあれば、施行規則等の改正に留まることもありました。

許可の審査の面に着目して、審査基準に関して「建設業許可事務ガイドライン※」も早くから発行し、許可事務の現場での審査基準について詳細にまとめられています。最近では、太陽光パネルを利用した発電設備の構築など、かつての建設業法が想定していなかった新しい施工方式が一般化していますが、この施工がどの業種に該当するのかについても速やかに言及してきたところです。

建設業許可事務ガイドラインは、建設業許可申請に関する取扱いの判断基準について詳細に定められており、実務者は必ず目を通しておくべき指針といえましょう。令和２年10月に経営業務管理責任者の選任に関して建設業法の大きな改正がありましたが、補佐者の業務類型の細かな内容など、その個々の要件や基準についても、許可事務ガイドラインに定められています。ガイドラインの改定があった際は、十分に注意してその内容を把握しておくことが申請者にとっては重要です。

※　建設業許可事務ガイドライン（令和４年12月28日最終改正）
https://www.mlit.go.jp/totikensangyo/const/content/001581332.pdf

電子申請システム（JCIP）について

令和５年１月10日から、建設業許可と経営事項審査申請について、電子申請システムの稼働が始まりました。システムの名称は、「建設業許可・経営事項審査電子申請システム」（JCIP（Japan Construction Industry electronic application Portal））です。

JCIP は、令和５年３月末現在、国土交通省所管の大臣許可と41道県で稼働しています（東京都、大阪府、京都府、兵庫県、福岡県におけるシステム稼働開始時期は未定）。今後の取扱い状況は不明ですが、今のところ従来どおり書面による申請も並行して受け付けています。

そこで、今後このシステムが普及していくことを想定して、JCIP についての操作方法を十分に理解しておくことが必要です。

(1) JCIP のイメージ（申請者→行政庁）

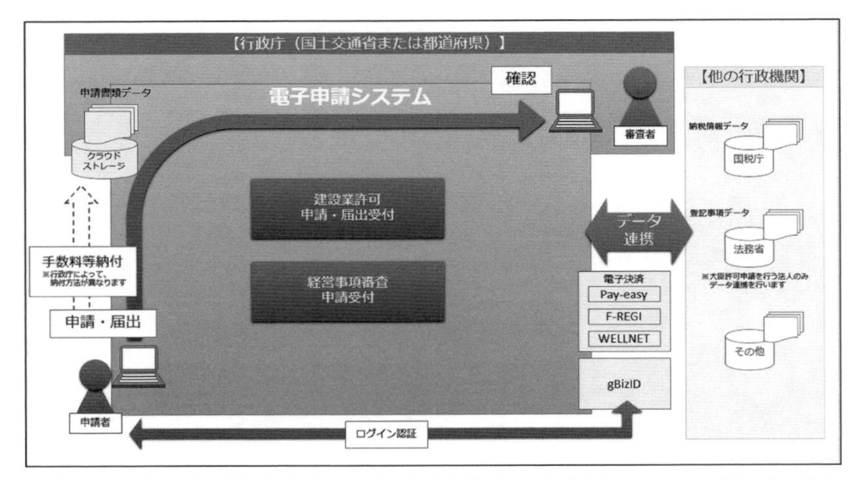

出典：国土交通省「建設業許可・経営事項審査電子申請システム（JCIP）操作マニュアル」

左ページの図は、申請代理人を設定しない場合の流れを表したものです。申請者＝建設会社となります。

JCIP のシステムを利用するにあたっては、申請会社が国から発行される「Ｇビズ ID」を取得する必要があります。申請者（建設会社）はＧビズ ID を使用して、システムにログインして各種操作を行うことができます。

Ｇビズ ID には次の３つの種類があります。

- gBizID プライム

最も使い道が多く、取得することで JCIP の操作が可能となります。

- gBizID メンバー

gBizID プライムを取得した事業者の従業員用のアカウントとして発行される ID です。JCIP の操作も可能です。

- gBizID エントリー

取得しても JCIP の操作を行うことはできません。

アカウント種別	発行方法	ログイン方法	スマートフォンまたは携帯電話
gBizID プライム	審査を行い発行	ID/ パスワードに加え、所有物認証による二要素認証	必要
gBizID メンバー	（組織の従業員専用として）gBizID プライムが発行。発行後は gBizID プライムが許可したサービスのみ利用できます。	ID/ パスワードに加え、所有物認証による二要素認証	必要
gBizID エントリー	審査を行わずオンラインで発行	ID/ パスワードを用いた単要素認証	不要

⑵ JCIP で行うことができる手続

- 建設業許可の申請
- 既に取得している建設業許可に関する各種届出（変更届など）
- 経営事項審査の申請
- 上記の申請および届出の内容に不備がある場合の不備箇所の訂正
- 上記の申請および届出の内容に補正が必要な箇所がある場合の補正
- 上記の申請を実施した後の申請の中止または取下げの依頼
- 上記の申請に関わる手数料等の電子納付（※）

※　電子納付に対応していない行政庁もありますので、事前に必ず申請先の行政庁に確認してください。

⑶ JCIP のイメージ（行政庁→申請者）

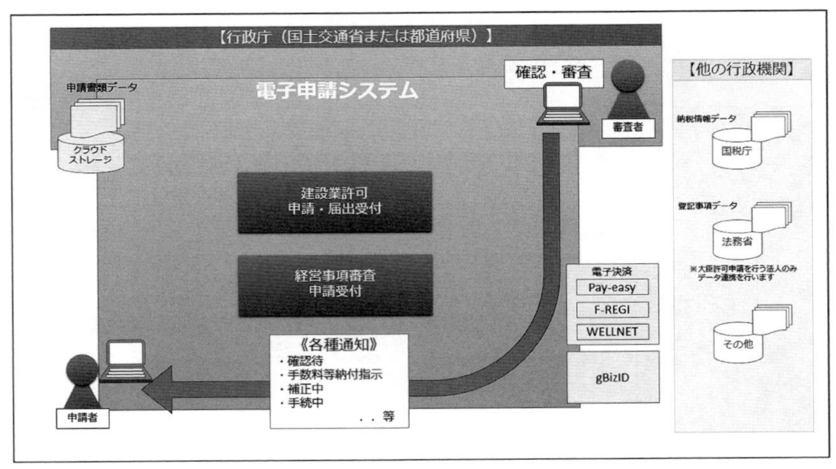

出典：国土交通省「建設業許可・経営事項審査電子申請システム（JCIP）操作マニュアル」

- 「建設業許可」の許可通知書の受領
- 「経営事項審査」の審査結果通知書の受領

※　通知書の電子交付に未対応の行政庁もありますので、オンラインでの通知書の受領の可否については、申請の際に申請先の行政庁に確認してください。

(4)　委任関係の構築

行政書士が委任を受けて代理人として申請する場合、委任者である申請人（建設会社）と受任者（申請代理人となる行政書士）の双方がGビズIDを取得する必要があります。

手続の流れは以下のようになります。

①　委任者（建設会社）と受任者（申請代理人となる行政書士）との間で委任関係を結ぶ

- 委任者（建設会社）は自社で取得したGビズIDを使って、JCIPのWEBサイトにログインします。

②　委任者（建設会社）はJCIPのサイト内で行政書士（GビズID）を指定して委任申請を行う

③　委任の申請があった情報がJCIP上で行政書士に届きますので行政書士がこれを承認する

④　JCIP上で行政書士が委任状を作成し、JCIP上で委任者（建設会社）に送付する

⑤　受け取った委任者（建設会社）がJCIP上で委任状を承認し委任関係が成立

※　委任関係が有効な間は、委任者（建設会社）はJCIP上で自ら手続を行うことはできません。

(5) 既存のソフトウエアで作成したデータの取り込み・取り出し

JCIPの機能として、他のソフト（※）で作成（出力）した、指定フォーマットの申請書データファイル（XML形式）を取り込む機能があります。JCIPの「申請書類データの出力」機能で出力したデータも取り込むことができます。

※　建設業情報管理センターの「なんでも経審Plus」やワイズ公共データシステムの「電子申請支援システム」などが対応しています

(6) バックヤード連携

JCIPを利用する場合、これまで申請時に求められてきた「公的機関や経審の経営状況分析機関等が発行する証明書」の添付を省略して審査に臨むことが可能です。例えば、会社の登記事項証明書について、審査機関側でその内容を確認することを可能とすることにより、申請者側で登記事項証明書を用意する必要がなくなるということが実現します。このしくみを「バックヤード連携」といいます。

JCIPのスタート当初は、バックヤード連携に関する内容が大臣許可・各都道府県により異なりますので、利用が可能か否かについては事前に申請先に確認が必要です。また、将来的には資格者証の発行機関などもバックヤード連携に加わってくるものと思われます。

(7) 公文書である通知の受領

建設業許可申請では、新規許可申請、業種追加申請、更新申請などで手続が完了すると、許可通知書が、公印が付された文書で交付されます。また、経営事項審査では、審査が完了すると「経営事項審査の結果通知書（経営規模等評価結果通知書・総合評定値通知書）」が発行されます。

JCIPでは、これらの文書を電磁的記録の文書として発行する機能が設置されています。紙文書で発行された通知書は紛失するリスクがありますが、電磁的記録の場合は、ダウンロードすることによって入手し保管しておくことができるなどのメリットがあります。

※ 審査行政庁によっては、許可通知書等の発行は従来どおり書面による発行に限定することを継続する機関があります。

(8) 申請手数料

申請手数料の納付方法は、オンラインでの決済で完結できるよう、Pay-easy、F-REGI、WELLNETなど複数の決済手段が選択的に利用できるようになっています。支払先によって利用の可否が異なりますので、事前に確認が必要です。

- JCIPの概要については、以下のWEBサイトを参照してください
https://www1.mlit.go.jp/tochi_fudousan_kensetsugyo/const/content/001519393.pdf

第2章 経営事項の審査申請

手続総論

⑴　経営事項審査（経審）とは

経営事項審査とは、公共工事（国または地方公共団体等が発注する建設工事）を発注者から直接請け負おうとする「建設業の許可を受けている建設業者」が必ず受けなければならない審査です。（建設業法第27条の23）

経営事項審査の申請書には、３つの申請（請求）項目があります。

① 経営規模等評価結果通知書の発行申請

② 経営規模等評価再審査申立書

③ 総合評定値請求書

建設業者の「経営規模の認定」、「技術力の評価」、「社会性の確認」、「経営状況の分析」という４つの指標をもとに、申請業者について各指標について客観的に数値化しその結果の通知書を求めるのが①の経営規模等評価結果通知書の発行申請です。

①で得られた各項目の数値を決められた方法で計算し「総合得点」を得るのが「総合評定値の請求」で、上記の③にあたります。

国や地方公共団体の多くが、公共工事の入札に際し、入札参加を希望する事業者が「総合評定値」を得ていることを条件としているため、①と③は通常同時に申請することになります（同時に申請すると１枚の様式で発行されます）。

②については、建設業法の改正等により、一度得られた「経営規模等の評価結果」の点数が変更になる可能性がある場合に、改正後の基準で再評価してもらう際に使用する項目です。

(2)　結果通知書の受領

「経審の結果通知書をもらった」というのは、上記の①と③の手続が終了して、その結果が通知書という公文で手元に届いたことを指します。

①および③の申請をするということは、公共工事の入札に関わって行く上で、いわば事業者が自分の会社の「持ち点」を決めていただく作業といえます。

建設業者は、この持ち点を得ることによって、国や地方公共団体に対して、「うちの会社はこのような点数を持っているので、ぜひ入札に参加させてください」と申込みをすることができるようになるのです。

注意しなければならないのは、この「持ち点」は建設業の許可を有していることから自動的に導き出されるわけではないということです。毎年一定の時期に、許可を付与している行政庁に対して、建設業者自らが申請することによって得られるもので、申請を失念すると「持ち点」が得られないばかりではなく、公共工事の入札の参加を希望している行政庁に対する登録そのものが失効してしまうこともありますので、細心の注意が必要です。

経営規模等の評価と総合評定値との関係

前述の「経営規模等評価結果通知書」の発行申請に係る、「経営規模等の評価」ですが、４つの指標はそれぞれアルファベットで表されます。

①　経営規模の認定（X）
②　技術力の評価（Z）
③　社会性の確認（W）
④　経営状況の分析（Y）

経営規模の認定（X）のみ、「完成工事高」＝X1と、「自己資本額および利益額」＝X2に分かれます。

このX1、X2、Y、Z、Wの５つの評点に、法律で定められた係数をかけて合計した値が総合評定値となります。具体的には、次の数式で換算され、総合評定値が算出されます。

総合評定値は、アルファベットでは（P）で表され、経審を受けている建設業者では「P点」と呼ばれています。

> 総合評定値（P）＝0.25×X1＋0.15×X2＋0.2×Y＋0.25×Z＋0.15×W
> （小数点第１位四捨五入で計算）

この数式により算出された総合評定値（P点）が、申請した会社の「持ち点」となります。

〈参考〉各審査項目の詳細を示すと、以下のとおりとなります。

- 経営規模の認定（X）
  完成工事高（X1）　自己資本額（X2）　利払前税引前償却前利益（X2）
- 経営状況の分析（Y）
  純支払利息比率　負債回転期間　売上高経常利益率　純資本売上総利益率　自己資本対固定資産比率　自己資本比率　営業キャッシュフロー（絶対値）　利益剰余金（絶対値）
- 社会性の確認（W）
  建設工事の担い手の育成及び確保に関する取組の状況　建設業の営業年数　防災活動への貢献の状況　法令順守の状況　建設業の経理の状況　研究開発の状況　建設機械の保有状況　国又は国際標準化機構が定めた規格による登録状況
- 技術力の評価（Z）
  技術職員数　元請完成工事高

総合評定値（Ｐ点）を取得するまでの手続

(1) 決算に関する手続

建設業の許可を取得している事業者は、毎年の決算期から４カ月以内に、決算に関する届出（決算変更届、事業年度終了報告などと呼ばれる）を許可行政庁に行わなければなりません。

経審は、決算期時点で申請事業者がどれだけの評価に値するかを決める手続です。その中には経営状況を分析する項目が定められていて、これは審査の対象となる事業年度の決算内容を分析してＹ点が算出されます。

したがって、経審を受ける前に審査対象となる事業年度にかかる決算変更届（事業年度終了報告）が提出され受付されていることが前提となります。

(2) 経営状況の分析機関

経審の審査の多くは、建設業許可の許可行政庁の審査担当が行いますが、審査対象事業年度の決算の内容に関する「経営状況の分析」については国土交通省の定めた審査基準で公正にかつ迅速に行う必要があるため、国土交通省に登録された「経営状況を分析する機関」で行うことになっています。

令和５年３月現在、10の経営状況分析登録機関があります。それぞれ分析の手数料や分析の結果が出るまでの時間などサービス内容に差が設けられていて、経審を受ける事業者はこの10の登録機関から自由に選択して利用することができます。

登録番号	登録分析機関名	登録番号	登録分析機関名
1	一般財団法人建設業情報管理センター	8	株式会社ネットコア
2	株式会社マネージメント・データ・リサーチ	9	株式会社経営状況分析センター
4	ワイズ公共データシステム株式会社	10	経営状況分析センター西日本株式会社
5	株式会社九州経営情報分析センター	11	株式会社NKB
7	株式会社北海道経営情報センター	22	株式会社建設業経営情報分析センター

※　上記の登録番号以外の番号は欠番です。
※　最新の登録状況等の詳細は国土交通省のホームページに掲載されています。

各登録機関ごとの違いは以下のとおりです。

- 財務諸表作成用のソフトウエアを無料で提供している機関がある
- 経審や経営状況分析に限らず、建設業許可申請書作成ソフトまで包含したソフトウエアを配付している（一定の件数の経営状況分析を申請すると無料となったりする）機関がある
- 分析審査に要する日数に差がある
- ゆっくりコース、標準コース、急ぎのコースなど、金額によって差別化を図ったパターンを複数用意している
- 紙ベースでの郵送のみならず、オンラインによる電子申請が可能な登録機関がある

など

(3) 決算から経審に至るまでの手続の流れ

図示すると次のとおりとなります。

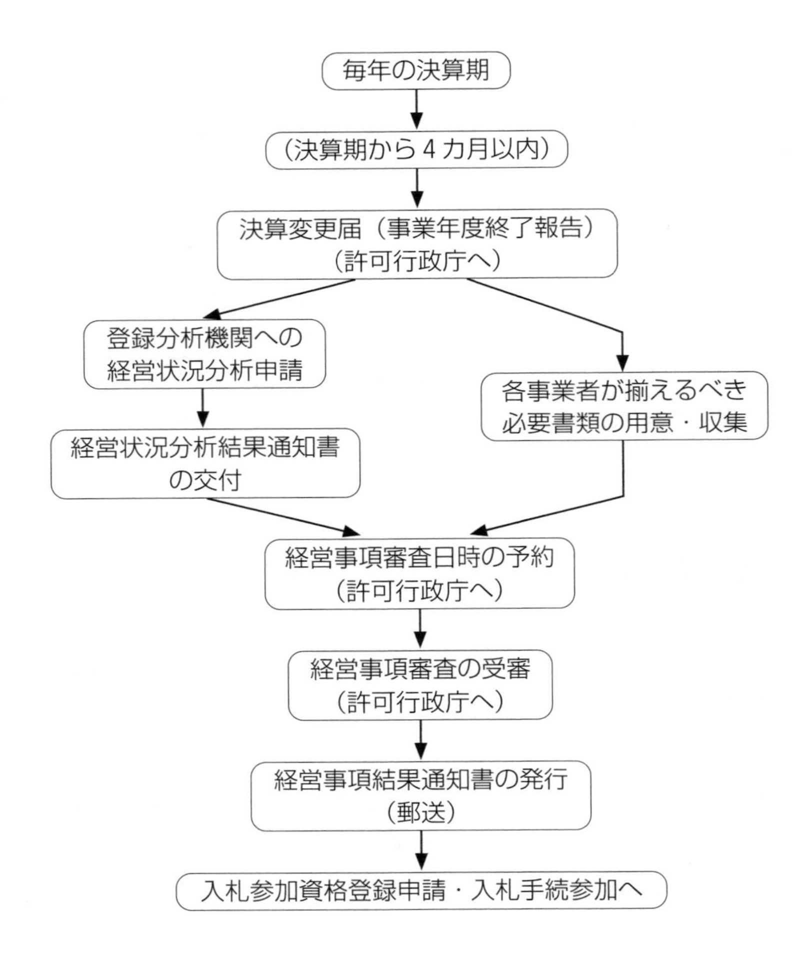

- 申請時に建設業許可を有していても、経営事項結果通知書の交付時点で廃業等により許可がない場合は、経営事項結果通知書の交付を受けることはできません。
- 国土交通大臣許可の場合は、主たる営業所を所管する都道府県知事を経由して国土交通大臣に申請書類等を送付することになります。
- 審査の予約の方式は、都道府県の窓口ごとに異なりますので、申請する窓口にあらかじめ確認する必要があります。

  例：予約のタイミング、予約の方法（口頭で予約か、郵送で予約か）など
- 審査する文書等の分量が多い場合は、該当部分につき事前確認を行う場合がありますので、申請する許可行政庁の情報を事前に確認する必要があります。

  例：技術職員が多数いる場合、工事実績の裏付資料の確認作業に時間を要する場合など

経審を受ける場所や実施時期は自治体によって様々

経営事項審査申請は、許可行政庁の下で対面審査が行われるのが原則です。国土交通大臣許可業者の場合、このルールが若干修正されていて、例えば東京都に主たる営業所がある許可業者については、東京都の経営事項審査会場に必要書類を持参して対面審査を受けます。この審査は提出書類の内容の実質審査をするのではなく、「必要な書類が形式的に揃っているか」を確認するためのもので、提出書類の内容に関する実質的審査は東京都から関東地方整備局に書類が送付されてから、整備局の担当者の手元で行われます。

経営事項審査は窓口で予約を取ってから指定された日時に出向いて受審します。予約の方法も許可行政庁によってまちまちです。東京都の場合、予約自体は決算変更届（事業年度報告）が完了していれば随時できます。経営事項審査は閉庁日を除き空いている時間帯で予約することができます。埼玉県の場合は、「埼玉県経営事項審査スマート予約システム」を使ってオンラインで予約を入れます、新型コロナウイルスの感染予防対策により郵送審査が行われており対面審査は行われていません。道府県によっては、経営事項審査を行う時期が決まっていて、その時期に合わせて審査の予約をして受けるケースもあります。また、県内に島が多数あり建設業者が散在している県では、審査の会場が島嶼部に設置され審査担当者が出向いて審査をするケースもあります。

経営事項審査の内容は国が定めた基準で運用されていますので差は生じませんが、手続に関しては各行政機関によって様々な方法が定められており、コロナ対策で申請方法に変更が出ている自治体もありますので、事前の十分な確認が必要です。

経営事項審査の有効期間

公共工事を元請で受注する資格を毎年継続するためには、常に入札に参加できる状況を維持しておく必要があります。

入札の参加資格の登録は一定期間ごと（２年更新が多い）に更新する必要がありますが、そのためには、毎年決算の終了後に経営事項審査を受審し、自社のＰ点を最新の状態で維持しておく必要があります。

経営事項審査は、申請者の事業年度の決算期を基準として審査が行われます。経営事項審査の結果通知書の有効期限は基準となる決算期から１年７カ月です。毎年の審査結果が有効である期間中に（有効期間を切らすことのないように）、次の決算期の経審の審査結果を得ておく必要があります。

例：事業年度が１月１日～12月31日の年１期の場合

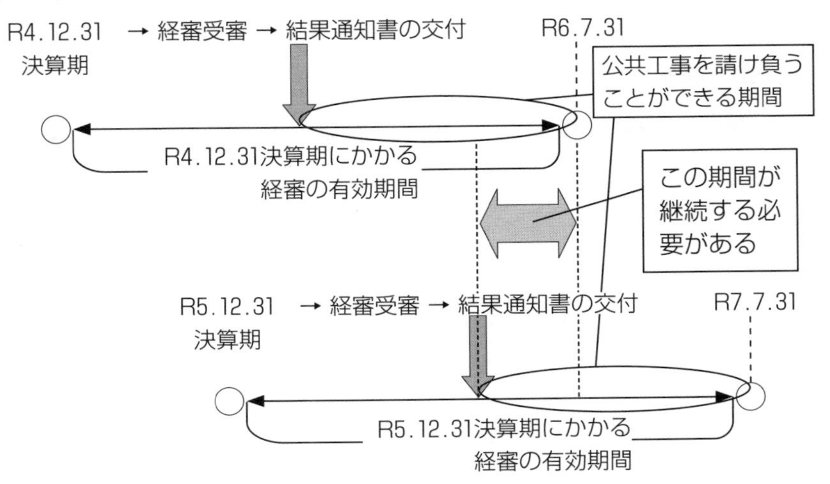

※　上記の例で、令和４年12月31日決算期に係る経営事項審査は、令和５年12月31日を経過した後は受審することができません。

経営事項審査を受けると…

審査結果が申請した建設業者に書留郵便で「結果通知書」という名称で郵送されます。また、一般財団法人建設業情報管理センター（177ページ登録分析機関登録番号１番）のWEBサイト上に審査結果が公表され、プリントアウトされたものも許可行政庁で閲覧できます。

審査手数料

国土交通大臣の場合は、「審査手数料貼付書」の用紙に収入印紙を貼付して納付します。都道府県知事の場合は、現金で納付する場合や証紙によって納付する場合など、行政庁によって異なりますので事前に確認する必要があります。

審査手数料は次のとおりです。

業種数	手数料	業種数	手数料	業種数	手数料	業種数	手数料
1	¥11,000	9	¥31,000	17	¥51,000	25	¥71,000
2	¥13,500	10	¥33,500	18	¥53,500	26	¥73,500
3	¥16,000	11	¥36,000	19	¥56,000	27	¥76,000
4	¥18,500	12	¥38,500	20	¥58,500	28	¥78,500
5	¥21,000	13	¥41,000	21	¥61,000	29	¥81,000
6	¥23,500	14	¥43,500	22	¥63,500		
7	¥26,000	15	¥46,000	23	¥66,000		
8	¥28,500	16	¥48,500	24	¥68,500		

通常のケースではない場合の経審の受け方

経営事項審査は、申請する事業者が直近の決算期を基準日として申請することになりますが、企業が定款を変更して決算期を変更したり、経審を受ける事業者が他社と合併するなど、イレギュラーな事象が発生した際には通常の審査とは異なる方式で経営事項審査を受ける必要があります。このような経営事項審査を「特殊経審」と呼んでいます。

特殊経審の場合、まず経営状況の分析機関の手続においても、ベースとなる財務諸表の提出に関して通常と異なる要求が行われます。会社合併、会社分割、事業譲渡などの理由により特殊経審を受ける場合には、合併時（譲渡時）や会社分割日時点での貸借対照表を作成し提出する必要があるほか、合併時（譲渡時）や会社分割の日を決算日とみなした12カ月の損益計算書を作成して提出しなければならないなどの要求があります。

経営事項審査の申請においても、合併や事業譲渡、会社分割に係る契約書の提出や、修正した財務諸表が適正である旨の公認会計士（または税理士）の証明を受けて提出したり、合併や事業譲渡の場合には両者が有する建設業許可に関する書証や増員する技術職員に関する資料など様々な証拠を調えていくことになります。

また、審査にかなりの時間を必要とする場合もありますので、事前に審査担当の窓口に相談することが有益です。注意しなければならないのは、合併や事業譲渡、会社分割などは、企業にとって重要な機密事項になっているケースが多く、申請担当部門に話が届いた頃には合併期日や事業譲渡の契約日が差し迫っているということも考えられます。窓口での相談が遅くなることによって、最悪予定していた期日に手続が間に合わなくなるということも考えられますので、許認可の担当部門にあっては、日頃から役員等に許認可に大きく影響を及ぼす事項については関係部署の意見を聞いて進めるよう働きかけておくことも大切なことといえます。

申請書類

- 提出書類

　①　経営事項審査に係る鑑となる書類（提出先行政機関によって名称が異なります）

　②　経営規模等評価申請書、総合評定値請求書

　③　工事種類別完成工事高・工事種類別元請完成工事高

　④　その他の審査項目（社会性等）

　⑤　技術職員名簿

　⑥　経営状況分析結果通知書

- 添付書類

　⑦　継続雇用制度の適用を受けている技術職員名簿

　⑧　建設機械の保有状況一覧表

　⑨　工事経歴書

　⑩　経理処理の適正を確認した旨の書類

※　提出先自治体によっては、技術職員の資格の合格証等の写しの提出を求めている場合があります。

※　正本と副本を作成します。正本は①～⑩まで、副本は①～⑤と⑦～⑩をステープラ（ホチキス）で綴じます。

※　上記の書類のほかに、後述する「裏付け資料」を取り揃えて審査に臨むことになります。

①経営事項審査に係る鑑となる書類（東京都の場合）

申請先によって様式が異なりますので、確認して作成してください。

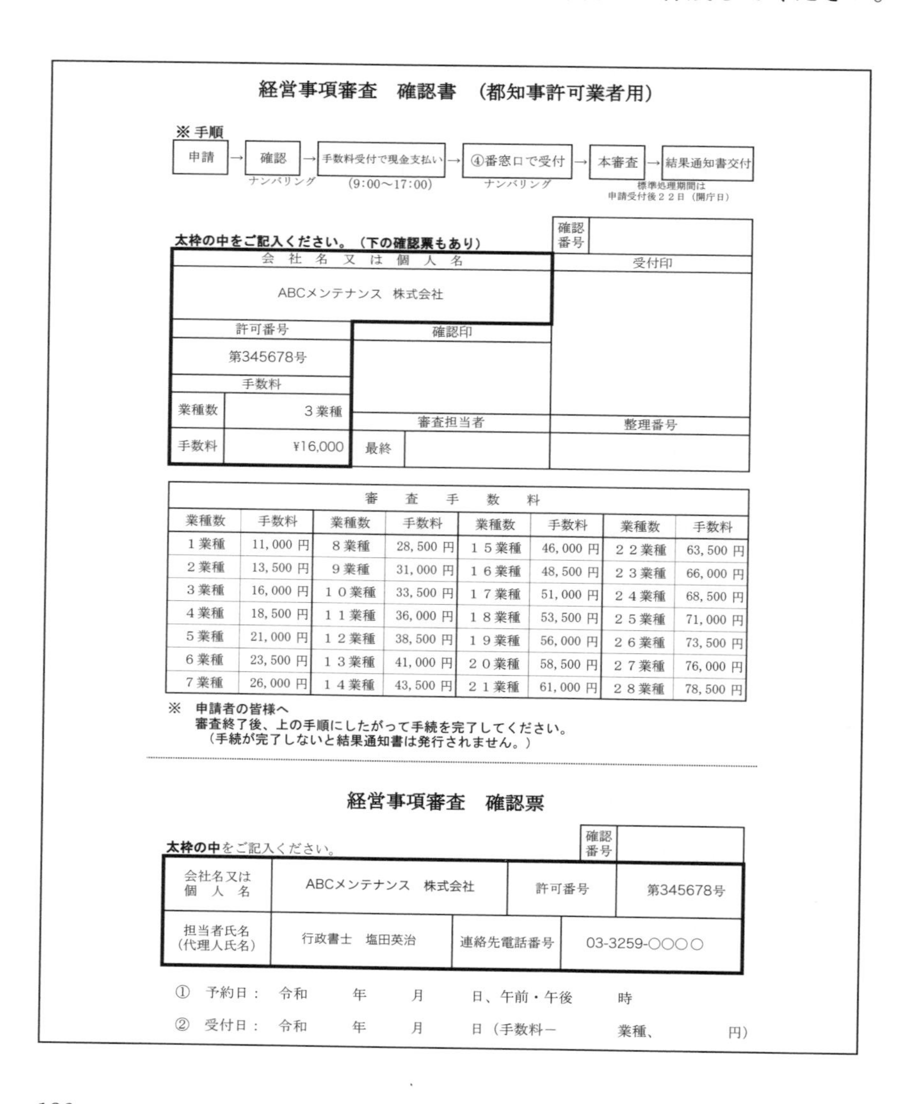

経営事項審査　確認書　（都知事許可業者用）

※ 手順

申請 → 確認（ナンバリング） → 手数料受付で現金支払い（9:00～17:00） → ④番窓口で受付（ナンバリング） → 本審査 → 結果通知書交付

標準処理期間は
申請受付後２２日（開庁日）

太枠の中をご記入ください。（下の確認票もあり）

確認番号	
会社名又は個人名	ABCメンテナンス　株式会社
受付印	
許可番号	第345678号
確認印	
手数料　業種数	３業種
手数料　手数料	¥16,000
審査担当者　最終	
整理番号	

審　査　手　数　料

業種数	手数料	業種数	手数料	業種数	手数料	業種数	手数料
１業種	11,000 円	８業種	28,500 円	１５業種	46,000 円	２２業種	63,500 円
２業種	13,500 円	９業種	31,000 円	１６業種	48,500 円	２３業種	66,000 円
３業種	16,000 円	１０業種	33,500 円	１７業種	51,000 円	２４業種	68,500 円
４業種	18,500 円	１１業種	36,000 円	１８業種	53,500 円	２５業種	71,000 円
５業種	21,000 円	１２業種	38,500 円	１９業種	56,000 円	２６業種	73,500 円
６業種	23,500 円	１３業種	41,000 円	２０業種	58,500 円	２７業種	76,000 円
７業種	26,000 円	１４業種	43,500 円	２１業種	61,000 円	２８業種	78,500 円

※　申請者の皆様へ
審査終了後、上の手順にしたがって手続を完了してください。
（手続が完了しないと結果通知書は発行されません。）

経営事項審査　確認票

太枠の中をご記入ください。

確認番号：

会社名又は個人名	ABCメンテナンス　株式会社	許可番号	第345678号
担当者氏名（代理人氏名）	行政書士　塩田英治	連絡先電話番号	03-3259-○○○○

①　予約日：　令和　　年　　月　　日、午前・午後　　時

②　受付日：　令和　　年　　月　　日（手数料－　　業種、　　円）

②経営規模等評価申請書、総合評定値請求書

様式第二十五号の十四（第十九条の七、第二十条、第二十一条の二関係）

（用紙Ａ４）
2 0 0 0 1

経 営 規 模 等 評 価 申 請 書
~~経営規模等評価再審査申立書~~
総 合 評 定 値 請 求 書

令和　　年　　月　　日

建設業法第27条の26第２項の規定により、経営規模等評価の申請をします。
~~建設業法第27条の28の規定により、経営規模等評価の再審査の申立をします。~~
建設業法第27条の29第１項の規定により、総合評定値の請求をします。

この申請書及び添付書類の記載事項は、事実に相違ありません。

申請者　東京都千代田区岩本町１－２－○　法令ビル２階
株式会社　ほうれい建設
代表取締役　法令　太郎

申請者　東京都千代田区神田司町２－○ 第三高田ビル４０１号室
行政書士　塩田　英治
TEL：03-3525-○○○○ ／ 03-3522-○○○○

~~地方整備局長~~
~~北海道開発局長~~
東京都 知事　殿

項目	項番	記入内容
行政庁側記入欄　申請年月日	01	令和□□年□□月□□日　請求年月日 令和□□年□□月□□日　土木事務所コード 整理番号 □□－□□□□□□
申請時の許可番号 ❶	02	大臣/知事 コード 13　~~国土交通大臣~~ 知事 許可（般/特－25）第234567号　許可年月日 令和02年06月01日
前回の申請時の許可番号 ❷	03	大臣/知事 コード □□　国土交通大臣/知事 許可（般/特－□□）第□□□□□□号　許可年月日 令和□□年□□月□□日
審査基準日	04	令和03年03月31日
申請等の区分 ❸	05	1
処理の区分 ❹	06	00 □□
法人又は個人の別	07	1（1. 法人 2. 個人）　資本金額又は出資総額 □,□□□,□10,000（千円）　❺法人番号 1234567890123
商号又は名称のフリガナ ❻	08	ホウレイケンセツ
商号又は名称	09	（株）ほうれい建設
代表者又は個人の氏名のフリガナ	10	ホウレイ タロウ
代表者又は個人の氏名	11	法令 太郎
主たる営業所の所在地市区町村コード	12	13101
主たる営業所の所在地	13	岩本町１－２－○
郵便番号	14	101－0032　電話番号 03－3456－○○○○

土 建 大 左 と 石 屋 電 管 タ 鋼 筋 舗 しゅ 板 ガ 塗 防 内 機 絶 通 園 井 具 水 消 清 解

項目	項番	記入内容
許可を受けている建設業 ❼	15	□□□□□□□□1□□□□□□□□□□□2□□□□□□□□□□（1. 一般 2. 特定）
経営規模等評価等対象建設業 ❽	16	□□□□□□□□9□□□□□□□□□□□9□□□□□□□□□□

項番 ❾　　　　　　　　　　　　　　　　　　　　　　審査対象

自己資本額　17　　40,250（千円）　1（1. 基準決算　2. 2期平均）

基準決算		(千円)
直前の審査基準日		(千円)

利益額（2期平均）　18　　5079（千円）　利益額（利払前税引前償却前利益）＝営業利益+減価償却実施額

❿

審査対象事業年度			審査対象事業年度の前審査対象事業年度		
営業利益	2763	(千円)	営業利益	5523	(千円)
減価償却実施額	1027	(千円)	減価償却実施額	845	(千円)

技術職員数　19　　4（人）⓫

登録経営状況分析機関番号　20　000001

経営状況分析を受けた機関の名称

一般財団法人　建設業情報管理センター ⓬

工事種類別完成工事高、工事種類別元請完成工事高については別紙一による。
技術職員名簿については別紙二による。
その他の審査項目（社会性等）については別紙三による。

経営規模等評価の再審査の申立を行う者については、次に記載すること。

審査結果の通知番号	審査結果の通知の年月日
第　号	令和　年　月　日
再審査を求める事項	再審査を求める理由

連絡先

所属等　総務部総務課　　氏名　多摩　博　　電話番号　03-3456-○○○○

ファックス番号　03-3456-○○○○

〔記載例〕

経営規模等評価申請書、総合評定値請求書（１ページ目、２ページ目）を作成する上で注意すべき点は次のとおりです。

❶　項番０２　複数の許可通知書を有している場合は、最も古いものを記載します。

❷　項番０３　前回の経営事項審査と異なる場合のみ記入します。

❸　項番０５　通常の経営事項審査の場合は「１」を記入します（通常の結果通知書を入手する場合）。

❹　項番０６　決算期が変更した場合など特殊なケースの場合を除き、「００」となります。

❺　項番０７　申請者が法人の場合には法人番号を記入しますが、裏付け資料として法人番号指定通知書の写しまたは国税庁法人番号公表サイト（https://www.houjin-bangou.nta.go.jp/）で検索された画面コピーを提示してください。

❻　項番０８　会社を表す記号（例、㈱など）は記載しません。

❼　項番１５　保有している許可業種すべてにつき、一般建設業の場合は「１」、特定建設業の場合は「２」を記入します。

❽　項番１６　経営事項審査を受ける業種のみ「９」を記入します。

❾　項番１７　申請する基準決算期のみの数字を記入することと、前年度の決算期を含め２期分の平均値を利用することを選択できます。

２期平均値を利用する場合のみ、右側の「基準決算」「直前の審査基準日」の欄に数値を記入し、自己資本額はその平均値を記入します。

❿　項番１８　右下の「対象事業年度」「審査対象事業年度の前審査対象事業年度」の表には、経営状況分析結果通知書に

参考値として記載されている「営業利益」「減価償却実施額」を記入します。「利益額」の欄は、表に記載した４つの数値を合計して２で割った数値を記入します。

⓫　項番１９　技術職員名簿に記載した職員数を記入します。

⓬　項番２０　利用した経営状況分析機関の名称を記載します。分析機関番号は、経営状況分析結果通知書内に記載されています。

社内での力関係 「手続の担当者」と「現場の担当者」

企業の規模が大きければ大きいほど、現場を統括する部門、営業部門、総務部門等の部署が細分化されています。比較的規模が小さい企業では、その従業員に聞けばおおむね発注者との関係や、工事の内容、現場に派遣されている技術者、請求と入金についてなど、全体を把握しているキーマンとなる方がいることが多く、その方を窓口とすると建設業をはじめ許認可の手続を進める上でもとてもスムーズに事が進みます。

ところが、許可申請や経営事項審査、入札参加資格登録などの手続を進めていく上で、社内のいろいろな弊害が見えてくることがあります。

例えば、経営事項審査の手続で、直近１年間の工事実績の裏付資料を用意してもらうときに、窓口となっている総務部門の方に、「工事請負契約書の写しを用意してください。なければ、発注者からの発注書と工事の請書をペアで用意してください。」と要望を出したとします。ところが、発注者と直接やり取りしている現場の部局の担当者から「あの会社とはもう何十年もＦＡＸ一本で受注をいただいているんだから」とか、「いまさら契約書だの何だのと言っても、仕事をくださっている企業にもの申せというのか?!」など、適切な書証を集めるにあたって部署間で協力が得られないケースが時々出てくるのです。

なぜ、自社が経営事項審査を受けてまで公共工事を請けなければならないのか、その審査のために必須で求められている書証が何なのかという理由について、会社全体でコンセンサスをとっていかない以上、状況が改善される余地はありません。部署間で認識が食い違っている場合には、トップダウンで状況の改善に向けて話し合いの場を設けていかない限り前進することは難しいと考えられます。

建設業を営む企業にあっては、許可のしくみや受注を拡大するために社内で普段から実践していかなければいけない最低限の行動規範についての共通認識を時間をかけて育んでいく必要があります。代表者の経営理念を浸透させて、その理念の達成のために全社を上げて取り組むべきことを共有していく必要があるのです。会社間、部署間の力関係で適切な事務処理が阻害されることは、あってはならないことなのです。

③工事種類別完成工事高・工事種類別元請完成工事高

別紙一

(用紙Ａ４)
2 0 0 0 2

工　事　種　類　別　完　成　工　事　高
工　事　種　類　別　元　請　完　成　工　事　高

項番	審査対象事業年度の前審査対象事業年度又は前審査対象事業年度及び前々審査対象事業年度	審査対象事業年度	計算基準の区分
3 1	自　年　月　至　年　月	自　年　月　至　年　月	（1. 2年平均　2. 3年平均）
	審査対象事業年度の前審査対象事業年度　年　月～　年　月		
	審査対象事業年度の前々審査対象事業年度　年　月～　年　月		

業種コード	完成工事高（千円）	元請完成工事高（千円）	完成工事高（千円）	元請完成工事高（千円）
3 2				
工事の種類　工事	完成工事高計算表（審査対象事業年度の前審査対象事業年度／審査対象事業年度の前々審査対象事業年度）	元請完成工事高計算表（審査対象事業年度の前審査対象事業年度／審査対象事業年度の前々審査対象事業年度）		
3 2				
工事の種類　工事	完成工事高計算表（審査対象事業年度の前審査対象事業年度／審査対象事業年度の前々審査対象事業年度）	元請完成工事高計算表（審査対象事業年度の前審査対象事業年度／審査対象事業年度の前々審査対象事業年度）		
3 2				
工事の種類　工事	完成工事高計算表（審査対象事業年度の前審査対象事業年度／審査対象事業年度の前々審査対象事業年度）	元請完成工事高計算表（審査対象事業年度の前審査対象事業年度／審査対象事業年度の前々審査対象事業年度）		
3 2				
工事の種類　工事	完成工事高計算表（審査対象事業年度の前審査対象事業年度／審査対象事業年度の前々審査対象事業年度）	元請完成工事高計算表（審査対象事業年度の前審査対象事業年度／審査対象事業年度の前々審査対象事業年度）		
3 3　その他				
工事の種類　その他　工事	完成工事高計算表（審査対象事業年度の前審査対象事業年度／審査対象事業年度の前々審査対象事業年度）	元請完成工事高計算表（審査対象事業年度の前審査対象事業年度／審査対象事業年度の前々審査対象事業年度）		
3 4　合計				

契約後ＶＥに係る完成工事高の評価の特例　（1. 有　2. 無）

(1) ２年平均を採用すべきか、３年平均を採用すべきか

経営事項審査では、完成工事高とそのうちの元請で受注した分の工事高が評点算出の指標の一つとなります。完成工事高は、基準となる決算期を含め、直近の２年平均または３年平均の値を用いて計算されます。

この２年または３年の平均値は、複数の業種で経営事項審査を受ける場合、業種ごとに変えることはできません。したがって、複数の業種で経営事項審査を受ける場合、Ａという業種では２年平均での算出が最も値が高く、Ｂという業種では３年平均での算出の値が最も高いというように、業種によって選択に迷うケースが出てくることもあります。

申請するにあたっては、申請者側で自社がどの業種の評点を重視しているかを検討し、その業種の平均値が最も高くなる選択をするなど、社内で一定のルールを決めておく必要があります。

(2) 経審用の工事経歴書の作成

完成工事高は「消費税抜」の値で計上しなければなりません。経審を受ける前に行われる決算変更の手続（事業年度終了報告の手続）で提出する「工事経歴書（様式第二号）」「直前３年の各事業年度における工事施工金額（様式第三号）」「財務諸表（様式第十五号等）」は、消費税抜で処理した数値で作成しておく必要があります。経営事項審査を初めて受けるなどで、決算変更手続に使用した様式を「消費税込」の数値で作成してしまった場合は、経営事項審査を受ける際に、「消費税抜」の形式に直した工事経歴書を別途用意する必要があります。

〈参考〉経営事項審査を受ける場合の工事経歴書の作成方法（記載のルール）

以下のルールに従って記載する必要があります。

① 元請工事（発注者から直接請け負った建設工事をいう。以下同じ。）に係る完成工事について、当該完成工事に係る請負代金の額（工事進行基準を採用している場合にあっては、完成工事高。以下同じ。）の合計額のおおむね７割を超えるところまで、請負代金の額の大きい順に記載すること（令第１条の２第１項に規定する建設工事については、10件を超えて記載することを要しない。）。ただし、当該完成工事に係る請負代金の額の合計額が1,000億円を超える場合には、当該額を超える部分に係る完成工事については記載を要しない。

② それに続けて、すでに記載した元請工事以外の元請工事及び下請工事（下請負人として請け負った建設工事をいう。以下同じ。）に係る完成工事について、すべての完成工事に係る請負代金の額の合計額のおおむね７割を超えるところまで、請負代金の額の大きい順に記載すること（令第１条の２第１項に規定する建設工事については、10件を超えて記載することを要しない。）。ただし、すべての完成工事に係る請負代金の額の合計額が1,000億円を超える場合には、当該額を超える部分に係る完成工事については記載を要しない。

③ さらに、それに続けて、主な未成工事について、請負代金の額の大きい順に記載すること。

工事経歴書作成のイメージ

⑴　記載の順番

- A
  - 元請工事
  - 元請工事
  - 元請工事
  - 元請工事
  - 元請工事
  - → 元請工事の売上高合計の７割に達するまで金額の高い順でまず工事経歴書に記載する
- B
  - 元請工事
  - 元請工事
  - 元請工事
  - → Ａで記載しなかった残りの元請工事
- C
  - 下請工事
  - 下請工事
  - 下請工事
  - 下請工事
  - 下請工事
  - 下請工事
  - 下請工事
- B・C → Ｂの元請工事と下請工事すべての中から金額の大きい順に、Ａの記載の後に続けて記入する

⑵　どこまで記載すべきか

①　A、B、Cで記載した工事の請負金額の合計額が、その業種の完成工事高の７割に達するまで記載します。

②　ただし、①に達するまで記載するとなると、非常に細かい工事を多数（例えば何百件分も）記載しなければならない事態にも

なってしまうため、以下の状況に達した場合はその部分までの記載で終了してよいことになっています。

「A、B、Cに記載された工事のうち、令第１条の２第１項に規定する建設工事が合計で10件記載がなされたこと」

〈参考〉建設業法施行令第１条の２第１項に規定する工事
工事１件の請負代金の額が建築一式工事にあっては1,500万円に満たない工事又は延べ面積が150㎡に満たない木造住宅工事
建築一式工事以外の建設工事にあっては500万円に満たない工事

(3)　内訳のある業種

工事種類別完成工事高・工事種類別元請完成工事高の様式は、建設業許可の29業種ごとに記載しますが、次の３つの業種については、その完成工事高の中に特定の分類の工事が含まれている場合は内訳を記載することになっています。

建設業の許可業種	内訳の対象となる工事の分類
土木一式工事	ＰＣ工事（プレストレスト・コンクリート工事）
とび・土工・コンクリート工事	法面処理工事
鋼構造物工事	鋼橋上部工事

※　左欄に掲げた各業種の直下の欄に内訳の対象となる分類の工事について記載します。内訳対象工事の完成工事高が「０」の場合でも記載は省略できません。

(4)　完成工事高の振替

完成工事高を業種間で振り替えることができる特例が設けられています。

①　専門工事の完成工事高を一式工事に振り替える場合

土木工事、建築工事として発注されている工事の中には工事の内容が建設業法の工事種別で分類すると専門工事として分類されることがあるため、決算報告（変更届出書）の工事経歴書は専門工事に計上するものとしつつ、工事種類別完成工事高を一式工事として計上することを認める場合。

これを「一部専門工事の完成工事高を一式工事の完成工事高への振替」と呼んでいます。

振替先の一式工事		振替元の専門工事
土木一式工事	⇐	とび、石、タイル、鋼構造物、鉄筋、ほ装 しゅんせつ、水道施設 （振替元相互間の振替は不可）
建築一式工事	⇐	大工、左官、とび、屋根、タイル、鋼構造物、 鉄筋、板金、ガラス、塗装、防水、内装、建具、解体 （振替元相互間の振替は不可）

②　専門工事間で相互に完成工事高を振り替える場合

下記の図表の専門工事の完成工事高は、相互に関連があるため専門工事相互間の完成工事高の振替が認められています。

この場合、決算報告（変更届書）の工事経歴書は振替元専門工事に計上し、工事種類別完成工事高を振替先専門工事として計上します。

専門工事の業種	（矢印の方向で振替可能）	専門工事の業種
電気	⇔	電気通信
管	⇔	熱絶縁
管	⇔	水道施設
とび・土工・コンクリート	⇔	石
とび・土工・コンクリート	⇔	造園

〈注意事項〉

①　振替は認められた範囲で、申請者側で任意に選択できます。ただし、振替元の業種については総合評点の申請はできません。

・　「土木工事業」と「とび・土工・コンクリート業」の許可を持っていて双方とも売上げがある事業者が振替をすべきか否かの判断基準

A：発注者が発注条件として「土木工事業」の許可を持っていて、かつ「土木工事業の総合評点を取得している」こととしている場合

⇒振替を実行して土木工事業の総合評点をアップしたほうが事業者にとって有利です。

B：ある発注者甲は発注者が発注条件として「土木工事業」の許可を持っていて、かつ「土木工事業の総合評点を取得している」こととしているが、「とび・土工・コンクリート工事」の総合評点がないと受注できない条件を出している発注者乙が併存する場合

⇒どうしても乙の工事も受注しなければ営業上好ましくない場合は振替を実施せずに敢えて「とび・土工・コンクリー

ト工事」の総合評点も取得しておく必要があります。

⇒それでも、「土木工事業」に振り替えて「土木工事業」の総合評点を少しでもアップして（「とび・土工・コンクリート工事業」の受注を見送ってでも）より条件のよい「土木工事業」の発注案件を受注したい場合は、振替を実施すべきです。

② 発注者（機関）によっては、経営事項審査での「完成工事高の振替」を認めていない場合もあるので、発注者にあらかじめ確認しておくことも必要です。

③ 「２年平均」「３年平均」の各事業年度ごとに「振替を実施する」「振替を実施しない」を分けることはできません。

(5) 完成工事の裏付け資料の確認

工事経歴書に記載された工事が受注され、施工を完了したかどうかについて、経営事項審査では書証を提出（提示）して確認をします。

記載された工事のうち、どの範囲で書証を持って確認をするかについては、審査をする機関によって異なりますので、事前に確認する必要があります。

例：関東地方整備局…記載された工事について、各業種の上位３件分
　　東京都……………記載された工事について、各業種の上位５件分
　　など

確認する書証は工事請負契約書です。契約書がない場合は、「発注書」と「請書」のセットなど、他の方法が認められるケースがありますが、審査機関によってどのような書証の提示をもって工事請負実績の裏付資料として認めるか異なるため、必ず前もって確認するようにしてください。

工事の発注が「土木工事」、「建築工事」として行われていても、工事の実質的な内容が建設業法でいう「専門工事」に該当する場合は、土木一式工事、建築一式工事の完成工事高に計上することはできず、このような場合には、工事経歴書等の書換が必要になるケースもあります。

一式工事は総合的な企画、指導、調整の下にする工事のため、通常、元請工事のみとなり、また、建築一式工事は、建築確認（建築主が国や独立行政法人、都道府県等である場合は計画通知）を必要とする新築および増築工事となります。

⑹　各工事に配置される技術者

①　出向者等の扱いについて

申請する事業者と直接的かつ恒常的な雇用関係のない出向者は原則として配置技術者に就任することはできません。派遣社員も同様です。

詳しくは、巻末の「監理技術者制度運用マニュアル（297ページ）」を参照してください。

②　専任性を要する配置技術者について

建設業法施行令第27条に示される「重要な工事」に関しては、工事１件の請負金額が4,000万円以上の工事（建築一式工事にあっては8,000万円以上の工事）の配置技術者は、当該工事に対して専任を要すると定められています。

したがって、営業所に常駐することが前提となる建設業許可の専任技術者との兼務はできません。また、専任が必要な工事の配置技術者は同時期に他の専任が必要な工事の配置技術者との兼務もできません。

建設業法施行令第27条に示される「重要な工事」とは次に掲げる工事で、一戸建ての個人宅を建築する工事を除くほとんどの建設工事が対象となります。

1　国又は地方公共団体が注文者である施設又は工作物に関する建設工事
2　第15条第１号及び第３号に掲げる施設又は工作物に関する建設工事
3　次に掲げる施設又は工作物に関する建設工事
　イ　石油パイプライン事業法（昭和47年法律第105号）第５条第２項第２号に規定する事業用施設
　ロ　電気通信事業法（昭和59年法律第86号）第２条第５号に規定する電気通信事業者（同法第９条第１号に規定する電気通信回線設備を設置するものに限る。）が同条第４号に規定する電気通信事業の用に供する施設
　ハ　放送法（昭和25年法律第132号）第２条第23号に規定する基幹放送事業者又は同条第24号に規定する基幹放送局提供事業者が同条第１号に規定する放送の用に供する施設（鉄骨造又は鉄筋コンクリート造の塔その他これに類する施設に限る。）
　ニ　学校
　ホ　図書館、美術館、博物館又は展示場
　ヘ　社会福祉法（昭和26年法律第45号）第２条第１項に規定する社会福祉事業の用に供する施設
　ト　病院又は診療所
　チ　火葬場、と畜場又は廃棄物処理施設
　リ　熱供給事業法（昭和47年法律第88号）第２条第４項に規定する熱供給施設
　ヌ　集会場又は公会堂
　ル　市場又は百貨店

ヲ　事務所
ワ　ホテル又は旅館
カ　共同住宅、寄宿舎又は下宿
ヨ　公衆浴場
タ　興行場又はダンスホール
レ　神社、寺院又は教会
ソ　工場、ドック又は倉庫
ツ　展望塔

③　監理技術者について

発注者から元請として直接請け負う特定建設業者は（下請工事は該当しません）、その建設工事を施工するために締結した下請契約の請負代金の額（複数ある場合はその総額）が消費税込で4,500万円以上（建築一式は消費税込で7,000万円以上）になる場合は、監理技術者を配置しなければなりません。

監理技術者は、工事現場ごとに専任でなければならず、「営業所の専任技術者」と兼任することはできません（「公共性のある工作物に関する重要な工事」以外の工事であっても、原則として営業所の専任技術者との兼任はできません）。

※　配置技術者が監理技術者証を有している場合でも、その工事が監理技術者の設置を要求していない場合には、主任技術者の配置として扱われることになります。

④　技術者に関しての注意点

上述の①～③に掲げる事項に違反した場合、その工事に関する請負施工金額は、当該業種の完成工事高から控除され、「その他工事」に振り替えられる（結果として、その業種の経審の総合評点が下がる）場合があります。

また、法令違反による罰則の適用も考えられますので、十分に注意する必要があります。

⑺　その他

決算期の変更が生じた場合、新設会社が最初の決算期を迎える前に経営事項審査を受ける場合、新設会社が最初の決算期を迎えた直後に経営事項審査を受ける場合には、通常とは異なる記載になります。

現場に張り付いていなければならない技術職員

工事現場の配置技術者として監理技術者が選任された場合や、請負金額が税込で4,000万円以上（建築一式工事の場合のみ税込8,000万円以上）の公共性のある工作物に関する重要な工事の配置技術者については、配置された現場での常駐性が求められますが、この要件に関しては緩和する方策についての議論が行われています。

技術者の人員不足や高齢化の問題が深刻化し、監理技術者等の確保がなかなかできないということで、受注ができないというようなケースが生じていることが背景となり、国の中央建設審議会で検討され令和３年度より実施されます。

施工管理技士試験に関しては、従来は実地試験に合格して初めて「施工管理技士」の称号が与えられる形式でした。この試験制度が改正（再編）され、令和３年度試験からは「第一次検定」と「第二次検定」と名称が変わり、一次検定だけの合格でも「技士補」の称号を得ることができることになりました。

監理技術者の配置を要する現場では、各現場毎に１人の監理技術者を専従で配置しなければなりませんでしたが、建設業法の改正によって「技士補」の資格が創設され、これによって「主任技術者の資格を有するもの（２級施工管理技士など）と１級の技士補（１級一次検定合格者）」などを組み合わせて配置することを要件として、監理技術者の「補佐」ができるようになりました。この補佐を配置することで、監理技術者は特例監理技術者（兼務が認められる監理技術者の呼称）として、一定の条件を満たした２つの現場を兼任することが可能となり、技術者不足を補うことが期待されています。

④その他の審査項目（社会性等）

別紙三

（用紙Ａ４）
2 0 0 0 4

その他の審査項目（社会性等）

建設工事の担い手の育成及び確保に関する取組の状況

項目	項番	
雇用保険加入の有無	41	［1. 有、2. 無、3. 適用除外］
健康保険加入の有無	42	［1. 有、2. 無、3. 適用除外］
厚生年金保険加入の有無	43	［1. 有、2. 無、3. 適用除外］
建設業退職金共済制度加入の有無	44	［1. 有、2. 無］
退職一時金制度若しくは企業年金制度導入の有無	45	［1. 有、2. 無］
法定外労働災害補償制度加入の有無	46	［1. 有、2. 無］
若年技術職員の継続的な育成及び確保	47	［1. 該当、2. 非該当］
新規若年技術職員の育成及び確保	48	［1. 該当、2. 非該当］
CPD単位取得数	49	□□,□□□,□□□（単位）　技術者数 □□□,□□□（人）
技能レベル向上者数	50	□□□,□□□（人）　技能者数 □□□,□□□（人）　控除対象者数 □□□,□□□（人）
女性の職業生活における活躍の推進に関する法律に基づく認定の状況	51	［1. えるぼし認定（1段階目）、2. えるぼし認定（2段階目）、3. えるぼし認定（3段階目）、4. プラチナえるぼし認定、5. 非該当］
次世代育成支援対策推進法に基づく認定の状況	52	［1. くるみん認定、2. トライくるみん認定、3. プラチナくるみん認定、4. 非該当］
青少年の雇用の促進等に関する法律に基づく認定の状況	53	［1. ユースエール認定、2. 非該当］
建設工事に従事する者の就業履歴を蓄積するために必要な措置の実施状況	54	［1. 「全ての建設工事で実施」に該当、2. 「全ての公共工事で実施」に該当、3. 非該当］

技術職員数（Ａ）	若年技術職員数（Ｂ）	若年技術職員の割合（B／A）
（人）	（人）	

新規若年技術職員数（Ｃ）	新規若年技術職員の割合（C／A）
（人）	

建設業の営業継続の状況

項目	項番	
営業年数	55	□□□（年）
民事再生法又は会社更生法の適用の有無	56	［1. 有、2. 無］

初めて許可（登録）を受けた年月日	休業等期間	備考（組織変更等）
昭和 平成 令和　年　月　日	年　か月	

再生手続又は更生手続開始決定日	再生計画又は更生計画認可日	再生手続又は更生手続終結決定日
令和　年　月　日	令和　年　月　日	令和　年　月　日

防災活動への貢献の状況

項目	項番	
防災協定の締結の有無	57	［1. 有、2. 無］

法令遵守の状況

項目	項番	
営業停止処分の有無	58	［1. 有、2. 無］
指示処分の有無	59	［1. 有、2. 無］

建設業の経理の状況

項目	項番	
監査の受審状況	60	［1. 会計監査人の設置、2. 会計参与の設置、3. 経理処理の適正を確認した旨の書類の提出、4. 無］
公認会計士等の数	61	□,□□□（人）
二級登録経理試験合格者等の数	62	□,□□□（人）

研究開発の状況

項目	項番	
研究開発費（２期平均）	63	□,□□□,□□□,□□□（千円）

審査対象事業年度	審査対象事業年度の前審査対象事業年度
（千円）	（千円）

建設機械の保有状況

項目	項番	
建設機械の所有及びリース台数	64	□□□（台）

国又は国際標準化機構が定めた規格による認証又は登録の状況

項目	項番	
エコアクション２１の認証の有無	65	［1. 有、2. 無］
ＩＳＯ９００１の登録の有無	66	［1. 有、2. 無］
ＩＳＯ１４００１の登録の有無	67	［1. 有、2. 無］

経営事項審査申請では、法令の遵守や社会貢献など、多様な基準を設けて審査項目を設定し、客観点を算出しています。

評価には、加点項目と減点項目があります。評価の項目は以下のとおりです。

1　建設工事の担い手の育成及び確保に関する取組の状況
　①　雇用保険の加入状況（※）
　②　健康保険加入の有無（※）
　③　厚生年金保険加入の有無（※）
　④　建設業退職金共済制度加入の有無
　⑤　退職一時金制度若しくは企業年金制度導入の有無
　⑥　法定外労働災害補償制度加入の有無
　⑦　若年技術職員の継続的な育成及び確保
　⑧　新規若年技術職員の育成及び確保
　⑨　CPD単位取得数
　⑩　技能レベル向上者数
　⑪　女性の職業生活における活躍の推進に関する法律に基づく認定の状況
　⑫　次世代育成支援対策推進法に基づく認定の状況
　⑬　青少年の雇用の促進等に関する法律に基づく認定の状況
　⑭　建設工事に従事する者の就業履歴を蓄積するために必要な措置の実施状況
2　建設業の営業継続の状況
　①　営業年数
　②　民事再生法又は会社更生法の適用の有無（※）
3　防災活動への貢献の状況
　　防災協定の締結の有無
4　法令順守の状況
　①　営業停止処分の有無（※）

②　指示処分の有無（※）
5　建設業の経理の状況
①　監査の受審状況
②　公認会計士等の数
③　二級登録経理試験合格者の数
6　研究開発の状況
研究開発費（2期平均）
7　建設機械の保有状況
建設機械の所有及びリース台数
8　国際標準化機構が定めた規格による登録の状況
①　エコアクション21の認証の有無
②　ISO9001の登録の有無
③　ISO14001の登録の有無
（注）（※）は減点項目です。

(1)　建設工事の担い手の育成及び確保に関する取組の状況

①　雇用保険の加入状況（項番４１）

法令で加入が義務付けられている雇用保険の加入状況の確認項目です。適用除外の場合を除き、加入対象事業者が未加入の場合は減点の対象となります。

- 裏付資料：雇用保険領収書（口座振替の場合は通帳の写し）および労働保険概算確定保険料申告書または保険料納入証明書

②　健康保険加入の有無（項番４２）

法令で加入が義務付けられている健康保険の加入状況の確認項

目です。適用除外の場合を除き、加入対象事業者が未加入の場合は減点の対象となります。

• 裏付資料：納入告知書兼領収書（日本年金機構、健康保険組合発行）または保険料納入証明書（日本年金機構、健康保険組合発行）

※　年金事務所で健康保険の適用除外の承認を受けて、全国土木建築国民健康保険等の国民健康保険に加入している場合…「３」の適用除外となります。

③　厚生年金保険加入の有無（項番４３）

法令で加入が義務付けられている厚生年金保険の加入状況の確認項目です。適用除外の場合を除き、加入対象事業者が未加入の場合は減点の対象となります。

• 裏付資料：納入告知書兼領収書（日本年金機構、健康保険組合発行）または保険料納入証明書（日本年金機構、健康保険組合発行）

④　建設業退職金共済制度加入の有無（項番４４）

建設業退職金共済制度は、建設業の事業主が独立行政法人勤労者退職金共済機構と退職金共済契約を結んで共済契約者となり、建設現場で働く労働者を被共済者として、その労働者に同機構が交付する共済手帳に労働者が働いた日数に応じ共済証紙を貼り、その労働者が建設業界の中で働くことをやめたときに、同機構から直接労働者に退職金を支払うという制度です。

この制度を採用している事業者については、経営事項審査において加点項目となっています。

• 裏付資料：建設業退職金共済事業加入履行証明書

⑤　退職一時金制度もしくは企業年金制度導入の有無（項番４５）

労働者が退職する際に、退職金制度あるいは企業年金制度を導入し退職後の生活の安定に資する体制を採用している事業者については、経営事項審査において加点項目となっています。

・裏付資料

Ａ：退職一時金制度の場合

ア　中小企業退職金共済制度、特定退職金共済団体制度を利用している場合

→加入証明書または掛金領収書

イ　自社の退職金制度の場合

→労働基準監督署の届出印または従業員代表者の意見書が添付されている就業規則

→退職手当の決定、計算方法、支払方法等が記載され、従業員代表による意見書が添付されている労働協約

Ｂ：企業年金制度の場合

ア　厚生年金基金制度の場合　領収書　＋　加入証明書

イ　確定拠出年金（企業型）の場合

厚生労働大臣による承認通知書または建設業者と確定拠出年金運営管理機関との間の運営監理業務委託契約書または審査基準日前の直近の掛金振込みに係る領収書

ウ　確定給付企業年金（基金型）の場合　企業年金基金の発行する加入証明書

エ　確定給付企業年金（規約型）の場合　資産管理運用機関の発行する加入証明書

⑥　法定外労働災害補償制度加入の有無（項番４６）

業務上の事由または通勤による労働者の負傷・疾病・障害または死亡に対して、労働者やその遺族のために必要な保険給付を行う法定の労災保険に加入していることを前提として、任意保険によって労働災害補償を上乗せしている事業者については、経営事項審査において加点項目となっています。

- 裏付資料：ア　政府管掌の労働者災害補償保険制度につき、「労働保険概算確定保険料申告書」および「領収済通知書」
  イ　保険会社発行の労働災害総合保険証券、準記名式普通傷害保険証券　など

〈参考〉法定外労働災害補償が経営事項審査で加点項目となる条件
- 業務災害と通勤災害の双方を担保していること
- 死亡および労働者災害補償保険の障害等級第１級から第７級を補償していること
- 直接の仕様関係にある下請負人（数次下請けになる場合においては下請負人すべて）の直接使用関係にある職員すべてを対象としていること
- 当該申請者が施工する全工事を補償していること

⑦　若年技術職員の継続的な育成及び確保（項番４７）

満35歳未満の技術職員の人数が、技術職員の人数の合計の15％以上に該当する場合、項番「４７」に「１」を記入します

- 「技術職員数」の欄…技術職員名簿の技術職員の合計人数を記入
- 「若年技術職員数」の欄…審査基準日において満35歳未満の技

術職員数を記入

- 「若年技術職員の割合」の欄…「若年技術職員数」÷「技術職員数」×100（少数第２位以下の端数を切り捨てて記入）

⑧ 新規若年技術職員の育成及び確保（項番４８）

審査基準日において、満35歳未満の技術職員のうち、審査対象年度内に新規に技術職員となった人数が技術職員の人数の合計の人数の１％以上に該当する場合は、項番「４８」に「１」を記入します。

- 「新規若年技術職員数」の欄…技術職員名簿の「新規掲載者」欄に「○」を付され、審査基準日に満35歳未満の者の人数を記入
- 「新規若年技術職員の割合」の欄…「新規若年技術職員数」÷「技術職員数」×100（少数第２位以下の端数を切り捨てて記入）

⑨ CPD単位取得数（項番４９）

- 算出方法は232ページの国土交通省資料１を参照してください。
- 「技術者数」の欄…技術職員名簿に記載した人数を記入

⑩ 技能レベル向上者数（項番５０）

- 「技能レベル向上者数」「技能者数」「控除対象者数」を記入（算出方法は232ページの国土交通省資料２を参照）。

⑪ 女性の職業生活における活躍の推進に関する法律に基づく設定の状況（項番５１）

「女性の職業生活における活躍の推進に関する法律」に基づく

以下の認定を受けている場合、項番「５１」に該当する番号（１～４）を記入し、認定を受けていない場合は「５」を記入します。

- 加点対象となる認定の種類

　１　えるぼし認定（１段階目）　３　えるぼし認定（３段階目）
　２　えるぼし認定（２段階目）　４　プラチナえるぼし認定

⑫　次世代育成支援対策推進法に基づく認定の状況（項番５２）

「次世代育成支援対策推進法」に基づく以下の認定を受けている場合、項番「５２」に該当する番号（１～３）を記入し、認定を受けていない場合は「４」を記入します。

- 加点対象となる認定の種類

　１　くるみん認定　２　トライくるみん認定
　３　プラチナくるみん認定

⑬　青少年の雇用の促進等に関する法律に基づく認定の状況（項番５３）

「青少年の雇用の促進等に関する法律」に基づく「ユースエール認定」を受けている場合、項番「５３」に「１」を記入し、認定を受けていない場合は「２」を記入します。

⑭　建設工事に従事する者の就業履歴を蓄積するために必要な措置の実施状況（項番５４）

建設キャリアアップシステム（CCUS）を導入している場合で、「全ての建設工事で実施している場合」は「１」を、「全ての公共工事で実施している場合」は「２」を記入し、実施するに至っていない場合は「３」を記入します。

※　令和５年８月14日以降の審査基準日係る申請から対象となるため、令和５

年８月13日までの審査基準日に係る申請については、「３」にする。

(2)　建設業の営業継続の状況

①　営業年数（項番５５）は、建設業許可を取得してからの満営業年数を記入します。前年の経営事項審査を受けている場合は、前年に記入した営業年数に「１」を加えた数値を記入します。

②　過去において、民事再生法または会社更生法の適用を受けたことがある場合には、「１」を記入し、それぞれ該当する欄に日付を記入します（項番５６）。

(3)　防災活動への貢献の状況

防災協定の締結の有無（項番５７）の欄は、国、特殊法人あるいは地方公共団体との間で災害時に建設業者の防災活動について定めた防災協定を締結している場合に加点項目となり、「１」を記入します。

- 裏付資料：ア　国、特殊法人、地方自治体との間で防災協定を締結している団体に所属していることの証明書
  イ　当該所属団体と国、特殊法人、地方自治体との間で締結された防災協定の写し

(4)　法令順守の状況

審査基準日直前１年以内に申請者において、建設業法に基づく営業停止処分（項番５８）や指示処分（項番５９）があった場合、経営事項審査においては減点の対象となります。該当事項があった場合には「１」を記入します。

(5) 建設業の経理の状況

①　監査の受審状況

Ａ：審査基準日において、会計監査人設置会社で会計監査人が当該会社の財務諸表に対して、無限定適正意見または限定付適正意見を表明している場合は、項番６０に「１」を記入します。

- 裏付資料：有価証券報告書または監査証明書

Ｂ：審査基準日において、会計参与設置会社で会計参与が会計参与報告書を作成している場合は、項番６０に「２」を記入します。

- 裏付資料：会計参与報告書

Ｃ：審査基準日において、公認会計士・会計士補および税理士ならびにこれらとなる資格を有する者ならびに１級登録経理試験の合格者が「経理処理の適正を確認した旨の書類」に自らの署名を付したものを提出している場合は、項番６０に「３」を記入します。署名する者は、常勤の職員（項番６１に該当する者）であることが必要です。

- 裏付資料：経理処理の適正を確認した旨の書類

②　公認会計士等の数

下記のイ、ロの区分に従い、次の計算式によって算出された数を公認会計士等の数とします。

公認会計士等数＝（イの人数×1.0）＋（ロの人数×0.4）

	要　件
	・公認会計士であって、公認会計士法第28条の規定による研修を受講した者（公認会計士として登録されていることが前提）

イ	•税理士であって、所属税理士会が認定する研修を受講した者（税理士として登録されていることが前提）
	•１級登録経理試験に合格した年度の翌年度の開始の日から５年経過していない者
	•１級登録経理講習を受講した年度の翌年度の開始の日から５年経過していない者
ロ	•２級登録経理試験に合格した年度の翌年度の開始の日から５年経過していない者
	•２級登録経理講習を受講した年度の翌年度の開始の日から５年経過していない者

※　平成28年度以前に１級または２級の登録経理試験に合格した者であっても、令和５年３月末日までの間は、引き続き経審の評価対象となります。
※　前ページ①の経理処理の適正を確認できる者の要件についても、上記「イ」に掲げた者となります。

③　２級登録経理試験合格者の数

社内に２級登録経理試験合格者（２級建設業経理事務士等）がいる場合にその人数を記入します。ただし、対象者が監査役の場合は人数に含めることはできません。

- 裏付資料：２級建設業経理事務士試験等の合格証
  常勤が確認できる資料

(6)　研究開発の状況（上述の「監査の受審状況（項番６０）」で「１」を記入した事業者のみが対象）

研究開発費が計上されている場合には、項番６３に「１」を記入します。

- 裏付資料：２期分の財務諸表と財務諸表注記表または有価証券報告書

(7) 建設機械の保有状況

地域防災への備えの観点から、災害時において使用される建設機械を一定の条件の下に保有している場合には、経営事項審査において加点項目となっています。

単に保有しているだけではなく、経営事項審査結果通知書の有効期間中、該当する建設機械が申請者の手元にあり、いつでも使用可能な状況にあることを評価します。

審査基準日において、自ら所有しまたはリース契約により使用する建設機械抵当法施行令別表に規定する①ショベル系掘削機、②ブルドーザー、③トラクターショベル、④モーターグレーダー、⑤ダンプ（土砂の運搬が可能なすべてのダンプ）、⑥移動式クレーン、⑦締固め用機械、⑧解体用機械、⑨高所作業車について合計台数を、項番６４に記入します。評価対象は15台までです。申請書には所有している実数を記入します。実数が16以上となる場合でも裏付資料は15台分のみです。

提出資料：「建設機械の保有状況一覧表」（240ページを参照）

裏付資料：所有の場合　i　売買契約書
ii　注文書、譲渡証明書、申込書など
iii　法人税確定申告書別表16および固定資産償却台帳
リースの場合　iv　リース契約書
v　リース契約の証明書

保有している建設機械の状況を確認する資料として、それぞれ次の書類が必要です。

①～④の機械について

- 特定自主検査記録表

審査基準日前１年以内に点検を実施し、建設機械が正常に稼働することを示すもの（新規購入のものに関しては、自主検査は納入から１年以内に受ければよいので提示は不要です）

- カタログ等（ショベル系掘削機については、特定自主検査記録表の提示があれば確認ができるのでカタログ等は必要ありません。ただし、「モーターグレーダー」については、建設機械抵当法施行令（昭和29年政令第294号）別表に規定するものに限られます）

⑤ダンプについて

- 自動車車検証（経営事項審査の審査基準日が車検証の有効期間内にあるもので、車体の形状の欄に「ダンプ」「ダンプフルトレーラ」または「ダンプセミトレーラ」と記載されているものに限ります）
- カタログ等（ただし、以下の条件を満たすものに限られます）
  - 土砂等を運搬する大型自動車による交通事故の防止等に関する特別措置法（昭和42年法律第131号）第２条第２項に規定する大型自動車のうち下記を満たすもの
  - 経営する事業の種類として建設業を届け出ていること
  - 表示番号の指定を受けていること

⑥移動式クレーンについて

- 製造時等検査、性能検査による移動式クレーン検査証（経営事項審査の審査基準日が有効期間内に含まれるものに限ります）
- カタログ等（ただし、次の条件を満たすものに限られます）
- 労働安全衛生法施行令（昭和47年政令第318号）第12条第１項第４号に規定する、つり上げ荷重３トン以上のもの

⑦～⑨の機械について

- 特定自主検査記録表

審査基準日前１年以内に点検を実施し、建設機械が正常に稼働す

ることを示すもの（新規購入のものに関しては、自主検査は納入から１年以内に受ければよいので提示は不要です）

- カタログ等（締固め機械は「ローラー」に該当すること、解体用機械は「ブレーカ」に該当すること、高所作業車は「作業床の高さが２ｍ以上」であることがそれぞれ確認できるものに限られます）

(8)　国際標準化機構が定めた規格による登録の状況

①　環境省が策定した環境マネジメントシステムエコアクション21の登録を受けている場合は、項番６５に「１」を記入することが可能です。エコアクション21は、認証・登録日の概ね１年後に中間審査を、認証・登録日から２年以内に更新審査をそれぞれ受審します。

- 経営事項審査の審査基準日における登録が有効である場合に限ります。
- エコアクション21はISO14001に比べ、認定にあたっての審査基準が少なく、また認証手続も簡便であることから、経審における配点はISO14001の５点より下位の３点とし、双方の登録を受けている場合であっても、これらの評点の合算は行われません。
- エコアクション21についても、ISOと同様認証範囲に建設業が含まれていない場合、および、認証範囲が一部の営業所に限られている場合（建設業を営むすべての営業所がカバーされていない場合）は加点の対象外とされます。
- 認証の取得状況による配点表

		ISO9001登録有	ISO9002登録無
ISO14001登録有	エコアクション21登録有	10点	5点
	エコアクション21登録無		
ISO14001登録無	エコアクション21登録有	8点	3点
	エコアクション21登録無	5点	0点

② ISO9001の登録を受けている場合は、項番６６に「１」を記入します。

- 経営事項審査の審査基準日が認定証の有効期間内にあるものに限ります。
- ㈶日本適合性認定協会（JAB）またはJABと相互認証している認定機関（UKASなど）に認定されている審査登録機関が認証したISO9001を取得している場合は「１」を、取得していない場合は「２」を、申請書に記入します。

③ ISO14001の登録を受けている場合は、項番６７に「１」を記入します。

- 経営事項審査の審査基準日が認定証の有効期間内にあるものに限ります。
- ㈶日本適合性認定協会（JAB）またはJABと相互認証している認定機関（UKASなど）に認定されている審査登録機関が認証したISO14001を取得している場合は「１」を、取得していない場合は「２」を、申請書に記入します。

防災協定とBCP・BCM

経営事項審査申請の審査項目に「その他の審査項目（社会性等）」というものがあります。「いざというときに世の中のために防災活動で貢献してくれる企業には加点しましょう」というものです。大地震のような甚大な災害が発生したとき、がれきを掻き分け緊急車両が通行できるように真っ先に復旧活動を担えるのが建設業者であり、いわば「社会生活の復旧に向けた初動の鍵を握る」社会的使命を負っている立場にあるといえましょう。

そのためにも、建設業者自身が災害に強くあることが求められ、被災下でも復旧活動を担う人材を早急に呼び集め、行政と協力して社会復旧に努める初動体制を整える必要があります。

これらの取組みとして事業継続計画（BCP＝Business Continuity Plan）を策定し、策定した計画に基づいて日頃から社内への普及、訓練、改善に努め使えるものにすべくマネジメントしていく（BCM＝Business Continuity Management）努力をしている建設業者の実態を評価するシステムを国土交通省が構築しています。

各地方整備局ごとに、「建設会社における災害時の事業継続力認定」制度を導入し、BCPを単に策定しているのみならず、国土交通省の要求事項を反映した事業継続計画を策定した企業を認定・公表するシステムを展開しています。

認定を受けると、国の直轄工事の入札で採用されている「総合評価方式」の中で加点されるインセンティブが得られます。また、都道府県レベルでも、この「地方整備局の認定を受けていること」を入札参加資格登録の段階で加点要素としているところも出てきています。

※　なお、BCPの策定については、筆者が解説しているDVD『中小企業のためのBCP《事業継続計画》策定の仕方とその手順（注文番号Ｖ164）』（日本法令）をご覧ください。

⑤技術職員名簿

（用紙Ａ４）

2 0 0 0 5

技　術　職　員　名　簿

頁　　　　項番 数 8 1 　□□□ 頁

通番	新規掲載者	氏　　名	生　年　月　日	審査基準日現在の満年齢		業種コード	有資格区分コード	講習受講	業種コード	有資格区分コード	講習受講	監理技術者資格者証交付番号	CPD単位取得数
1			年　月　日		8 2								
2			年　月　日		8 2								
3			年　月　日		8 2								
4			年　月　日		8 2								
5			年　月　日		8 2								
6			年　月　日		8 2								
7			年　月　日		8 2								
8			年　月　日		8 2								
9			年　月　日		8 2								
10			年　月　日		8 2								
11			年　月　日		8 2								
12			年　月　日		8 2								
22			年　月　日		8 2								
23			年　月　日		8 2								
24			年　月　日		8 2								
25			年　月　日		8 2								
26			年　月　日		8 2								
27			年　月　日		8 2								
28			年　月　日		8 2								
29			年　月　日		8 2								
30			年　月　日		8 2								

経営事項審査において、技術職員名簿に記載することにより加点の対象となる事由および記載することができる者の範囲は次のとおり定められています。

(1)　加点の対象となる事由

①　申請できる業種

ある技術職員が多数の資格を保有し、３業種以上の技術職員に就任できる場合であっても、経営事項審査の上では、申請できる業種は１名あたり２業種までとなります。

②　評価の対象となる者

１級技術者…建設業法（以下「法」という）第15条第２号イに該当する者

２級技術者…法第27条第１項の技術検定その他の法令の規定による試験で当該試験に合格することによって直ちに法第７条第２号ハに該当することとなるものに合格した者または他の法令の規定による免許もしくは免状の交付(以下「免許等」という)で当該免許等を受けることによって直ちに同号ハに該当することとなるものを受けた者であって１級技術者および登録基幹技能者講習を修了した者以外の者

その他の技術者…法第７条第２号イ、ロもしくはハまたは法第15条第２号ハに該当する者で１級技術者、登録基幹技能者講習を修了した者および２級技術者以外の者

監理技術者補佐…①主任技術者の資格を有する者のうち令和３年度以降の一級の技術検定の第一次検定に合格した者(一級施工管理技士補)

②一級施工管理技士等の国家資格者、学歴や実務経験により監理技術者の資格を有する者。なお、監理

技術者補佐として認められる業種は、主任技術者の資格を有する業種に限られる。

登録基幹技能者講習を修了した者…法第18条の３第２項第２号の登録を受けた講習を修了した者で１級技術者および監理技術者補在以外の者

③　技術者の評価によって付与される得点

１級技術者で監理技術者講習修了者	6点（☆１）
上記以外の１級技術者	5点（☆２）
監理技術者補佐	4点
登録基幹技能者講習修了者	3点
２級技術者	2点
その他の技術者	1点

※　☆１の場合、監理技術者証と監理技術者講習の修了証の双方を保有していることが前提となります。

※　☆２の場合で、監理技術者証を保有していても点数の加算にはなりません。

④　技術職員名簿で２業種を選定する際、どのように決めていくかの具体例

〔ケース１〕

経営事項審査の申請業種	電気工事・管工事・内装仕上工事の３業種
技術職員甲の保有資格など	①１級電気工事施工管理技士（監理技術者講習修了者） ②１級管工事施工管理技士（監理技術者講習修了者） ③２級建築施工管理技士（仕上げ）

- パターンＡ：電気工事と管工事をメインに業務を展開している場合
  →①と②の資格で登録し電気工事と管工事の総合評点のアップを

検討すべきです。

- パターンＢ：内装仕上工事がメインで電気工事や管工事はその業種単体では本格的に受注してない場合

→まずは内装仕上工事の総合評点をアップすべきなので、１級の資格を双方利用するのではなく、③の資格を登録し、もう１つを①または②で登録すべきです。

〔ケース２〕

経営事項審査の申請業種	大工工事・内装仕上工事の２業種
技術職員乙の保有資格など	①１級造園工事施工管理技士（監理技術者講習修了者） ②１級建築施工管理技士（監理技術者講習修了者） ③２級建築施工管理技士（仕上げ）

→　乙は①の資格を保有していますが、経営事項審査では「造園工事」を申請していないため、せっかく１級の資格を持っていても、技術職員名簿で①の資格を記載することはできません。

また、③の資格は経営事項審査で申請する２業種において登録できる資格ですが、乙は②の１級の資格を保有しているので、１級の資格を登録する場合は同じ業種をカバーしている２級の同じ資格を登録することはできません。

したがって、このケースで技術職員乙は②のみ登録することになります。

(2)　技術職員名簿に記載することができる者

経営事項審査を受ける企業や事業主の下で働いているという事実だ

けで無条件に技術職員名簿に記載できるわけではありません。

- 審査基準日現在、常勤性の要件を備えていること
- 審査基準日以前に6カ月を超える恒常的な雇用関係があること

の双方を満たす者が名簿に登載できる条件となります。

①　その他の審査項目（社会性）で、健康保険加入の有無と厚生年金保険加入の有無の双方で「1．有」を選択した場合

ア　審査基準日現在の常勤性については、次の資料で確認します。

ⅰ　健康保険・厚生年金保険被保険者標準報酬決定通知書

ⅱ　厚生年金保険70歳以上被用者算定基礎届

ⅲ　住民税特別徴収税額通知書〈特別徴収義務者用〉および国民健康保険被保険者証の写し（年金事務所で健康保険適用除外の承認を受けて全国建築国民健康保険組合等の国民健康保険に加入している会社の70歳以上75歳未満の職員に関して確認資料とできます）

※　ここでいう「恒常的な雇用」とは、雇用期間を特に限定することなく常時雇用され、日々一定時間以上建設業の職務に従事する形態で雇用されていることをいいます。

したがって、アルバイトやパート、契約社員は名簿への搭載はできません。また、常用の労務者なども対象外となります。

イ　審査基準日以前に6カ月を超える恒常的な雇用関係があることについては、次の資料で確認します。

A　前年度の経営事項審査を受けている場合

ⅰ　前審査基準日にかかる経営事項審査申請書副本の提示により技術職員名簿を確認します。その他の確認資料は不要です。

ⅱ　前審査基準日にかかる経営事項審査申請書副本の技術職員名簿に記載されていない技術職員が新たに今年度の経営事項審査の技術職員名簿に掲載された場合

→その者について、次のａ～ｆのいずれか一つの提示が必要です。

ａ　健康保険・厚生年金保険被保険者標準報酬決定通知書（前年度分）

ｂ　健康保険・厚生年金保険資格取得確認および標準報酬決定通知書

ｃ　健康保険被保険者証の写し（資格取得日および事業所名称のわかるもの）

ｄ　厚生年金保険70歳以上被用者算定基礎届（前年度分。年金事務所の受付印のあるもの）

ｅ　住民税特別徴収税額通知書〈特別徴収義務者用〉（前年度分）

ｆ　雇用保険被保険者資格取得等確認通知書の写し（資格取得日および事業所名称がわかるもの）

Ｂ　前年度の経営事項審査を受けていない場合

今年度の経営事項審査の技術職員名簿に掲載された技術職員全員につき上記のａ～ｆのいずれか一つの提示が必要です。

②　その他の審査項目（社会性）で、健康保険加入の有無と厚生年金保険加入の有無で、双方あるいはいずれか一方で「１．有」以外を選択した場合

ア　審査基準日現在の常勤性については、次の資料で確認します。

→住民税特別徴収税額通知書〈特別徴収義務者用〉および国民健康保険被保険者証

イ　審査基準日以前に６カ月を超える恒常的な雇用関係があることについては、次の資料で確認します。

Ａ　前年度の経営事項審査を受けている場合

i　前審査基準日にかかる経営事項審査申請書副本の提示により技術職員名簿を確認します。その他の確認資料は不要です。

ii　前審査基準日にかかる経営事項審査申請書副本の技術職員名簿に記載されていない技術職員が新たに今年度の経営事項審査の技術職員名簿に掲載された場合

→その者について、次のｇ～ｈのいずれか一つの提示が必要です。

ｇ　住民税特別徴収税額通知書〈特別徴収義務者用〉（前年度分）

ｈ　雇用保険被保険者資格取得等確認通知書（資格取得日および事業所名称がわかるもの）

Ｂ　前年度の経営事項審査を受けていない場合

今年度の経営事項審査の技術職員名簿に掲載された技術職員全員につき上記のｇまたはｈのいずれか一つの提示が必要です。

③　高年齢者雇用安定法の継続雇用制度対象者を名簿に記載する場合

→①または②の書類に加えて、次の書類が必要です。

- 継続雇用制度について定めた就業規則（労働基準監督署の届出印または従業員代表者の意見書が添付されているもの。なお、常時10名以上の労働者を使用する場合には、労働基準監督署への届出が必要）
- 「継続雇用制度の適用を受けている技術職員名簿」（様式第３号）

④　技術職員名簿の記載対象者に後期高齢者医療制度対象者（75歳以上等）が含まれる場合

ア　審査基準日現在の常勤性については、次の資料で確認します。

→「住民税特別徴収税額通知書〈特別徴収義務者用〉」および「後期高齢者医療被保険者証」

イ　審査基準日以前に６カ月を超える恒常的な雇用関係があることについては、次の資料で確認します。

Ａ　前年度の経営事項審査を受けている場合

ⅰ　前審査基準日にかかる経営事項審査申請書副本の提示により技術職員名簿を確認します。その他の確認資料は不要です。

ⅱ　前審査基準日にかかる経営事項審査申請書副本の技術職員名簿に記載されていない技術職員が新たに今年度の経営事項審査の技術職員名簿に掲載された場合は不要です。

→その者について、次のｉ、ｊのいずれか一つの提示が必要です。

ｉ　「住民税特別徴収税額通知書〈特別徴収義務者用〉」（前年度分）

ｊ　前年度に後期高齢者医療制度対象者でなかった場合は、上記ａ～ｆのうちの一つまたはｇおよびｈのいずれか一つ

Ｂ　前年度の経営事項審査を受けていない場合

今年度の経営事項審査の技術職員名簿に掲載された技術職員全員につき上記のｉまたはｊのいずれか一つの提示が必要です。

⑤　申請者が個人事業主の場合

ア　審査基準日現在の常勤性については、次の資料で確認します。

→確定申告書および国民健康保険被保険者証

イ　審査基準日以前に６カ月を超える恒常的な雇用関係があることについては、次の資料で確認します。

Ａ　前年度の経営事項審査を受けている場合

ⅰ　前審査基準日にかかる経営事項審査申請書副本の提示により技術職員名簿を確認します。その他の確認資料は不要です。

ii　前審査基準日にかかる経営事項審査申請書副本の技術職員名簿に記載されていない技術職員が新たに今年度の経営事項審査の技術職員名簿に掲載された場合
→その者が勤務していたかどうかを確認するため、確定申告書等で確認します。

B　前年度の経営事項審査を受けていない場合
今年度の経営事項審査の技術職員名簿に掲載された技術職員全員につき確定申告書等で確認します。

(3) 技術者の継続教育（CPD）の受講について

CPD（Continuing Professional Development）は、建設業関連の多くの学会・業団体等において、技術者の能力の維持・向上を支援するため行われている継続教育で、技術者一人ひとりが自らの意志に基づき自らの力量の維持向上を図るために行われているものをいいます。

経審では、雇用する技術者・技能者の知識および技術または技能の向上に努めている企業を評価し、令和３年４月から技術職員名簿に掲載される技術者のCPDの受講実績を加点項目としました。

当該建設業者に所属している建設技術者について、審査基準日において、基準日前１年間における技術者１人当たりが取得したCPD単位数を計算し評点を定めます。

(4) 記入する上で注意すべき点

① 名簿への技術職員の搭載順ですが、審査機関によって指定があります（例：関東地方整備局では、年齢順に記入するように指示が出ています）。

特に指示がない場合でも、審査がスムーズに行えるように、技術職員の常勤性を確認する際に使用する標準報酬決定通知書に記載されている順番で記入するなど工夫も必要です。

② 監理技術者証は５年ごとに更新が義務付けられ、監理技術者講習も最終の受講から５年を経過する前に再受講が義務付けられています。

５年の経過時にはそれぞれの証明書が更新され、監理技術者証は交付番号が更新されますので、技術職員名簿への記載の際に注意が必要です。

③ 出向者は、原則として現場の配置技術者（監理技術者・主任技術者）には就任できませんが、技術職員としてのカウントはできます。

出向関係を確認するために、次のような書証が必要となります。

ⅰ 出向者の氏名、期間が確認できる出向契約書等（審査基準日から遡って６カ月を超える出向期間があることが必要）

ⅱ 出向元の健康保険被保険者証（資格取得日および事業所名称がわかるもの）または健康保険・厚生年金保険被保険者標準報酬決定通知書の原本または写し

ⅲ 出向者について、出向先で費用負担していることが明示できる資料（基準月の給与について出向元の請求書と出向先から出向元への振込等を確認できる資料）

(5) 評価項目分類の変更および新設について

令和５年１月より、その他の審査項目（社会性等）の評価項目中、「W_9若齢技術者及び技能者の育成及び各本状況」は$W_1$⑦に、「W_{10}知識及び技術又は技能の向上に関する取組の状況」は$W_1$⑧にそれぞれ移行されました。

また、新たな評価項目として、「$W_1$⑨ワーク・ライフ・バランスに関する取組の状況」および「W_1⑩建設工事に従事する者の就業履歴を蓄積するために必要な措置の実施状況」が加わりました。

その内容は以下のとおりです。

①　$W_1$⑦⑧について

技術者に関する評価については、建設業者に所属する技術者が、審査基準日以前1年間に取得したCPDの習得単位の平均値をもって評価されます。また、建設業者に所属する技能者のうち、認定能力評価基準により受けた評価が、審査基準日以前3年間に1以上向上（レベル1からレベル2に上がったなど）した割合によって評価されます。

$W_1$⑧の評点については、以下の算式により算出される数値をもって審査されることになります。

$$\left(\frac{\text{技術者数}}{\text{技術者数}+\text{技能者数}}\times\frac{\text{CPD単位取得数}}{\text{技術者数}}\right)+\left(\frac{\text{技能者数}}{\text{技術者数}+\text{技能者数}}\times\frac{\text{技能レベル向上者数}}{\text{技能者数}-\text{控除対象者数}}\right)$$

※　上記に係る用語の説明や評点の算出方法等の詳細については、次ページの国土交通省の資料（https://www.mlit.go.jp/tochi_fudousan_kensetsugyo/const/content/001498043.pdf（一部改変））を参照してください。

１．$W_1$⑦⑧における技術者に関する評価の詳細

$$\frac{\text{技術者数}}{\text{技術者数＋技能者数}} \times \frac{\text{CPD単位取得数}}{\text{技術者数}}$$

○ 技術者数は、監理技術者になる資格を有する者、主任技術者になる資格を有する者、一級技士補及び二級技士補の数の合計とする。

○ CPD単位取得数は、建設業者に所属する技術者が取得したCPD単位の合計数とする。

○ 各技術者のCPD単位は、以下の算式で算出される数値とする。

各技術者のCPD単位

$$\left(\text{審査対象年にCPD認定団体によって取得を認定された単位数}\right) \div \left(\text{告示別表第18の左欄に掲げるCPD認定団体毎に右欄に掲げる数値}\right) \times 30$$

上記算式で計算される各技術者のCPD単位数に小数点以下の端数がある場合は、これ切り捨てる。
また、各技術者のCPD単位の上限は30とする。

○ $\frac{\text{CPD単位取得数}}{\text{技術者数}}$の数値が、3未満の場合は0、3以上6未満の場合は1、6以上9未満の場合は2、9以上12未満の場合は3、12以上15未満の場合は4、15以上18未満の場合は5、18以上21未満の場合は6、21以上24未満の場合は7、24以上27未満の場合は8、27以上30未満の場合は9、30の場合は10とする。

告示別表第18

公益社団法人空気調和・衛生工学会	50
一般財団法人建設業振興基金	12
一般社団法人建設コンサルタンツ協会	50
一般社団法人交通工学研究会	50
公益社団法人地盤工学会	50
公益社団法人森林・自然環境技術教育研究センター	20
公益社団法人全国上下水道コンサルタント協会	50
一般社団法人全国測量設計業協会連合会	20
一般社団法人全国土木施工管理技士会連合会	20
一般社団法人全日本建設技術協会	25
土質・地質技術者生涯学習協議会	50
公益社団法人土木学会	50
一般社団法人日本環境アセスメント協会	50
公益社団法人日本技術士会	50
公益社団法人日本建築士会連合会	12
公益社団法人日本造園学会	50
公益社団法人日本都市計画学会	50
公益社団法人農業農村工学会	50
一般社団法人日本建築士事務所協会連合会	12
公益社団法人日本建築家協会	12
一般社団法人日本建設業連合会	12
一般社団法人日本建築学会	12
一般社団法人建築設備技術者協会	12
一般社団法人電気設備学会	12
一般社団法人日本設備設計事務所協会連合会	12
公益財団法人建築技術教育普及センター	12
一般社団法人日本建築構造技術者協会	12

２．$W_1$⑦⑧における技能者に関する評価の詳細

$$\frac{\text{技能者数}}{\text{技術者数＋技能者数}} \times \frac{\text{技能レベル向上者数}}{\text{技能者数－控除対象者数}}$$

○ 技能者数は、審査基準日以前三年間に、建設工事の施工に従事した者であって、作業員名簿を作成する場合に建設工事に従事する者として氏名が記載される者（ただし、建設工事の施工の管理のみに従事する者（監理技術者や主任技術者として管理に係る業務のみに従事する者）は除く）の数とする。

○ 技能レベル向上者数は、認定能力評価基準により受けた評価が審査基準日以前3年間に1以上向上（レベル1からレベル2等）した者の数とする。
　なお、認定能力基準による評価を受けていない場合は、レベル1として審査する。

○ 控除対象者数は、審査基準日の3年前の日以前にレベル4の評価を受けていた者の数とする。

○ $\frac{\text{技能レベル向上者数}}{\text{技能者数－控除対象者数}}$の数値を百分率で表した数値が、1.5%未満の場合は0、1.5%以上3%未満の場合は1、3%以上4.5%未満の場合は2、4.5%以上6%未満の場合は3、6%以上7.5%未満の場合は4、7.5%以上9%の場合は5、9%以上10.5%未満の場合は6、10.5%以上12%未満の場合は7、12%以上13.5%未満の場合は8、13.5%以上15%未満の場合は9、15%以上の場合は10とする。
　なお、技能者数－控除対象者数＝0　の場合、$\frac{\text{技能レベル向上者数}}{\text{技能者数－控除対象者数}}$の数値は、0とする。

3．$W_1$⑦⑧の評点

$$\left(\frac{\text{技術者数}}{\text{技術者数}+\text{技能者数}}\times\frac{\text{CPD単位取得数}}{\text{技術者数}}\right)+\left(\frac{\text{技能者数}}{\text{技術者数}+\text{技能者数}}\times\frac{\text{技能レベル向上者数}}{\text{技能者数}-\text{控除対象者数}}\right)$$

W_1 ⑦⑧の評点は、上記の算式によって算出される数値を、左の表にあてはめて審査する予定。

知識及び技術又は技能の向上に関する取組の状況	評点
10	10
9以上　10未満	9
8以上　9未満	8
7以上　8未満	7
6以上　7未満	6
5以上　6未満	5
4以上　5未満	4
3以上　4未満	3
2以上　3未満	2
1以上　2未満	1
1未満	0

4．$W_1$⑦⑧評点の計算例

（想定）

建設会社Y

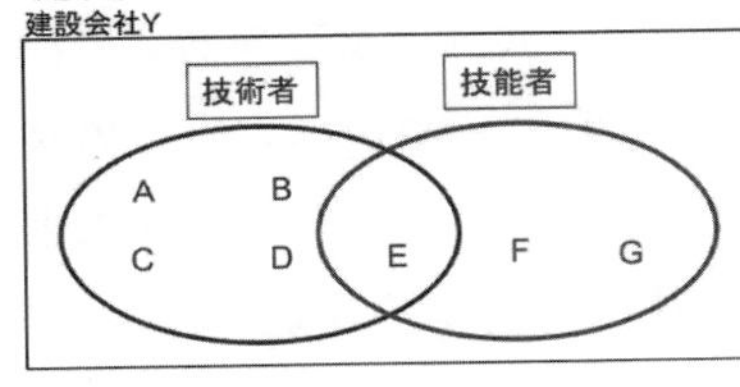

○ 建設会社Yは、技術者と技能者あわせて、A～Gの7名の職員を雇用。
○ A～Dの4名は建設工事の施工の管理のみに従事。
○ F及びGの2名は建設工事の施工に従事するが、施工の管理には従事しない。
○ Eは基本的には技能者として建設工事の施工に従事するが、主任技術者となる資格も有する。
（＝この場合Eは、技術者としても、技能者としても評価の対象となる。）

（技術者に係る評価関係）

氏名	認定されたCPD単位	CPD認定団体	別表18の右欄	計算式	各人のCPD単位	CPD単位取得数
A	20	（公社）空気調和・衛生工学会	50	20÷50×30=12	12	
B	10	（一財）建設業振興基金	12	10÷12×30=25	25	
C	50	（一社）建設コンサルタンツ協会	50	50÷50×30=30	30	115
D	31	（一社）交通工学研究会	50	31÷50×30=18.6	18	
E	80	（公社）地盤工学会	50	80÷50×30=48	30	

$$\frac{\text{CPD単位取得数}}{\text{技術者数}}=\frac{115}{5}=23$$

21以上24未満のため、「7」となる

５．W₁⑦⑧の評点計算の例

（技能者に係る評価関係）

氏名	レベル向上の有無	3年前のレベル	技能レベル向上者数	控除対象者数
E	無	レベル2	1	1
F	無	レベル4		
G	有	レベル1		

$$\frac{\text{技能レベル向上者数}}{\text{技能者数}-\text{控除対象者数}} = \frac{1}{3-1} = 50\%$$

→ 15%以上のため、「10」となる

（W₁⑦⑧の評点）

○ 技術者に係る評価、技能者に係る評価、技術者数、技能者数を算式にあてはめると、

$$\left(\frac{\text{技術者数}}{\text{技術者数}+\text{技能者数}}\times\frac{\text{CPD単位取得数}}{\text{技術者数}}\right)+\left(\frac{\text{技能者数}}{\text{技術者数}+\text{技能者数}}\times\frac{\text{技能レベル向上者数}}{\text{技能者数}-\text{控除対象者数}}\right)$$

$$=\left(\frac{5}{5+3}\times 7\right)+\left(\frac{3}{5+3}\times 10\right) = \mathbf{8.125}$$

8以上、9未満であるため、W₁⑦⑧の評点は「8」となる

②　W₁⑨について

内閣府による「女性の活躍推進に向けた公共調達及び補助金の活用に関する実施要領」（平成28年３月22日内閣府特命担当大臣（男女共同参画）決定）に基づき、「女性活躍推進法に基づく認定」、「次世代法に基づく認定」および「若者雇用促進法に基づく認定」について、審査基準日における各認定の取得をもって、以下の評点で評価することになりました。

認定の区分		配　点
女性活躍推進法に基づく認定	プラチナえるぼし	5
	えるぼし（第３段階）	4
	えるぼし（第２段階）	3
	えるぼし（第１段階）	2
次世代法に基づく認定	プラチナくるみん	5
	くるみん	3
	トライくるみん	3
若者雇用促進法に基づく認定	ユースエール	4

※　「えるぼし」「くるみん」は取得している認定のうち、最も配点の高いものを評価する（最大５点）。

③　W_1⑩について

建設工事の担い手の育成・確保に向け、技能労働者等の適正な評価をするためには、就業履歴の蓄積のために必要な環境を整備することが必要であることから、建設キャリアアップシステム（CCUS）の活用状況を加点対象とすることとしたものです（令和５年８月14日以降を審査基準日とする申請から評価対象となります）。

審査の対象となる工事は、以下の①～③を除く工事であり、審査基準日以前１年以内に発注者から直接請け負った建設工事となります。

①　日本国内以外の工事

②　建設業法施行令で定める軽微な工事

③　災害応急工事（防災協定に基づく契約又は発注者の指示により実施された工事）

また、次ページのⅠからⅢのすべてに該当する場合に加点の対象となります。

Ⅰ　CCUS上で現場・契約情報を登録している

Ⅱ　建設工事に従事する者が直接入力によらない方法（※）でCCUS上に就業履歴を蓄積できる体制を整備している

Ⅲ　経営事項審査申請時に様式第６号に掲げる誓約書を提出してい

※　就業履歴データ登録標準API連携認定システム（https://www.auth.ccus.jp/p/certified）により、入退場履歴を記録できる措置を実施していることなど

加点要件	評　点
審査対象工事のうち、民間工事を含む全ての建設工事で該当措置を実施した場合	15
審査対象工事のうち、全ての公共工事で該当措置を実施した場合	10

※　ただし、審査基準日以前１年のうちに、審査対象工事を１件も発注者から直接請け負っていない場合には、加点しない。

監理技術者資格者証について

監理技術者資格者証とは、工事の監理技術者としてどのような資格を有するかを示す顔写真付きの携帯用の証明書（カード型）で、一般財団法人建設業技術者センターから発行される身分証明書です。

監理技術者は、監理技術者として建設工事に携わるためには監理技術者講習という講習を受講している必要があり、講習を受講すると監理技術者講習修了証という証明書が発行されます。この証明書も監理技術者資格者証と同様、顔写真付きの携帯用の証明書（カード型）です。

監理技術者講習は、監理技術者資格者証の発行機関である一般財団法人建設業技術者センターでは実施されていません。国土交通省の登録を受けた講習の実施機関は、一般財団法人全国建設研修センターをはじめとした７つの登録機関で実施されています。

監理技術者として現場に配置されるにあたっては、この監理技術者資格者証と監理技術者講習修了証の双方を有効にしておく必要があります。監理技術者資格者証の有効期限は交付から５年間、監理技術者講習の有効期間は講習を受講した年度の翌年度の開始の日から５年間です。

経営事項審査においては、１級の国家資格者は、監理技術者資格者証の交付を受け、かつ審査基準日から起算して５年以内に監理技術者講習を修了している場合に加点項目となっています。

監理技術者資格者証は平成27年４月１日より、建設業許可申請における専任技術者の要件を証する書面として新たに認められることになりました。

⑥経営状況分析結果通知書

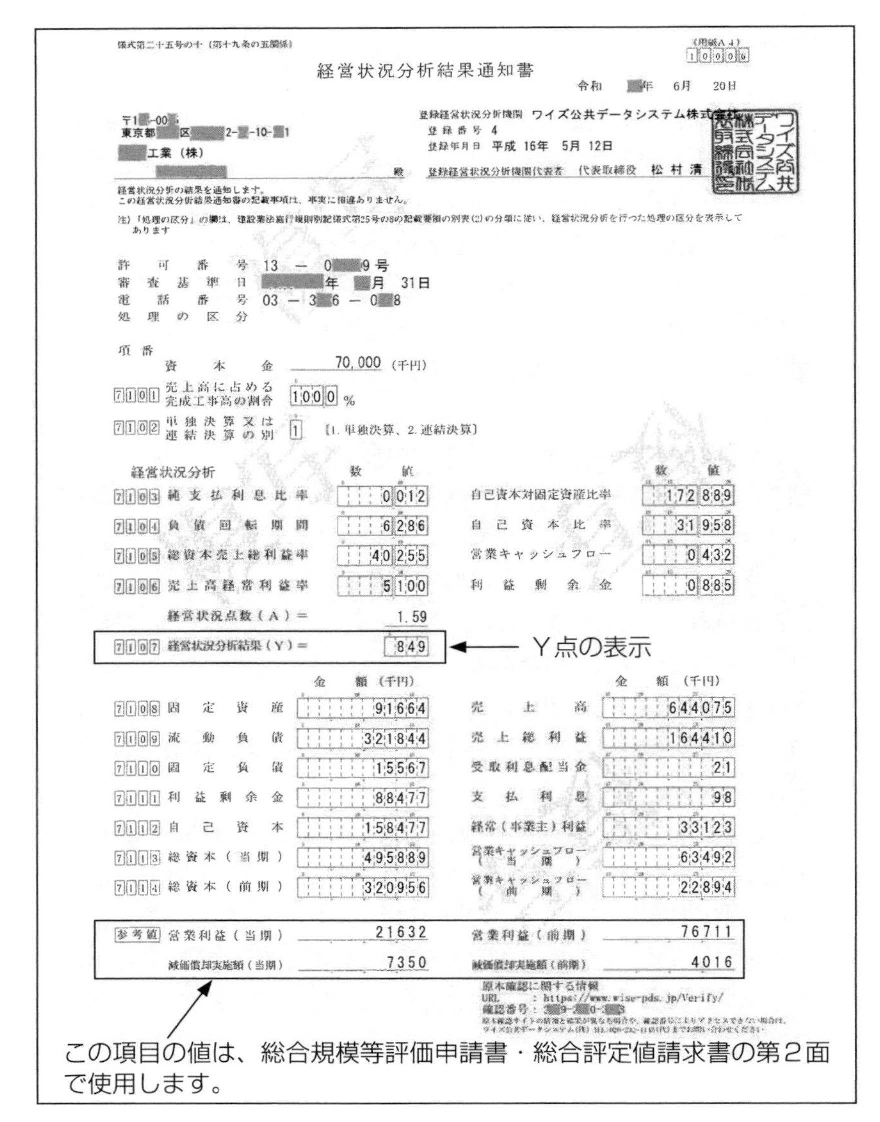

様式第二十五号の十（第十九条の五関係）　　（用紙Ａ４）

10006

経営状況分析結果通知書

令和　■年　6月　20日

〒1■-00■
東京都■区■2-■-10-■1
■工業（株）
■　殿

登録経営状況分析機関　ワイズ公共データシステム株式会社
登録番号　4
登録年月日　平成 16年　5月　12日
登録経営状況分析機関代表者　代表取締役　松村清

経営状況分析の結果を通知します。
この経営状況分析結果通知書の記載事項は、事実に相違ありません。

注）「処理の区分」の欄は、建設業法施行規則別記様式第25号の8の記載要領の別表(2)の分類に従い、経営状況分析を行った処理の区分を表示してあります

許可番号　13 － 0■9 号
審査基準日　■年　■月　31日
電話番号　03 － 3■6 － 0■8
処理の区分

項番

資本金　70,000（千円）

7100　売上高に占める完成工事高の割合　100.0 %

7102　単独決算又は連結決算の別　1　〔1. 単独決算、2. 連結決算〕

項番	経営状況分析	数値	経営状況分析	数値
7103	純支払利息比率	0.012	自己資本対固定資産比率	172.889
7104	負債回転期間	6.286	自己資本比率	31.958
7105	総資本売上総利益率	40.255	営業キャッシュフロー	0.432
7106	売上高経常利益率	5.100	利益剰余金	0.885

経営状況点数（Ａ）＝　1.59

7107　経営状況分析結果（Ｙ）＝　849

← Ｙ点の表示

項番	項目	金額（千円）	項目	金額（千円）
7108	固定資産	91664	売上高	644075
7109	流動負債	321844	売上総利益	164410
7110	固定負債	15567	受取利息配当金	21
7111	利益剰余金	88477	支払利息	98
7112	自己資本	158477	経常（事業主）利益	33123
7113	総資本（当期）	495889	営業キャッシュフロー（当期）	63492
7114	総資本（前期）	320956	営業キャッシュフロー（前期）	22894

参考値	項目	金額	項目	金額
	営業利益（当期）	21632	営業利益（前期）	76711
	減価償却実施額（当期）	7350	減価償却実施額（前期）	4016

原本確認に関する情報
URL　: https://www.wise-pds.jp/Verify/
確認番号：■9-■0-■3

この項目の値は、総合規模等評価申請書・総合評定値請求書の第２面で使用します。

⑦継続雇用制度の適用を受けている技術職員名簿

様式第３号　　　　　　　　　　　　　　　　　　　　　　　　　　（用紙Ａ４）

継続雇用制度の適用を受けている技術職員名簿

建設業法施行規則別記様式第２５号の１１・別紙２の技術職員名簿に記載した者のうち、下表に掲げる者については、審査基準日において継続雇用制度の適用を受けていることを証明します。

~~地方整備局長~~
~~北海道開発局長~~
東京都　知事　　殿

令和　○年　９月　１日

住所　　東京都千代田区神田司町２－７－○
商号又は名称　優装産業　株式会社
代表者氏名　代表取締役　原田　真三

通番	氏　名	生年月日
1-30	高橋　一美	昭和 30 年 3 月 1 日
2-1	河野　和正	昭和 30 年 10 月 12 日
2-2	森　明憲	昭和 31 年 12 月 17 日
2-3	黒江　修二	昭和 33 年 11 月 24 日
2-4	柳田　正博	昭和 35 年 1 月 6 日

記載要領

１　「　地方整備局長
　　北海道開発局長　については、不要のものを消すこと。
　　知事」

２　規則別記様式第２５号の１１・別紙２の技術職員名簿に記載した者のうち、審査基準日において継続雇用制度の適用を受けている者（６５歳以下の者に限る。）について記載すること。

３　通番、氏名及び生年月日は、規則別記様式第２５号の１１・別紙２の記載と統一すること。

⑧建設機械の保有状況一覧表

建設機械の保有状況一覧表　（例）

申請会社：

№	新規掲載	建設機械の種類	メーカー名	形式、型番 表示番号（＝ダンプ車）	種別又は規格	所有又はリース	取得日　又は　リース期間	特定自主検査実施日
1	○	ショベル系掘削機				リース	年　月　日～　年　月　日	年　月　日
2	○	解体用機械				リース	年　月　日～　年　月　日	年　月　日
3						リース	年　月　日～　年　月　日	年　月　日
4						リース	年　月　日～　年　月　日	年　月　日
5						リース	年　月　日～　年　月　日	年　月　日
6						リース	年　月　日～　年　月　日	年　月　日
7						リース	年　月　日～　年　月　日	年　月　日
8						リース	年　月　日～　年　月　日	年　月　日
9						リース	年　月　日～　年　月　日	年　月　日
10						リース	年　月　日～　年　月　日	年　月　日
11						リース	年　月　日～　年　月　日	年　月　日
12						リース	年　月　日～　年　月　日	年　月　日
13						リース	年　月　日～　年　月　日	年　月　日
14						リース	年　月　日～　年　月　日	年　月　日
15						リース	年　月　日～　年　月　日	年　月　日

【記載要領（例）】

※項番「６４」で記入した台数分の評価対象建設機械を全て記載すること。

※「建設機械の種類」欄は、該当するものを選択すること。

※「種別又は規格」欄は、「建設機械の種類」欄にて選択した機種ごとに下記につき記載すること。

①「ショベル系掘削機」にあっては、・ショベル、・バックホウ、・ドラグライン、・クラムシェル、・クレーン又は・パイルドライバーのアタッチメントを有するもの。

②「ブルドーザー」にあっては、自重**3**トン以上のもの。

③「トラクターショベル」にあっては、バケット容量が**0.4**立方メートル以上のもの。

④「モーターグレーダー」にあっては、自重が**5**トン以上のもの。

⑤「ダンプ車」にあっては、ダンプ、ダンプフルトレーラ、ダンプセミトレーラで土砂等の運搬に供されるもの。

⑥「移動式クレーン」にあっては、つり上げ荷重が**3**トン以上のもの。

⑦「高所作業車」にあっては、作業床の高さ２メートル以上のもの。

⑧「締固め用機械」にあっては、ロードローラー・タイヤローラー・振動ローラー、ハンドガイドローラー。

⑨「解体用機械」にあっては、ブレーカ、鉄骨切断機、コンクリート圧砕機、解体用つかみ機。

※ 新たに記載する建設機械については新規掲載欄に○を記載すること。

※確認書類は次のものを添付すること。

(a)売買契約書（又は販売証明書等）又はリース契約書

(b)建設機械に応じて特定自主検査記録表、移動式クレーン検査証、自動車検査証

(c)建設機械のカタログ（前回、受審時に評価対象となった建設機械についてはカタログのみ省略可能。）

※リース期間が当該審査基準日から１年７ヶ月以内に終了する建設機械について、リース期間の更新、延長又は買い取りを予定していることを理由として評価を受けようとする場合は、別途、「建設機械のリースの契約に関する申出書」を提出することが必要。

※「所有・リースの別」欄は、「自社所有」又は「リース」の該当する方を○で囲むこと。

※「所有・リースの別」欄において「自社所有」を選択した場合は「取得年月日」を、「リース」を選択した場合は「リース開始日」及び「リース期間満了日」を記載すること。

第３章
入札参加資格登録

総　　論

これまで、建設業の許可申請と経営事項審査申請について手続の流れを概観してきました。

許可を取得して建設工事の仕事を受注する場合、民間の施主あるいは建設業の事業者から発注を受ける場合のほか、国や独立行政法人、地方自治体などから直接受注するケースがあります。

このような公共機関から元請として受注するにあたっては、原則として「入札」の手続に参加し、発注案件を落札しなければなりません。

(1)　入札の方式

入札の方式には、「一般競争入札」と「指名競争入札」の制度があります。

「一般競争入札」は、発注者が発注内容を公告して、入札に参加を希望する者を募って競争入札を行う方式です。

これに対し「指名競争入札」は、入札に参加を希望する者の規模や能力、過去の施工実績などを基準に、あらかじめ入札希望者に順位付けや格付けを行って登録し、発注案件に見合った施工能力を有する事業者を数社選定（指名）し、入札への参加希望を確認し、参加を希望した事業者間で競争入札を行う方式です。

(2)　「指名願い」とは

官公庁等の公共機関が発注者となる建設工事の多くは、指名競争入札の方式が多く採用されています。指名競争入札に参加できるようにするためには、あらかじめ発注者の名簿に登録されることが必要です。

この発注者の名簿に登録してもらう手続を「入札参加資格登録」といいます。入札参加資格登録を済ませないと、指名競争入札の前提となる「事業者の選定（＝指名）」がかからないことから、入札参加資格登録の手続は「指名願い」とも呼ばれています。

コリンズの制度

コリンズとは、国や独立行政法人、都道府県、市区町村などの公共機関等が発注した公共工事の内容を、その工事を受注した企業がコリンズ・テクリスセンターに登録し、その登録された工事内容をコリンズ・テクリスセンターがデータベース化して、発注機関および受注企業へ情報提供しているものです。

公共工事の発注にあたって公平な評価で受注するに相応しい適切な建設会社を選定し、公共工事の入札・契約手続の透明性、公平性、競争性を向上させるため活用されている制度です。

システム自体は、１工事あたりの請負金額が税込で500万円以上の工事から登録が可能ですが、公共工事の場合は、税込で2,500万円以上の工事については登録が義務付けられています。

工事が終了すると竣工カルテが発行され、その中には工事の請負金額（途中で金額の変更があれば最終的な請負金額が記載されます）や工期、登録工事の受注に対応した建設業の許可業種、本件登録工事の入札参加資格区分、技術者情報（現場代理人、配置技術者）など様々な情報が記載されています。

経営事項審査を受ける場合に、工事経歴の裏付書面として契約書等を提示することになりますが、契約書の中で読み取れない事項がある場合などはコリンズの竣工カルテを入手すれば必要な情報を確認することができますので、コリンズのカルテについては知っておくととても便利です。

なお、参考までに、テクリスの制度はコリンズと同じ方式によって国や独立行政法人、都道府県、市区町村などの公共機関等が発注した調査設計業務、地質調査業務、測量業務ならびに、補償コンサルタント業務の内容を登録する制度で、コリンズと併せて「コリンズ・テクリスシステム」と呼ばれています。

発注機関

公共工事の発注機関は、国や国立大学などの独立行政法人をはじめ、都道府県や市区町村などの地方自治体も含まれます。

①　国の機関

ⅰ　中央省庁それぞれが発注機関（法務省、文部科学省、財務省など）

ⅱ　国土交通省の出先機関（①各地方運輸局、②各地方整備局、③気象庁、④海上保安庁、北海道開発局など、省内で受付機関が分かれる）

ⅲ　NEXCO東日本（東日本高速道路（株））をはじめとする高速道路等の管理会社や、日本下水道事業団などの特殊法人

②　地方自治体の機関（東京都の例）

ⅰ　建設局、環境局、都市整備局、生活文化局、福祉保健局などの知事部局

ⅱ　交通局、水道局、下水道局とその出先機関

ⅲ　警視庁、東京消防庁、教育庁、議会局などとその出先機関

ⅳ　東京都住宅供給公社、（公財）東京都環境公社、（公財）東京動物園協会、東京都公立大学法人などの公社・公益財団等

が含まれます。

入札参加資格登録の申請方法

自らが建設工事の発注を受けたい（指名競争入札の指名を受けたい）公共機関に対して、個別に入札参加資格登録の申請を行うことが原則です。発注者側から指定された様式を入手し、申請書を作成するとともに、申請に必要な公的機関から発行される納税証明書などの証明書類を添付して、発注機関の入札参加資格登録の受付窓口に書類を提出して申請を行うのが原則です。

ところが、最近では上述のような従来の申請の方式に代わって、新しい方式によって登録申請が行われるようになってきています。

(1)　電子申請（インターネット経由での申請）

従来の紙の書式による申請に代わって、電子申請の形式による申請受付を行う窓口が徐々に増えてきています。

東京都や国土交通省のように、紙申請による方式を完全に廃止している窓口もあります。

セキュリティを確保するための手段として、①ID・パスワードを事前に発行するタイプや、②申請者または手続代理人の電子証明書を利用して電子署名を行うタイプがあります。

また、完全にオンライン上のデータ送信だけで完結するタイプと、データをオンラインで送信した後に一部の書面を郵送で送付して完結するタイプがあります。

どのような方式を採用しているかについては、あらかじめ申請先の窓口あるいはインターネット上の申請事務の取扱要項を十分に確認しておく必要があります。

⑵　一元受付

従来行われてきた申請の方式では、入札参加資格登録を希望するそれぞれの窓口に対して申請書を提出する必要がありました。

電子申請が普及するに従って、申請する行為は一度限りでありながら、希望する複数の機関に同時に一括して入札参加資格の登録を行えるシステムが普及してきました。

例えば、国の機関の場合、次に掲げる機関に対して、一括して申請すること（一元受付）が可能となっています。

【インターネット一元受付参加機関】

1．国土交通省大臣官房会計課所掌機関
（大臣官房会計課、各地方運輸局、航空局、各地方航空局、気象庁、海上保安庁、運輸安全委員会、海難審判所、国土技術政策総合研究所（横須賀庁舎））
2．国土交通省地方整備局（道路・河川・官庁営繕・公園関係及び港湾空港関係）、大臣官房官庁営繕部及び国土技術政策総合研究所（横須賀庁舎を除く）
3．国土交通省北海道開発局
4．法務省
5．財務省財務局
6．文部科学省
7．厚生労働省
8．農林水産省大臣官房予算課
　農林水産省地方農政局
　林野庁
9．経済産業省
10. 環境省
11. 防衛省
12. 最高裁判所
13. 内閣府
　内閣府沖縄総合事務局
14. 東日本高速道路（株）
15. 中日本高速道路（株）
16. 西日本高速道路（株）
17. 首都高速道路（株）
18. 阪神高速道路（株）
19. 本州四国連絡高速道路（株）
20. 独立行政法人水資源機構
21. 独立行政法人都市再生機構
22. 日本下水道事業団
23. 独立行政法人鉄道建設・運輸施設整備支援機構

⑶　登録の時期と登録の有効期限

発注機関の多くは、定期的に入札参加資格登録を受け付ける期間を設ける方式を採っています。有効期間は2年で定めているのが一般的です。

例えば、4月1日有効期間の開始日として、翌々年の3月31日までを登録の有効期間と定めるケースでは、有効期間初日の数カ月前から一定の期間を設けて（例えば前年の11月から当年の1月まで）、入札参加資格登録の定期受付期間とし、その後審査を経て4月1日から2年間登録が有効となる（入札に参加する資格が生じる）ケースが一般的です。

一方で、独自の方式で入札参加資格登録の受付をしているケースもあります。東京都の市区町村の一元受付を行うことができる「共同運営システム」では、「定期受付期間」という概念を採用していません。

随時入札参加資格登録の申請ができることとし、その有効期間を基準日（決算期）から1年8カ月で設定しています。すなわち、例えば、3月決算の事業者で、前年の3月を基準日とする有効期間は当年の11月末日までとなりますが、その日までに当年の3月決算の経営事項審査を受審し、結果通知を得た上で、11月末日までに入札参加資格登録の更新手続を終えることで登録の有効期間が更新されることになり、毎年その作業を繰り返して継続していく方式を採っています。

なお、定期受付の制度を採用している場合は、登録の有効期間中に「随時受付」を行うのが一般的です。ただし、定期受付を受けた事業者に対して付与される登録の有効期間の全期間が随時受付期間になるわけではなく、次の定期受付の期間の直前で随時受付を終了するケースや、定期受付の有効期間内の一部の期間に限定して随時受付を行うケースなどもあり、発注機関によってその定め方は異なりますので、随時受付を申し込む場合は申請時期がいつなのかに十分留意する必要があります。

申請手続の流れ

(1) 国の機関のインターネット受付の場合

① パスワードの申請

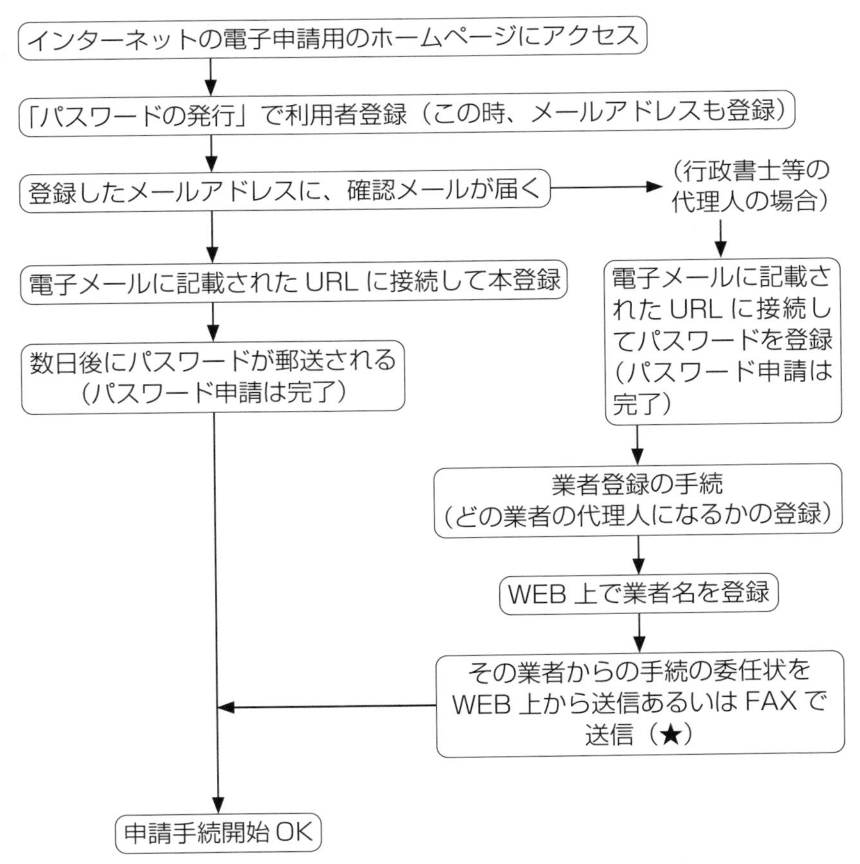

★については、送信の期限があるので注意が必要です。

②　申請手続の開始以降

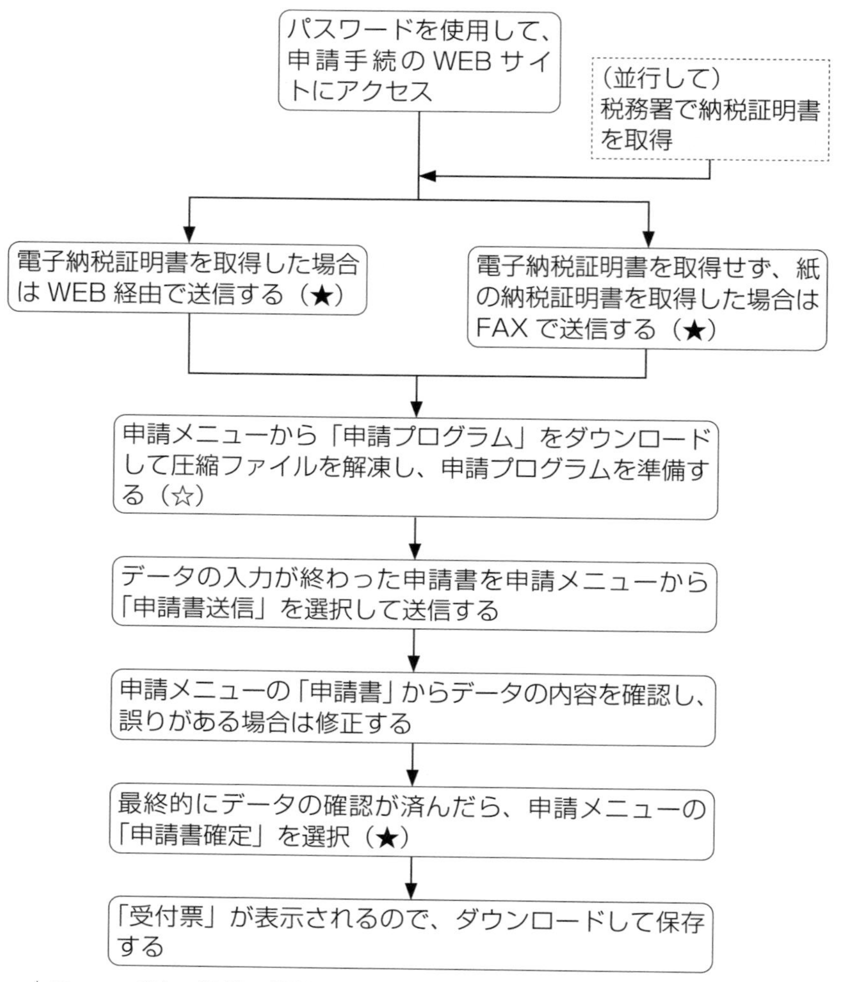

★については、送信の期限があるので注意が必要です。
☆については、ダウンロードの期限があるので注意が必要です。

(2)　紙の申請書による申請手続の場合

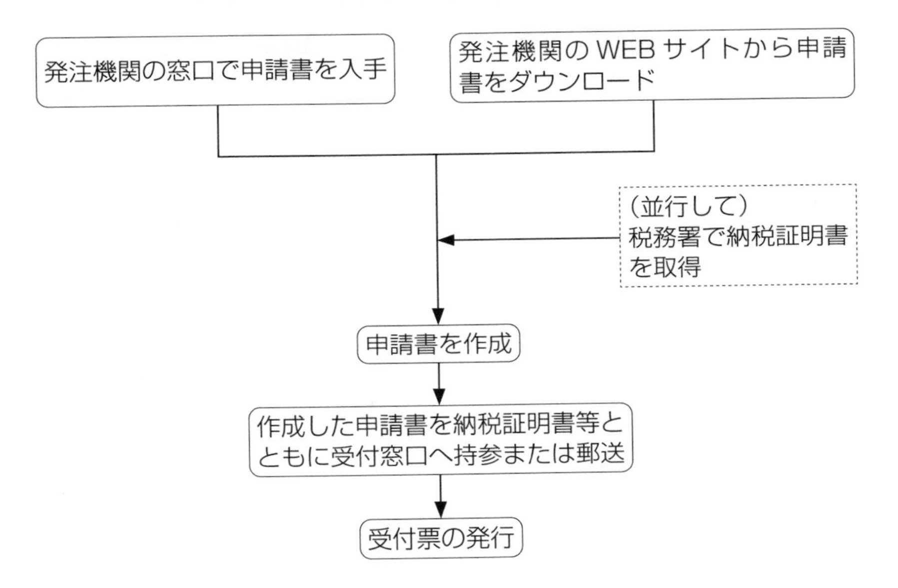

①　受付票の発行

ア　インターネット経由で電子申請をする形態ではなく、窓口に持参し、あるいは郵送で申請する方式で入札参加資格登録申請を行う場合、受付票の発行についての対応は受付をする発注機関ごとに対応が異なります。

i　あらかじめ受付票のフォームを公開し、必要事項を申請者に記載させて提出を求め、受付印を押印して返却するパターン

ii　申請書を正・副各1部ずつ用意させて（副本は製本全体のコピーで可とする場合が多い）、副本に受付印を捺印して返却するパターン

iii　とくに「受付票」や「副本」の用意をアナウンスせず、受け付けたという通知文のみを発行するパターン

イ　インターネット経由で電子申請する形態の場合は、大半は申請手続のWEBサイトから直接ダウンロードできる機能があらかじめ用意されています。

ウ　受付票は、単に受付の事実を伝達する内容である場合と、入札資格登録の有効期間中にプリントアウトして使用する場合とがあります。プリントアウトして使用する場合は、会社の実印、申請手続で契約用の印鑑を使用する旨届け出た場合の契約印の捺印と会社代表者の印鑑証明書を裏面に貼付するなど、一定の行為が求められますので、各発注機関の指示に従うようにしてください。

受付票の実際の例を次ページ以降に示します。

受付票の具体例１：国の受付票

令和３・４年度受付票

申請者情報	
所在地	〒1[■]-[■]1 東京都[■]区[■]－[■]－6
（フリガナ） 商号名称	[■]セイサクショ （株）[■]製作所
代表者名	[■]

令和3年1月5日付でインターネット申請して頂いた令和３・４年度定期競争参加資格審査　インターネット一元受付（建設工事）について、令和3年1月15日の17:00までに「納税証明書その３等」を電子納税証明書で送信するか、ヘルプデスク宛てにFAX送信し、当方にて受領の確認をすることを条件に受理いたしました。

※受付票の参照は令和3年1月15日までとなっております。受付票を保管する場合には、ブラウザの名前を付けて保存、もしくは印刷機能より印刷してください。

申請用データ受付番号	21[■]08

貴企業が上記受付番号にて申請している機関は以下の通りです。

申請先情報

機関	申請
国土交通省　大臣官房会計課所掌機関（各地方運輸局、航空局、各地方航空局、気象庁、海上保安庁、運輸安全委員会、海難審判所及び国土技術政策総合研究所（横須賀庁舎））	○
国土交通省　地方整備局（道路・河川・官庁営繕・公園関係）	○
国土交通省　地方整備局（港湾空港関係）	
国土交通省　北海道開発局	
法務省	
財務省　財務局	
文部科学省	○
厚生労働省	○
農林水産省　大臣官房予算課	
農林水産省　地方農政局	
林野庁	
経済産業省	

機関	申請
環境省	
防衛省	
最高裁判所	
内閣府	
内閣府沖縄総合事務局	
東日本高速道路(株)	
中日本高速道路(株)	
西日本高速道路(株)	
首都高速道路(株)	
阪神高速道路(株)	
本州四国連絡高速道路(株)	
独立行政法人水資源機構	
独立行政法人都市再生機構	
日本下水道事業団	
独立行政法人鉄道建設・運輸施設整備支援機構	

申請用データの閲覧をするには、以下のインターネット申請用ホームページにアクセスしてください。
申請用データの閲覧はＷｅｂブラウザで行なうことができます。

万一、内容が異なる場合は至急受付時間内に０５２－３０７－５９６８まで電話でお問い合わせください。
※申請案内ホームページＵＲＬ https://www.pqr.mlit.go.jp/

受付票の具体例２：東京都の受付票

受　付　票 (工事)　　　　　　　　　　　　　　　　　　　　　1/1 ページ

令和3･4年度　東京都建設工事等競争入札参加資格
受付票

受付票管理番号・更新日	第０１版　令和2年12月18日　更新	申請局	財務　交通　水道　下水道	受付番号	11[illegible]3
申請業種	22				
本店					
登記上本店所在地	〒1[illegible]-[illegible]　東京都[illegible]区[illegible]一丁目[illegible]番[illegible]号				
実際の本店所在地(※注)	〒1[illegible]-[illegible]　東京都[illegible]区[illegible]一丁目[illegible]番[illegible]号				
商号又は名称	[illegible] [illegible]株式会社				
代表者	[illegible]				
都と契約する代理人が所属する営業所					
所在地					
代理人の所属部署					
役職及び氏名					

※注「実際の本店所在地」が「登記上本店所在地」と異なる場合は、契約書及び納品書その他の東京都に提出する書類には「実際の本店所在地」を記載します。

変　更　の　履　歴

承　認　日	変　更　事　項	変　更　内　容

再審査及び一部取消の資格適用日は、承認日とは異なりますので、「入札参加資格審査結果通知書」をご確認ください。

実　印

お手持ちの受付票の受付票管理番号が、電子調達システムで表示される最新の受付票の受付票管理番号と同一になっているかご確認ください。

「実印」欄に押印した印鑑の印鑑登録証明書を裏面に貼付してください。印鑑登録証明書の貼付のない受付票は無効となります。

(文字の使用について)
電子調達システムでは、JIS第一水準、第二水準の範囲内の文字を使用しています。

なお、JIS第一水準、第二水準の範囲外の文字(外字を含む。)は、JIS第一水準、第二水準の範囲内の文字であって、かつ、「氏又は名の記載に用いる文字の取扱いに関する「誤字俗字・正字一覧表」について(平成16年10月14日法務省民一第2842号民事局長通達)」に従い置き換えられた文字で表記しています。
また、該当する置き換え用の文字がない場合には、ひらがな又はカタカナで表記しています。

したがって、文字の表記が受付票と裏面の印鑑証明書とで異なるときは、印鑑証明書で表記を確認してください。

②　登録の有効期間が開始するまで
～登録者全体の中での自社の位置がわかります～

ア　登録されたデータに基づいて、入札参加資格登録の認定の結果が申請者に通知されます。

郵送で結果通知が届く場合と、郵送は行われず一定の日時を設けてその日以降に結果を公開するサイトにアクセスして申請者自身が確認する方法とがあり、登録を受け付ける機関ごとに異なります。

申請先の期間がどの方式をもって申請者に伝えるのかは、事前に申請のマニュアル等で確認しておく必要があります（いつまでたっても郵送で結果通知が届かないというような誤解を生じないよう注意が必要です）。

イ　手元に届いた結果通知を見ると、登録を申請した事業者全体の中で、自社がどのような位置にいるのかがわかります。これを「格付け」と呼ぶことがあります。

この格付けを行うにあたっては、発注機関ごとに所定のルールが定められていて、そのルールは公開されています。例えば、東京都の場合は、２年ごとの入札参加資格登録の定期受付に先立って、その年度の10月１日付の「東京都公報」の号外を使って公示されます。他の発注機関も多く、現在ではインターネットを使って公示しています。

格付けにあたっては、経営事項審査申請の総合評点を利用する「客観的基準」と、これまでの工事施工の実績などを勘案した「主観的基準」を併用して各事業者の序列を定めるのが一般的です。各発注機関の審査基準の詳細は当該機関の公表している基準を確認してください。

登録した各事業者が全体の中でどのような位置にいるのか示す方法は次のとおりです。どの方法を選択するかは、発注機関ごとに異なり、同一の発注機関内においても、発注工事の種別ごとに方式を変えている場合もあります。

i　等級区分を定め、「Ａランク」「Ｂランク」「Ｃランク」のようにランクのみを示す方法

※　ランクの定め方は「経営事項審査の総合評点で決定」「総合評点にかつて受注した工事で最も金額の高かった工事の請負金額も加味して決定」など発注機関ごとに異なります。

ii　等級区分を定めるほか、当該ランクの中での申請事業者の順位を示す方法

例：電気工事　　等級「Ｂ-112」

（電気工事の入札参加資格登録でＢランクに該当する事業者中の上位112番目）

iii　等級区分を定めず、単純にその業種に登録された事業者の評価点の順位のみを持って示す方法

などです。具体例として、２つの例を次ページ以降に示します。

参加資格認定通知書(国のインターネット一元受付の場合)

受 付 番 号 9■9
元 文 科 施 第 1 ■ 号
令 和 元 年 8 月 6 日

一 般 競 争 (指 名 競 争) 参 加 資 格 認 定 通 知 書

〒1■-00■
東京都■区■－■－6
東京都知事許可 第1■9号
(法人番号:60100■1)
株式会社■製作所
代表取締役 ■ 殿

文部科学省大臣官房文教施設企画・防災部長
平 井 明 成

令和元・2年度において発注される建設工事の契約に係る一般競争(指名競争)参加資格を審査の結果、下記のとおり認定したので通知します。

なお、一般競争(指名競争)参加資格審査申請書の記載事項若しくは営業所の変更があった場合又は合併、破産、廃業等があった場合には、速やかに届け出てください。

記

1 工事の種類	2 認定等級等
管工事	C等級(724点)

3 資格の有効期間

令和元・2年度

4 その他

申請書受付部局 文部科学省(文教施設企画・防災部)

東京都の工事関係の入札参加資格登録定期受付の場合

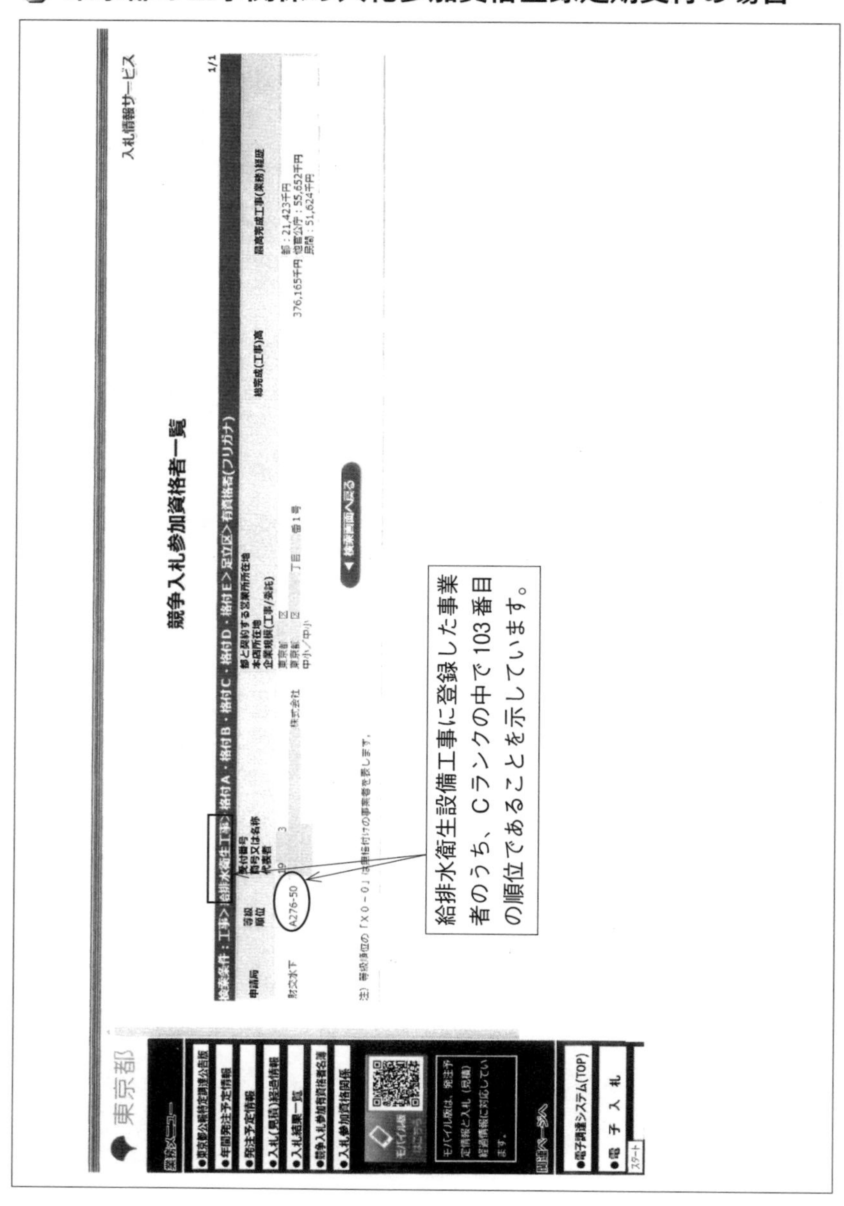

申請書の作成

⑴　電子的な（インターネットを利用した申請を行う）方式を利用しない場合（紙ベースの申請書を利用する方式）の作成方法

この項では、代表例として、国の機関である国土交通省の関東地方整備局に対する入札参加資格登録申請の様式を例に解説します。

まず、申請書類は、申請の受付窓口で入手するかインターネットでダウンロードして入手します。

申請書類の主だったものとして、次の書式があります。

①　一般競争（指名競争）参加資格審査申請書（建設工事）

②　同申請書２枚目・年間平均請負完成工事高／申請希望部局記載（「道路・河川・官庁営繕・公園関係」）

③　同申請書３枚目・年間平均請負完成工事高／申請希望部局記載（「港湾空港関係」）

④　工事分割内訳表

⑤　業態調書（「道路・河川・官庁営繕・公園関係」・「港湾空港関係」共通）資本・役員関係

⑥　業態調書（「道路・河川・官庁営繕・公園関係」その１）

⑦　業態調書（「道路・河川・官庁営繕・公園関係」その２）

⑧　業態調書（「道路・河川・官庁営繕・公園関係」・「港湾空港関係」共通）国交省退職者関係

⑨　営業所一覧表

⑩　納税証明書

⑪　委任状

現在インターネット経由で一元受付が行われている国の機関においても、従前は紙の申請書による申請が行われていました。

申請についての情報の入力がＷＥＢサイト上から直接行われるようになった後も、紙の申請で記載していたときとほぼ同様の内容が入力事項となっていますので、現在紙ベースで申請を受け付けている機関に提出する申請書類で記入すべき項目を確認し、記入の上での注意事項を確認することは、インターネット申請を行う上でも、多く参考になる点があります。

一般競争（指名競争）参加資格審査申請書（建設工事）

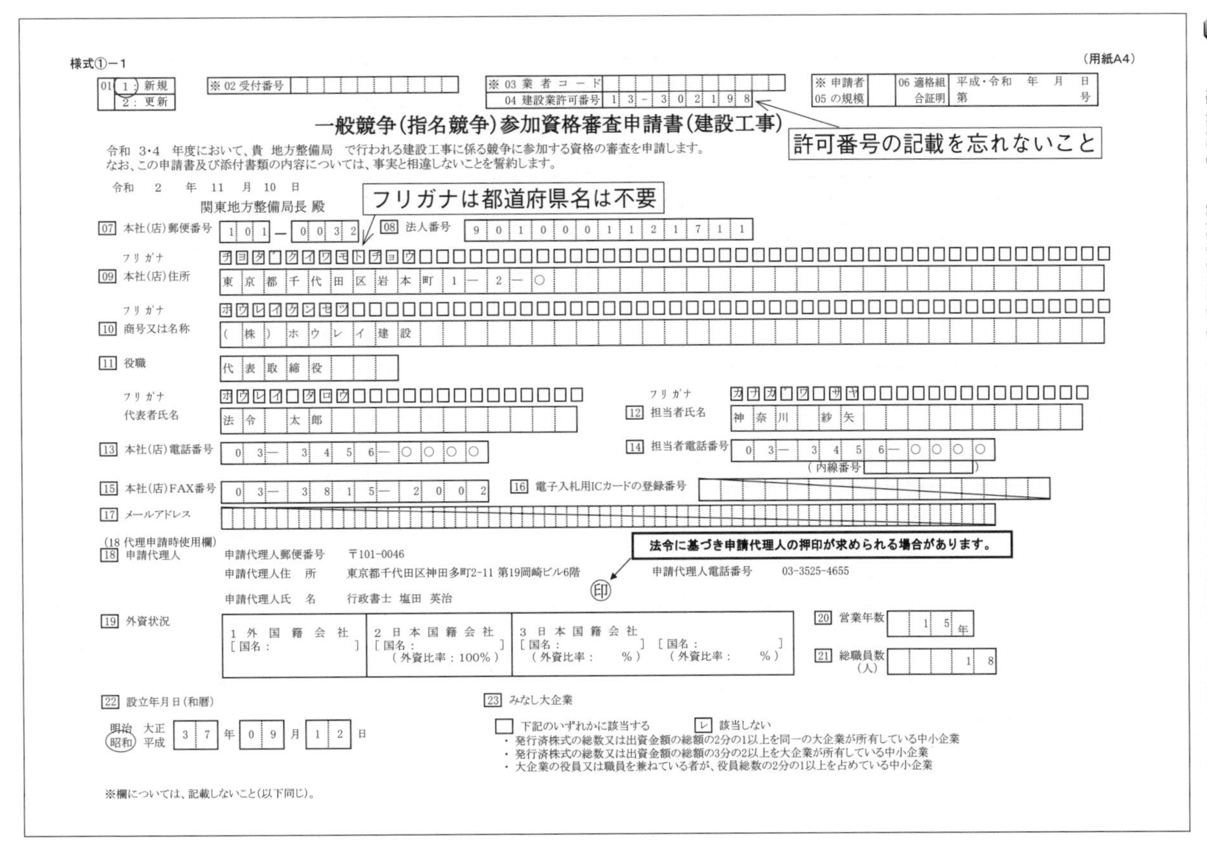
様式①－1　　(用紙A4)

01 (1): 新規 / 2: 更新　※02 受付番号　※03 業者コード　04 建設業許可番号 13-302198　※申請者 05 の規模　06 適格組合証明 平成・令和　年　月　日 第　号

一般競争(指名競争)参加資格審査申請書(建設工事)

令和 3･4 年度において、貴 地方整備局 で行われる建設工事に係る競争に参加する資格の審査を申請します。
なお、この申請書及び添付書類の内容については、事実と相違しないことを誓約します。

令和 2 年 11 月 10 日

関東地方整備局長 殿

07 本社(店)郵便番号 101－0032　08 法人番号 9010001121711

フリガナ チヨダクイワモトチヨウ
09 本社(店)住所 東京都千代田区岩本町1－2－○

フリガナ ホウレイケンセツ
10 商号又は名称 (株)ホウレイ建設

11 役職 代表取締役

フリガナ ホウレイタロウ
代表者氏名 法令 太郎

フリガナ カナガワサヤ
12 担当者氏名 神奈川 紗矢

13 本社(店)電話番号 03－3456－○○○○
14 担当者電話番号 03－3456－○○○○ (内線番号　)

15 本社(店)FAX番号 03－3815－2002
16 電子入札用ICカードの登録番号
17 メールアドレス

(18 代理申請時使用欄)
18 申請代理人
申請代理人郵便番号 〒101-0046
申請代理人住　所 東京都千代田区神田多町2-11 第19岡崎ビル6階
申請代理人氏　名 行政書士 塩田 英治 ㊞
申請代理人電話番号 03-3525-4655

19 外資状況
1 外国籍会社 [国名：　]
2 日本国籍会社 [国名：　] (外資比率：100%)
3 日本国籍会社 [国名：　] (外資比率：　%) [国名：　] (外資比率：　%)

20 営業年数 15年
21 総職員数(人) 18

22 設立年月日(和暦) 明治・大正・(昭和)・平成 37 年 09 月 12 日

23 みなし大企業
□ 下記のいずれかに該当する　☑ 該当しない
・発行済株式の総数又は出資金額の総額の2分の1以上を同一の大企業が所有している中小企業
・発行済株式の総数又は出資金額の総額の3分の2以上を大企業が所有している中小企業
・大企業の役員又は職員を兼ねている者が、役員総数の2分の1以上を占めている中小企業

※欄については、記載しないこと(以下同じ)。

同申請書2枚目・年間平均請負完成工事高／申請希望部局記載（「道路・河川・官庁営繕・公園関係」）

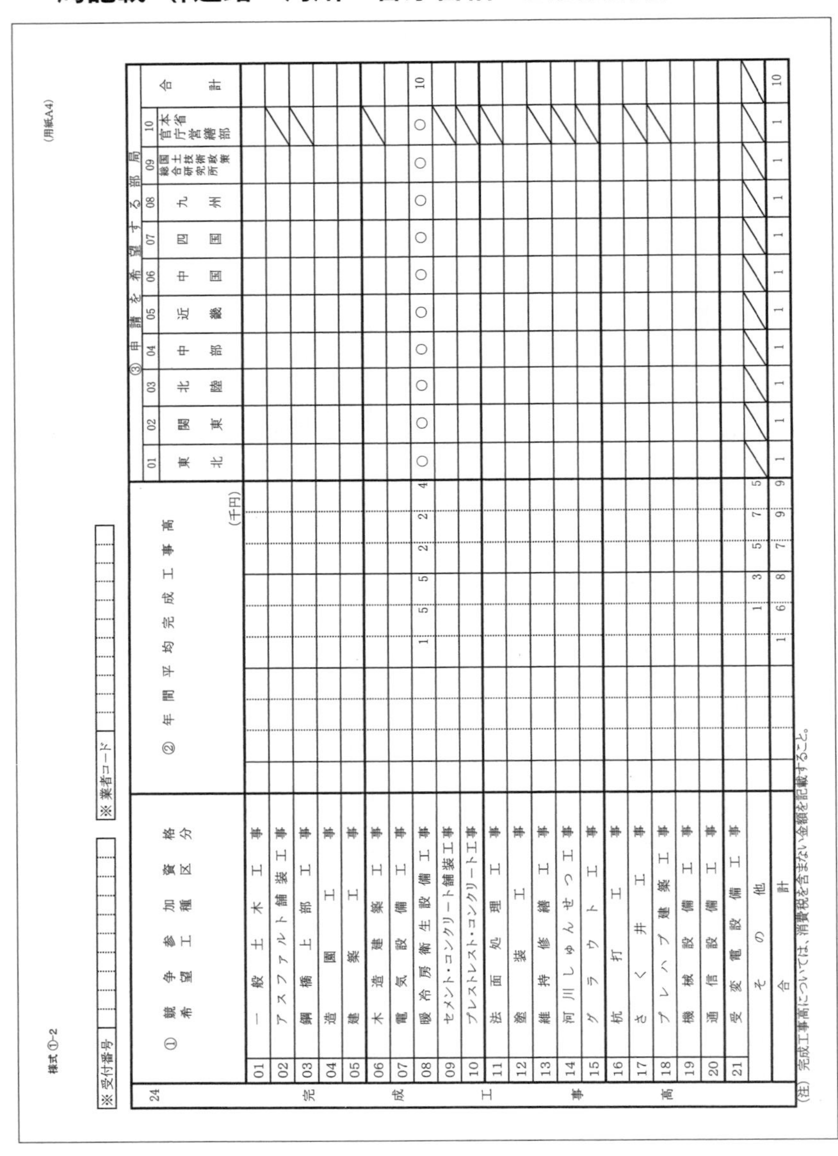

様式 ①-2

(用紙A4)

※受付番号 ［　　　　　　　　　　］　※業者コード ［　　　　　　　　　　］

24	① 競争参加資格 希望工種区分	② 年間平均完成工事高（千円）	③ 申請を希望する部局 01 東北	02 関東	03 北陸	04 中部	05 近畿	06 中国	07 四国	08 九州	09 国土技術政策総合研究所	10 本省官庁営繕部	合計
完成工事高	01 一般土木工事												
	02 アスファルト舗装工事												
	03 鋼橋上部工事												
	04 造園工事												
	05 建築工事												
	06 木造建築工事												
	07 電気設備工事												
	08 暖冷房衛生設備工事	155224	○	○	○	○	○	○	○	○	○	○	10
	09 セメント・コンクリート舗装工事												
	10 プレストレスト・コンクリート工事												
	11 法面処理工事												
	12 塗装工事												
	13 維持修繕工事												
	14 河川しゅんせつ工事												
	15 グラウト工事												
	16 杭打工事												
	17 さく井工事												
	18 プレハブ建築工事												
	19 機械設備工事												
	20 通信設備工事												
	21 受変電設備工事												
	その他	13575											
	合計	168799	1	1	1	1	1	1	1	1	1	1	10

(注)　完成工事高については、消費税を含まない金額を記載すること。

同申請書３枚目・年間平均請負完成工事高／申請希望部局記載（「港湾空港関係」）

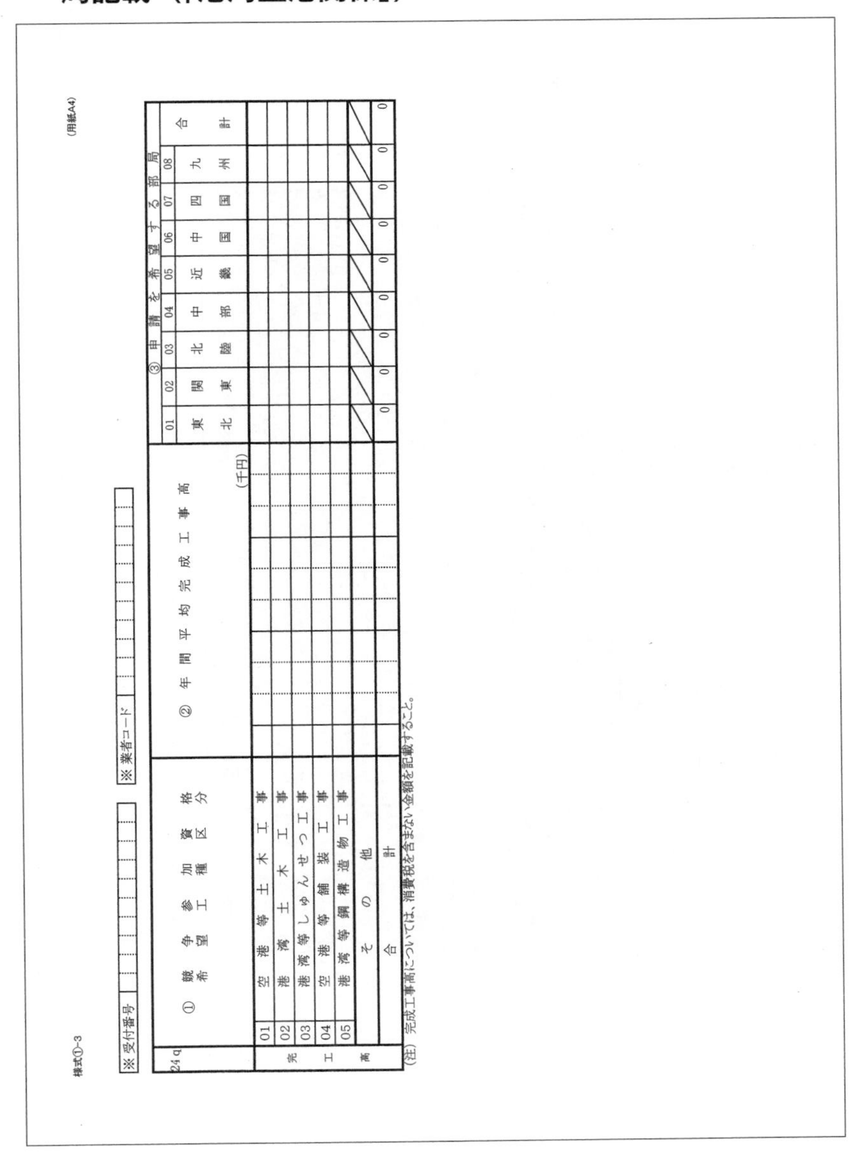

様式①-3　　　　　　　　　　　　　　　　　　　　(用紙A4)

※受付番号　　　　　※業者コード

24q		① 競争参加資格希望工種区分	② 年間平均完成工事高 (千円)	③ 申請を希望する部局 01 東北	02 関東	03 北陸	04 中部	05 近畿	06 中国	07 四国	08 九州	合計
完工高	01	空港等土木工事										
	02	港湾土木工事										
	03	港湾等しゅんせつ工事										
	04	空港等舗装工事										
	05	港湾等鋼構造物工事										
		その他										
		合計		0	0	0	0	0	0	0	0	0

(注)　完成工事高については、消費税を含まない金額を記載すること。

工事分割内訳表

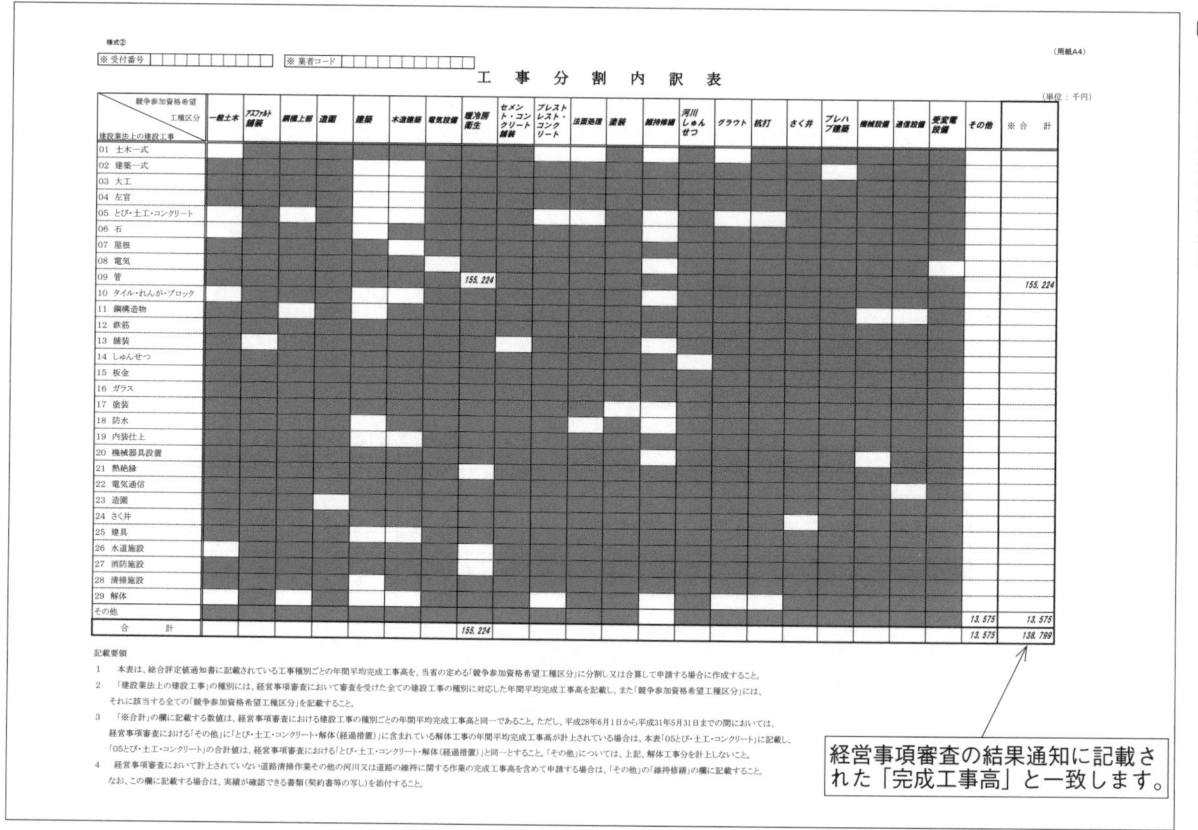

様式②

※ 受付番号　　※ 業者コード

(用紙A4)

工　事　分　割　内　訳　表

(単位：千円)

競争参加資格希望工種区分 / 建設業法上の建設工事	一般土木	アスファルト舗装	鋼橋上部	造園	建築	木造建築	電気設備	暖冷房衛生	セメント・コンクリート舗装	プレストレスト・コンクリート	法面処理	塗装	維持修繕	河川しゅんせつ	グラウト	杭打	さく井	プレハブ建築	機械設備	通信設備	受変電設備	その他	※合計
01 土木一式																							
02 建築一式																							
03 大工																							
04 左官																							
05 とび・土工・コンクリート																							
06 石																							
07 屋根																							
08 電気																							
09 管								155, 224															155, 224
10 タイル・れんが・ブロック																							
11 鋼構造物																							
12 鉄筋																							
13 舗装																							
14 しゅんせつ																							
15 板金																							
16 ガラス																							
17 塗装																							
18 防水																							
19 内装仕上																							
20 機械器具設置																							
21 熱絶縁																							
22 電気通信																							
23 造園																							
24 さく井																							
25 建具																							
26 水道施設																							
27 消防施設																							
28 清掃施設																							
29 解体																							
その他																						13, 575	13, 575
合　計								155, 224														13, 575	138, 799

記載要領

1　本表は、総合評定値通知書に記載されている工事種別ごとの年間平均完成工事高を、当省の定める「競争参加資格希望工種区分」に分割し又は合算して申請する場合に作成すること。

2　「建設業法上の建設工事」の種別には、経営事項審査において審査を受けた全ての建設工事の種別に対応した年間平均完成工事高を記載し、また「競争参加資格希望工種区分」には、それに該当する全ての「競争参加資格希望工種区分」を記載すること。

3　「※合計」の欄に記載する数値は、経営事項審査における建設工事の種別ごとの年間平均完成工事高と同一であること。ただし、平成28年6月1日から平成31年5月31日までの間においては、経営事項審査における「その他」に「とび・土工・コンクリート・解体(経過措置)」に含まれている解体工事の年間平均完成工事高が計上されている場合は、本表「05とび・土工・コンクリート」に記載し、「05とび・土工・コンクリート」の合計値は、経営事項審査における「とび・土工・コンクリート・解体(経過措置)」と同一とすること。「その他」については、上記、解体工事分を計上しないこと。

4　経営事項審査において計上されていない道路清掃作業その他の河川又は道路の維持に関する作業の完成工事高を含めて申請する場合は、「その他」の「維持修繕」の欄に記載すること。なお、この欄に記載する場合は、実績が確認できる書類(契約書等の写し)を添付すること。

業態調書（「道路・河川・官庁営繕・公園関係」・「港湾空港関係」共通）資本・役員関係

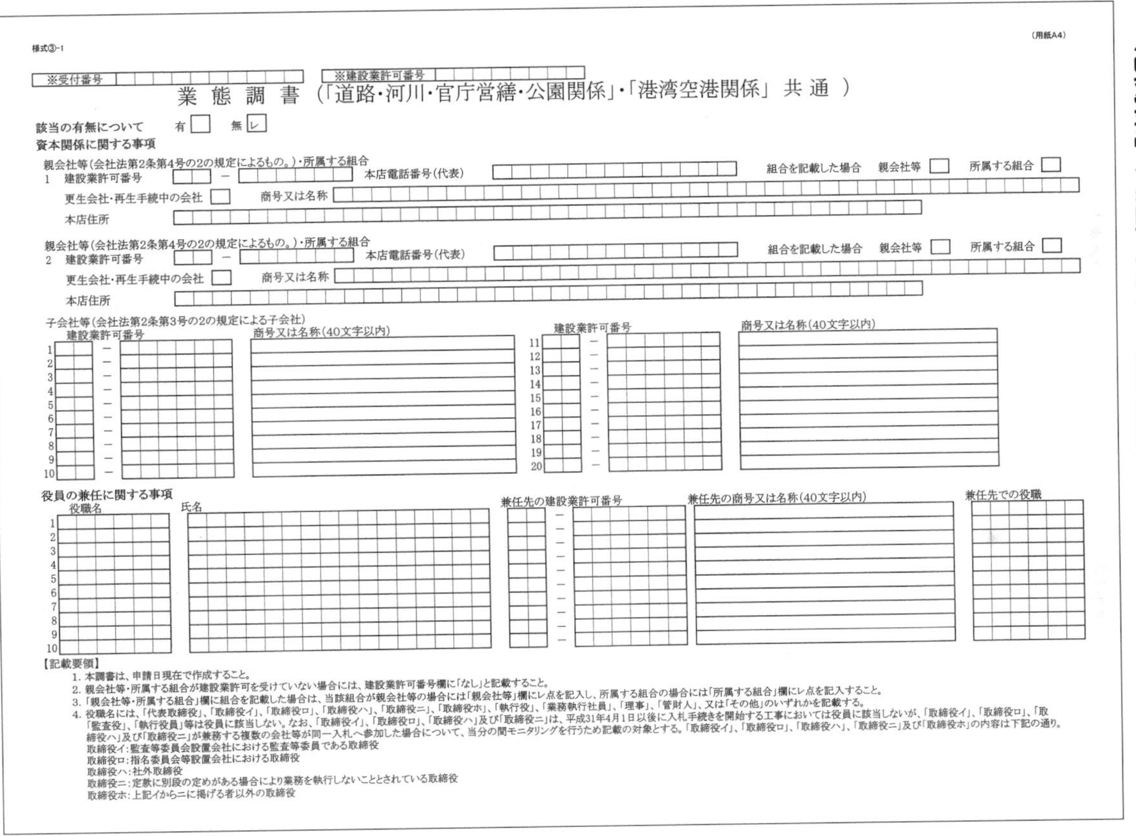

様式③-1　　　　　　　　　　　　　　　　　　　　　　　　　　　　　　　　（用紙A4）

※受付番号　　　　　※建設業許可番号

業　態　調　書（「道路・河川・官庁営繕・公園関係」・「港湾空港関係」 共 通 ）

該当の有無について　有☐　無☑

資本関係に関する事項

親会社等（会社法第2条第4号の2の規定によるもの。）・所属する組合
1　建設業許可番号　☐ － ☐　本店電話番号（代表）☐　組合を記載した場合　親会社等☐　所属する組合☐
更生会社・再生手続中の会社☐　商号又は名称☐
本店住所☐

親会社等（会社法第2条第4号の2の規定によるもの。）・所属する組合
2　建設業許可番号　☐ － ☐　本店電話番号（代表）☐　組合を記載した場合　親会社等☐　所属する組合☐
更生会社・再生手続中の会社☐　商号又は名称☐
本店住所☐

子会社等（会社法第2条第3号の2の規定による子会社）

	建設業許可番号		商号又は名称（40文字以内）		建設業許可番号		商号又は名称（40文字以内）
1		－		11		－	
2		－		12		－	
3		－		13		－	
4		－		14		－	
5		－		15		－	
6		－		16		－	
7		－		17		－	
8		－		18		－	
9		－		19		－	
10		－		20		－	

役員の兼任に関する事項

	役職名	氏名	兼任先の建設業許可番号		兼任先の商号又は名称（40文字以内）	兼任先での役職
1				－		
2				－		
3				－		
4				－		
5				－		
6				－		
7				－		
8				－		
9				－		
10				－		

【記載要領】
1. 本調書は、申請日現在で作成すること。
2. 親会社等・所属する組合が建設業許可を受けていない場合には、建設業許可番号欄に「なし」と記載すること。
3. 「親会社等・所属する組合」欄に組合を記載した場合は、当該組合が親会社等の場合には「親会社等」欄にレ点を記入し、所属する組合の場合には「所属する組合」欄にレ点を記入すること。
4. 役職名には、「代表取締役」、「取締役イ」、「取締役ロ」、「取締役ハ」、「取締役ニ」、「取締役ホ」、「執行役」、「業務執行社員」、「理事」、「管財人」、又は「その他」のいずれかを記載する。
平成31年4月1日以後に入札手続きを開始する工事においては役員に該当しないが、「取締役イ」、「取締役ロ」、「取締役ハ」及び「取締役ニ」が兼務する複数の会社等が同一入札へ参加した場合について、当分の間モニタリングを行うため記載の対象とする。
「監査役」、「執行役員」等は役員に該当しない。なお、「取締役イ」、「取締役ロ」、「取締役ハ」及び「取締役ニ」は、「取締役イ」、「取締役ロ」、「取締役ハ」、「取締役ニ」及び「取締役ホ」の内容は下記の通り。
取締役イ：監査等委員会設置会社における監査等委員である取締役
取締役ロ：指名委員会等設置会社における取締役
取締役ハ：社外取締役
取締役ニ：定款に別段の定めがある場合により業務を執行しないこととされている取締役
取締役ホ：上記イからニに掲げる者以外の取締役

業態調書（「道路・河川・官庁営繕・公園関係」その１）

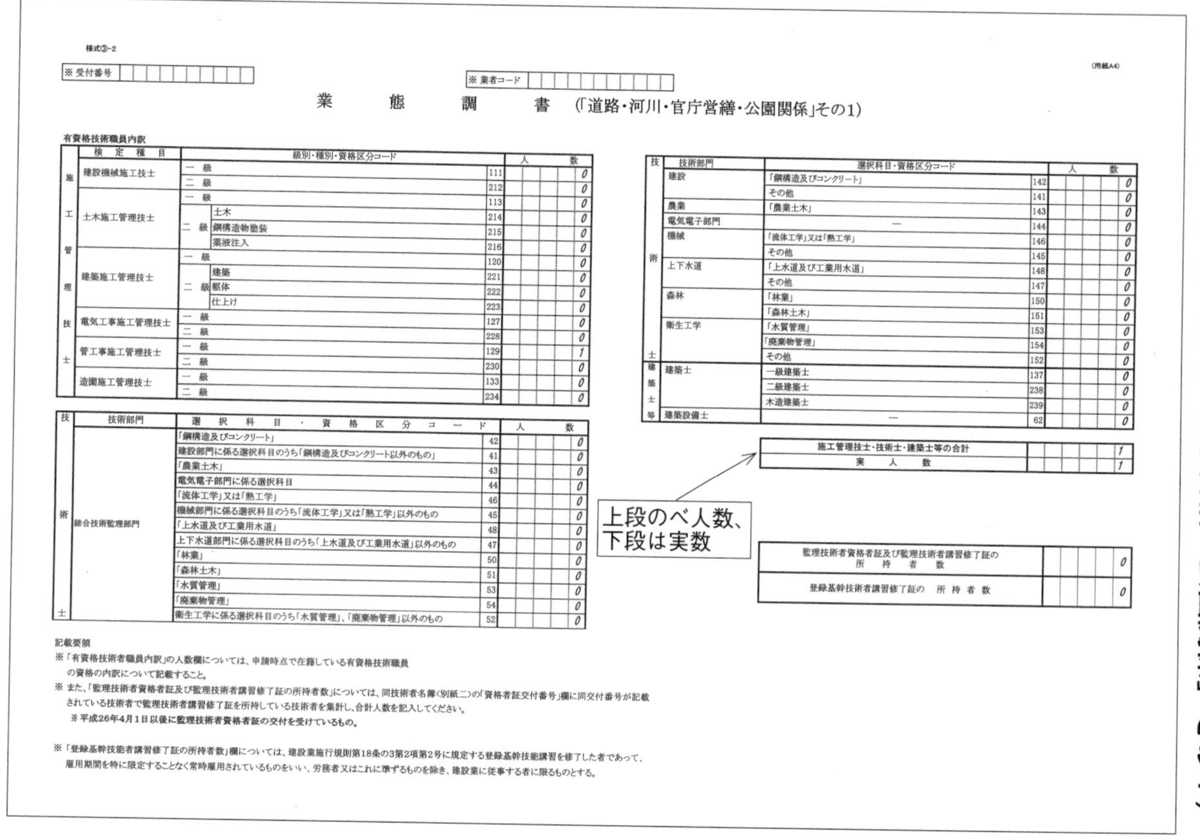

様式③-2

※受付番号　　　　　　※業者コード

（用紙A4）

業　態　調　書（「道路・河川・官庁営繕・公園関係」その1）

有資格技術職員内訳

	検定種目	級別・種別・資格区分コード			人数
施工管理技士	建設機械施工技士	一級		111	0
		二級		212	0
	土木施工管理技士	一級		113	0
		二級	土木	214	0
			鋼構造物塗装	215	0
			薬液注入	216	0
	建築施工管理技士	一級		120	0
		二級	建築	221	0
			躯体	222	0
			仕上げ	223	0
	電気工事施工管理技士	一級		127	0
		二級		228	0
	管工事施工管理技士	一級		129	1
		二級		230	0
	造園施工管理技士	一級		133	0
		二級		234	0

	技術部門	選択科目・資格区分コード		人数
技術士	総合技術監理部門	「鋼構造及びコンクリート」	42	0
		建設部門に係る選択科目のうち「鋼構造及びコンクリート以外のもの」	41	0
		「農業土木」	43	0
		電気電子部門に係る選択科目	44	0
		「流体工学」又は「熱工学」	46	0
		機械部門に係る選択科目のうち「流体工学」又は「熱工学」以外のもの	45	0
		「上水道及び工業用水道」	48	0
		上下水道部門に係る選択科目のうち「上水道及び工業用水道」以外のもの	47	0
		「林業」	50	0
		「森林土木」	51	0
		「水質管理」	53	0
		「廃棄物管理」	54	0
		衛生工学に係る選択科目のうち「水質管理」、「廃棄物管理」以外のもの	52	0

	技術部門	選択科目・資格区分コード		人数
技術士	建設	「鋼構造及びコンクリート」	142	0
		その他	141	0
	農業	「農業土木」	143	0
	電気電子部門	—	144	0
	機械	「流体工学」又は「熱工学」	146	0
		その他	145	0
	上下水道	「上水道及び工業用水道」	148	0
		その他	147	0
	森林	「林業」	150	0
		「森林土木」	151	0
	衛生工学	「水質管理」	153	0
		「廃棄物管理」	154	0
		その他	152	0
建築士等	建築士	一級建築士	137	0
		二級建築士	238	0
		木造建築士	239	0
	建築設備士	—	62	0

施工管理技士・技術士・建築士等の合計	1
実人数	1

監理技術者資格者証及び監理技術者講習修了証の所持者数	0
登録基幹技術者講習修了証の所持者数	0

記載要領

※「有資格技術者職員内訳」の人数欄については、申請時点で在籍している有資格技術職員の資格の内訳について記載すること。

※ また、「監理技術者資格者証及び監理技術者講習修了証の所持者数」については、同技術者名簿〈別紙二〉の「資格者証交付番号」欄に同交付番号が記載されている技術者で監理技術者講習修了証を所持している技術者を集計し、合計人数を記入してください。

※平成26年4月1日以後に監理技術者資格者証の交付を受けているもの。

※「登録基幹技能者講習修了証の所持者数」欄については、建設業施行規則第18条の3第2項第2号に規定する登録基幹技能講習を修了した者であって、雇用期間を特に限定することなく常時雇用されているものをいい、労務者又はこれに準ずるものを除き、建設業に従事する者に限るものとする。

業態調書（「道路・河川・官庁営繕・公園関係」その2）

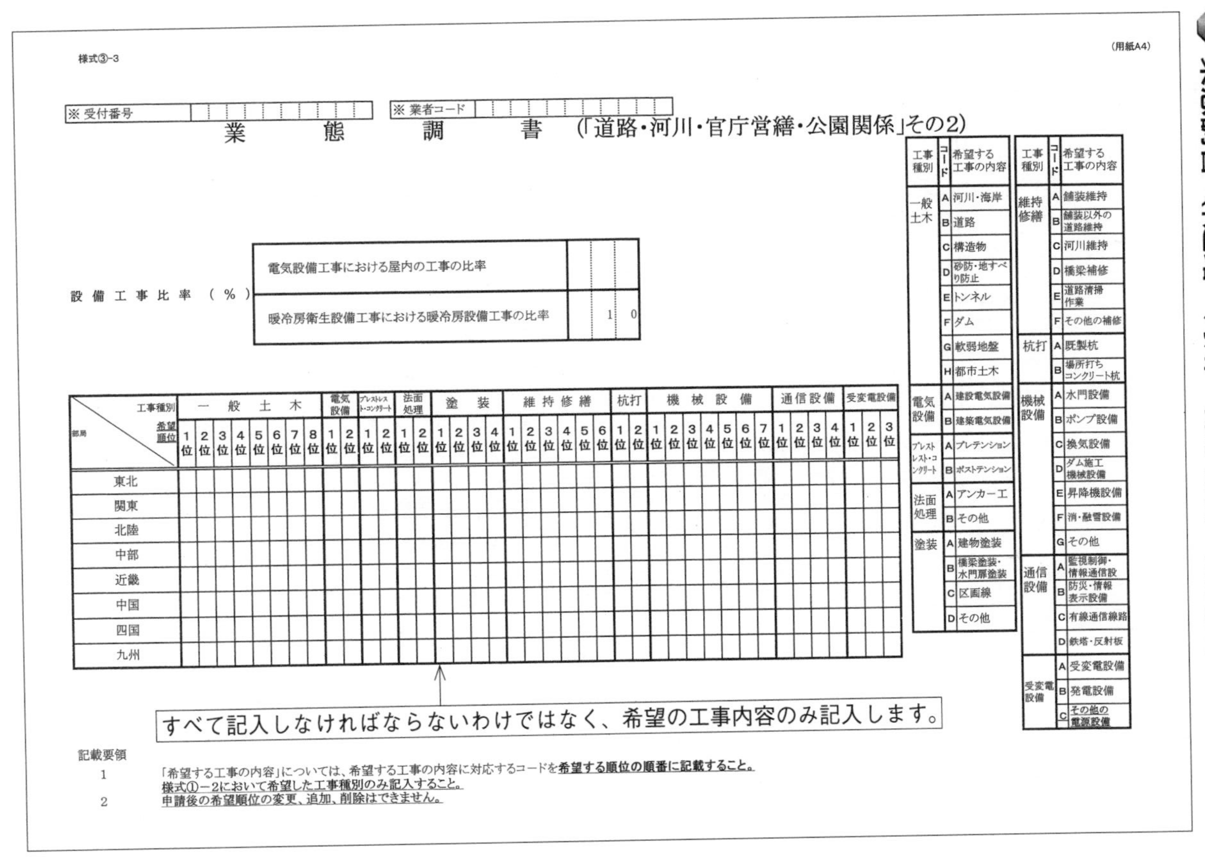

様式③-3　　　　　　　　　　　　　　　　　　　　　　　　　　　　　　（用紙A4）

※受付番号　　　　　※業者コード

業　態　調　書（「道路・河川・官庁営繕・公園関係」その2）

設備工事比率（％）		
電気設備工事における屋内の工事の比率		
暖冷房衛生設備工事における暖冷房設備工事の比率	1	0

工事種別	一般土木								電気設備		プレストレスト・コンクリート		法面処理		塗装				維持修繕						杭打		機械設備							通信設備				受変電設備		
部局／希望順位	1位	2位	3位	4位	5位	6位	7位	8位	1位	2位	1位	2位	1位	2位	1位	2位	3位	4位	1位	2位	3位	4位	5位	6位	1位	2位	1位	2位	3位	4位	5位	6位	7位	1位	2位	3位	4位	1位	2位	3位
東北																																								
関東																																								
北陸																																								
中部																																								
近畿																																								
中国																																								
四国																																								
九州																																								

工事種別	コード	希望する工事の内容
一般土木	A	河川・海岸
	B	道路
	C	構造物
	D	砂防・地すべり防止
	E	トンネル
	F	ダム
	G	軟弱地盤
	H	都市土木
電気設備	A	建設電気設備
	B	建築電気設備
プレストレスト・コンクリート	A	プレテンション
	B	ポストテンション
法面処理	A	アンカー工
	B	その他
塗装	A	建物塗装
	B	橋梁塗装・水門扉塗装
	C	区画線
	D	その他

工事種別	コード	希望する工事の内容
維持修繕	A	舗装維持
	B	舗装以外の道路維持
	C	河川維持
	D	橋梁補修
	E	道路清掃作業
	F	その他の補修
杭打	A	既製杭
	B	場所打ちコンクリート杭
機械設備	A	水門設備
	B	ポンプ設備
	C	換気設備
	D	ダム施工機械設備
	E	昇降機設備
	F	消・融雪設備
	G	その他
通信設備	A	監視制御・情報通信設
	B	防災・情報表示設備
	C	有線通信線路
	D	鉄塔・反射板
受変電設備	A	受変電設備
	B	発電設備
	C	その他の電源設備

すべて記入しなければならないわけではなく、希望の工事内容のみ記入します。

記載要領

1　「希望する工事の内容」については、希望する工事の内容に対応するコードを**希望する順位の順番に記載すること。**
様式①－2において希望した工事種別のみ記入すること。

2　**申請後の希望順位の変更、追加、削除はできません。**

業態調書（「道路・河川・官庁営繕・公園関係」・「港湾空港関係」共通）国交省退職者関係

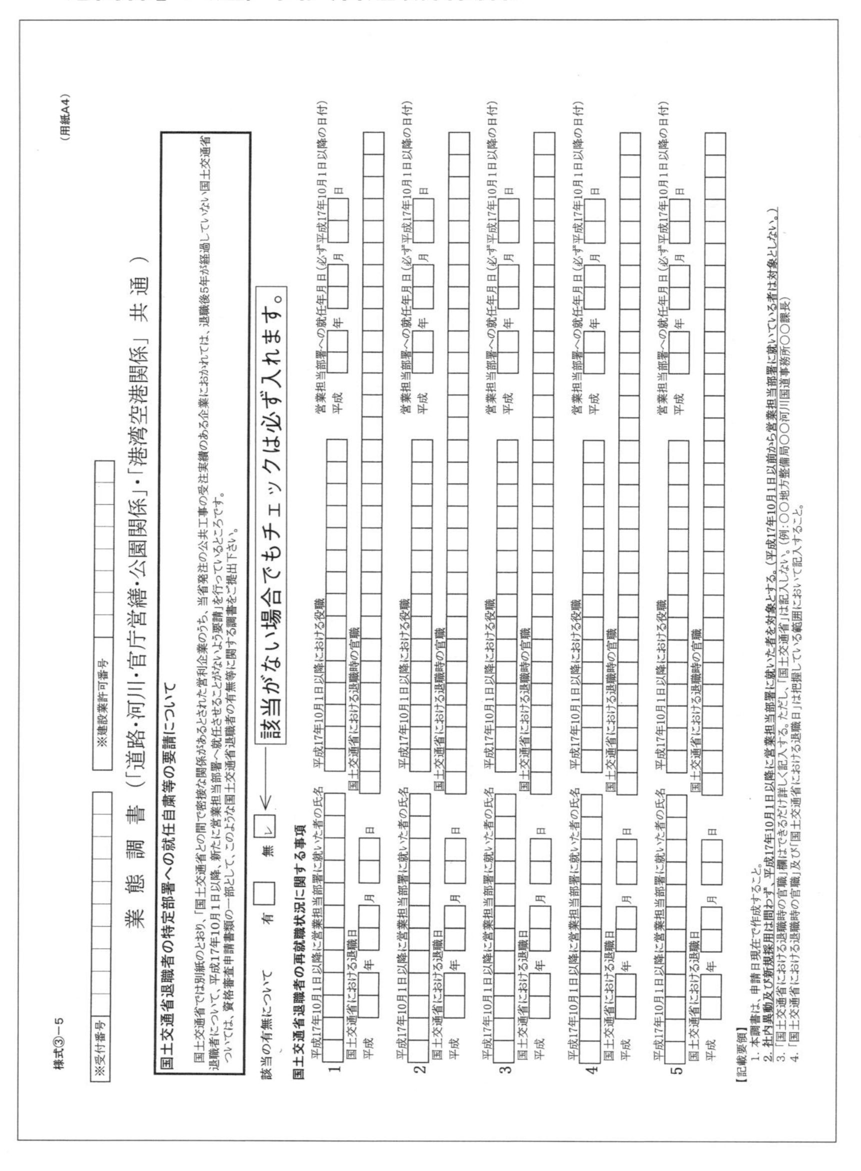

様式③－5　　　　　　　　　　　　　　　　　（用紙A4）

※受付番号　　　　※建設業許可番号

業 態 調 書（「道路･河川･官庁営繕･公園関係」･「港湾空港関係」 共 通 ）

国土交通省退職者の特定部署への就任自粛等の要請について

国土交通省では別紙のとおり、「国土交通省との間で密接な関係があるとされた営利企業のうち、当省発注の公共工事の受注実績のある企業におかれては、退職後5年が経過していない国土交通省退職者について、平成17年10月1日以降、新たに営業担当部署へ就任させることがないよう要請」を行っているところです。
ついては、資格審査申請書類の一部として、このような国土交通省退職者の有無等に関する調書をご提出下さい。

該当の有無について　　有 □　　無 ☑ ←該当がない場合でもチェックは必ず入れます。

国土交通省退職者の再就職状況に関する事項

1　平成17年10月1日以降に営業担当部署に就いた者の氏名　平成17年10月1日以降における役職　営業担当部署への就任年月日（必ず平成17年10月1日以降の日付）平成　年　月　日
国土交通省における退職日　平成　年　月　日　国土交通省における退職時の官職

2　平成17年10月1日以降に営業担当部署に就いた者の氏名　平成17年10月1日以降における役職　営業担当部署への就任年月日（必ず平成17年10月1日以降の日付）平成　年　月　日
国土交通省における退職日　平成　年　月　日　国土交通省における退職時の官職

3　平成17年10月1日以降に営業担当部署に就いた者の氏名　平成17年10月1日以降における役職　営業担当部署への就任年月日（必ず平成17年10月1日以降の日付）平成　年　月　日
国土交通省における退職日　平成　年　月　日　国土交通省における退職時の官職

4　平成17年10月1日以降に営業担当部署に就いた者の氏名　平成17年10月1日以降における役職　営業担当部署への就任年月日（必ず平成17年10月1日以降の日付）平成　年　月　日
国土交通省における退職日　平成　年　月　日　国土交通省における退職時の官職

5　平成17年10月1日以降に営業担当部署に就いた者の氏名　平成17年10月1日以降における役職　営業担当部署への就任年月日（必ず平成17年10月1日以降の日付）平成　年　月　日
国土交通省における退職日　平成　年　月　日　国土交通省における退職時の官職

【記載要領】
1. 本調書は、申請日現在で作成すること。
2. 社内異動及び新規採用は問わず、平成17年10月1日以降に営業担当部署に就いた者を対象とする。（平成17年10月1日以前から営業担当部署に就いている者は対象としない。）
3. 「国土交通省における退職時の官職」欄はできるだけ詳しく記入する。ただし、「国土交通省」は記入しない。（例：○○地方整備局○○河川国道事務所○○課長）
4. 「国土交通省における退職時の官職」及び「国土交通省における退職日」は把握している範囲において記入すること。

営業所一覧表

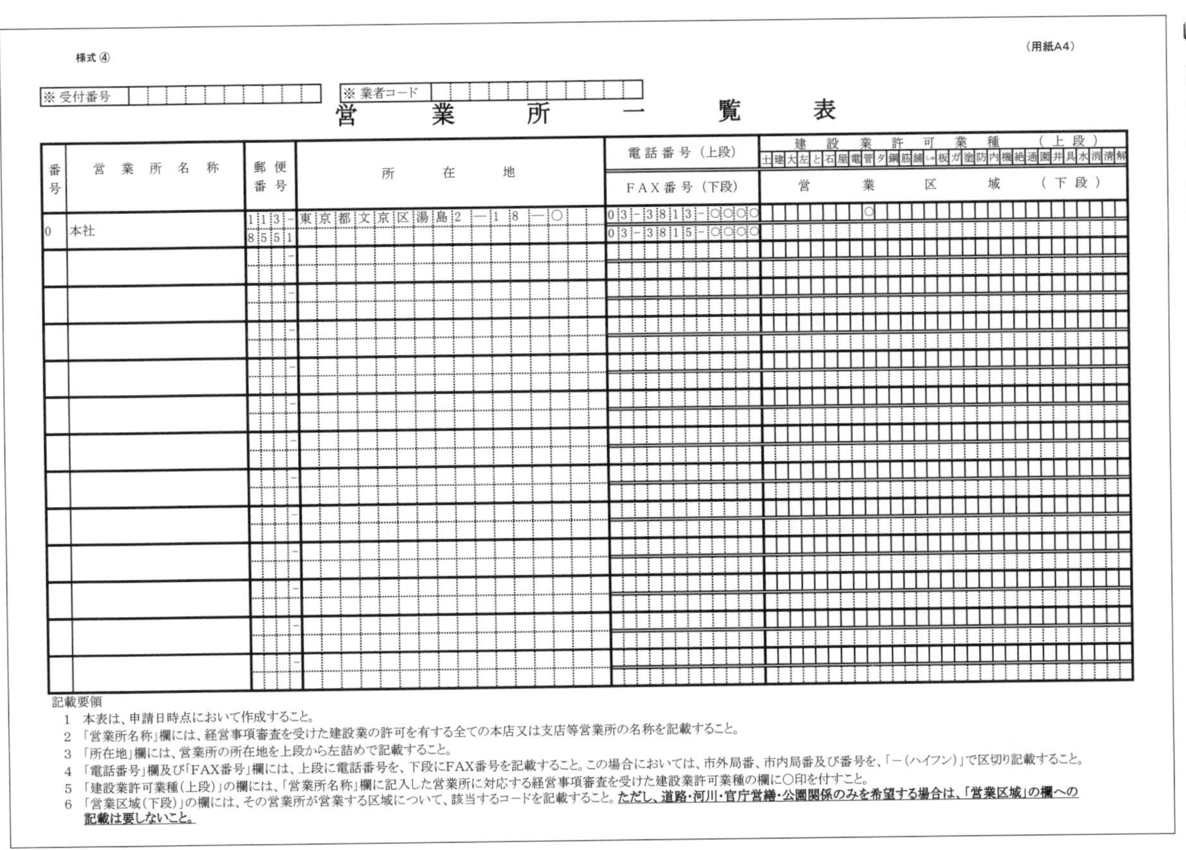

様式④　　　　　　　　　　　　　　　　　　　　　　（用紙A4）

※受付番号　　　　　※業者コード

営　業　所　一　覧　表

番号	営業所名称	郵便番号	所在地	電話番号（上段） FAX番号（下段）	建設業許可業種（上段） 土 建 大 左 と 石 屋 電 管 タ 鋼 筋 舗 しゅ 板 ガ 塗 防 内 機 絶 通 園 井 具 水 消 清 解 営業区域（下段）
0	本社	113-8551	東京都文京区湯島2－1－8－○	03-3813-○○○○ 03-3815-○○○○	管：○

記載要領
1　本表は、申請日時点において作成すること。
2　「営業所名称」欄には、経営事項審査を受けた建設業の許可を有する全ての本店又は支店等営業所の名称を記載すること。
3　「所在地」欄には、営業所の所在地を上段から左詰めで記載すること。
4　「電話番号」欄及び「FAX番号」欄には、上段に電話番号を、下段にFAX番号を記載すること。この場合においては、市外局番、市内局番及び番号を、「－（ハイフン）」で区切り記載すること。
5　「建設業許可業種（上段）」の欄には、「営業所名称」欄に記入した営業所に対応する経営事項審査を受けた建設業許可業種の欄に○印を付すこと。
6　「営業区域（下段）」の欄には、その営業所が営業する区域について、該当するコードを記載すること。**ただし、道路・河川・官庁営繕・公園関係のみを希望する場合は、「営業区域」の欄への記載は要しないこと。**

納税証明書

納　税　証　明　書

（その３の３　「法人税」及び「消費税及地方消費税」
について未納税額のない証明用）

住　所（納税地）　東京都　区　丁目

氏　名（名　称）　株式会社

代　表　者　氏　名

１　法人税について未納の税額はありません。

２　消費税及地方消費税について未納の税額はありません。

以　　下　　余　　白

徴管（証明）　第　００１６３０　号

上記のとおり、相違ないことを証明します。

令和　年　月１６日

税務署長

財務事務官

530798910

委任状

委 任 状

受任者

（住所）　東京都千代田区神田多町２丁目〇番地
第１９岡崎ビル６階

（行政書士登録番号）　９５０８１７２１

（氏名）　行政書士　塩田　英治

私は、上記の者を代理人と定め、国土交通省地方整備局等の令和３・４年度一般競争（指名競争）参加資格審査の申請（建設工事）について、次の権限を委任します。

委任事項

１．申請書類の作成

１．申請代理

１．記載事項の補正

令和　２年１１月１０日

委任者　（建設業許可番号）東京都知事許可（般−１）第 302198 号

（本　店）　東京都千代田区岩本町１丁目２番〇号

（商　号）　株式会社　ほうれい建設

（氏　名）　代表取締役　法令　太郎　印

（国土交通省地方整備局等用）

許可取得後のステップアップに向けて計画的に準備を進めましょう！

「いい工事があって、すぐにその工事の入札に申込みをしたいのですが…」という相談を受けることがあります。また、「工事の下請けに入るために、元請さんからいついつまでに許可をとってほしいと言われている」という相談もよくあります。

しかしながら、相談を持ち込む時点で、「今からどんなに急いでも間に合わない」というケースが多いのも事実です。

話をよくよく伺うと、「入札に参加したい」にもかかわらず、入札参加資格の登録（指名願い）も申請していないばかりか、経営事項審査も受けていなかったり、許可業種の追加を急ぎたいが専任技術者がいても経営業務管理責任者の要件が満たないケースであったり…

真面目に事業の発展を目指し、次のステップに踏み出そうとする姿勢と裏腹に、思った以上にいろいろな手続を踏まなければならない現実を知り、戸惑う（中には怒りだす）経営者の方も少なくありません。

事業主が建設業を営んでいく場合、また、行政書士が建設業者に寄り添って許可等のサポートをしていく場合、単に許可を取得するだけではなく、許可業者がどのような場面でどのような手続に遭遇する可能性があるのか、その際のどれだけの費用が必要か、どのような人的な要件・財務的な要件が必要か、手続を進める上でどれだけの時間が必要かということをしっかりと把握しておく必要があります。関与する当事者が、それらの情報をしっかりと共有することによって、いざというときにスピーディーな対応が可能となり、次のステップへ早期に移行することが可能となります。

⑵　電子的な（インターネットを利用した申請を行う）方式による場合の申請書の作成方法

インターネットを利用した申請手続が可能な場合、申請書の作成（個別のデータ入力）に関しては、代表的なものに次の２つの方式があります。

①　ウェブサイトから申請用のプログラムをダウンロードし、一旦パソコンに保存して、記載した後に入力が済んだプログラムのデータを送信する方式（東京都市区町村の電子自治体共同運営など）

②　ウェブサイト上でプログラムが作動し、入力もインターネット上で行い、完結する方式

現在では徐々に②の方式が増えてきており、東京都の建設工事の入札参加資格登録申請や、国のインターネット一元受付による入札参加資格登録申請なども②の方式を採用しています。

次ページ以降に、東京都の区市町村が参加する「東京電子自治体共同運営サービス」が提供している申請プログラムの画面（例）を掲載します。

申請する自治体を選択する画面

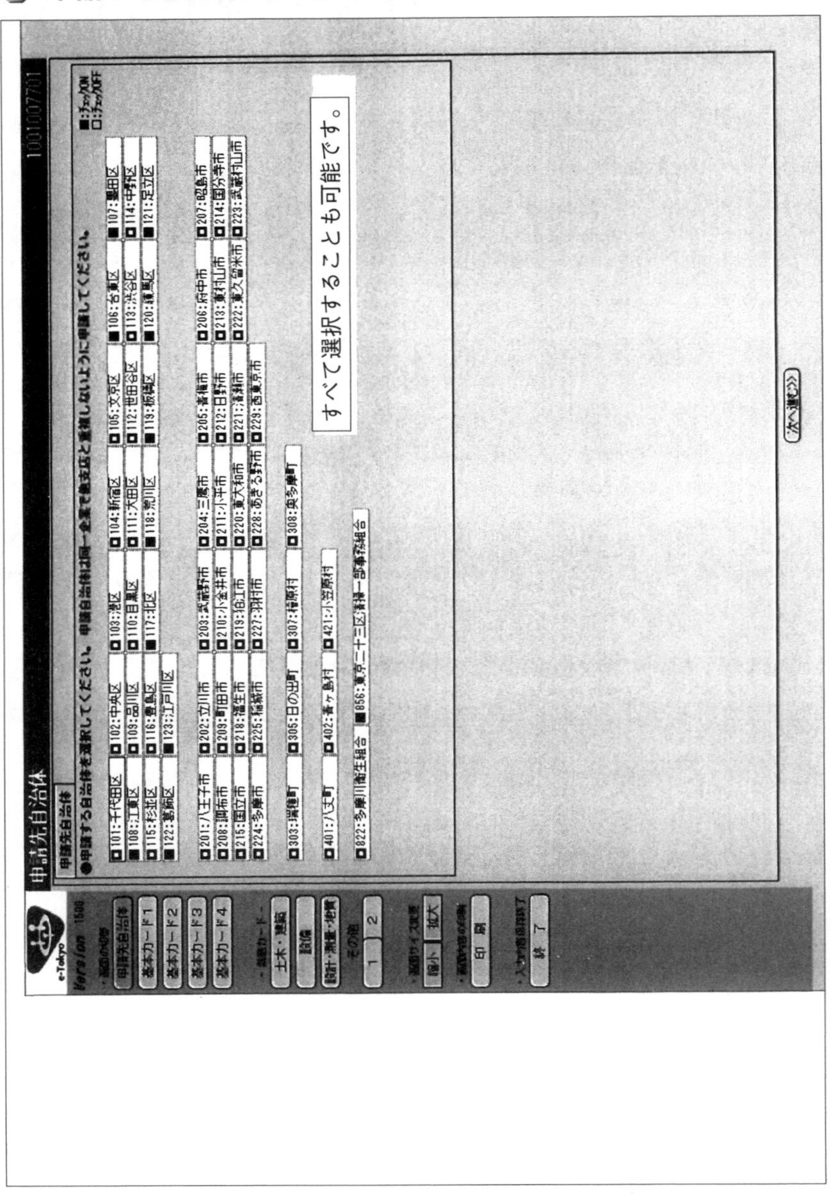

申請者の基本情報を記入する基本カード(1)

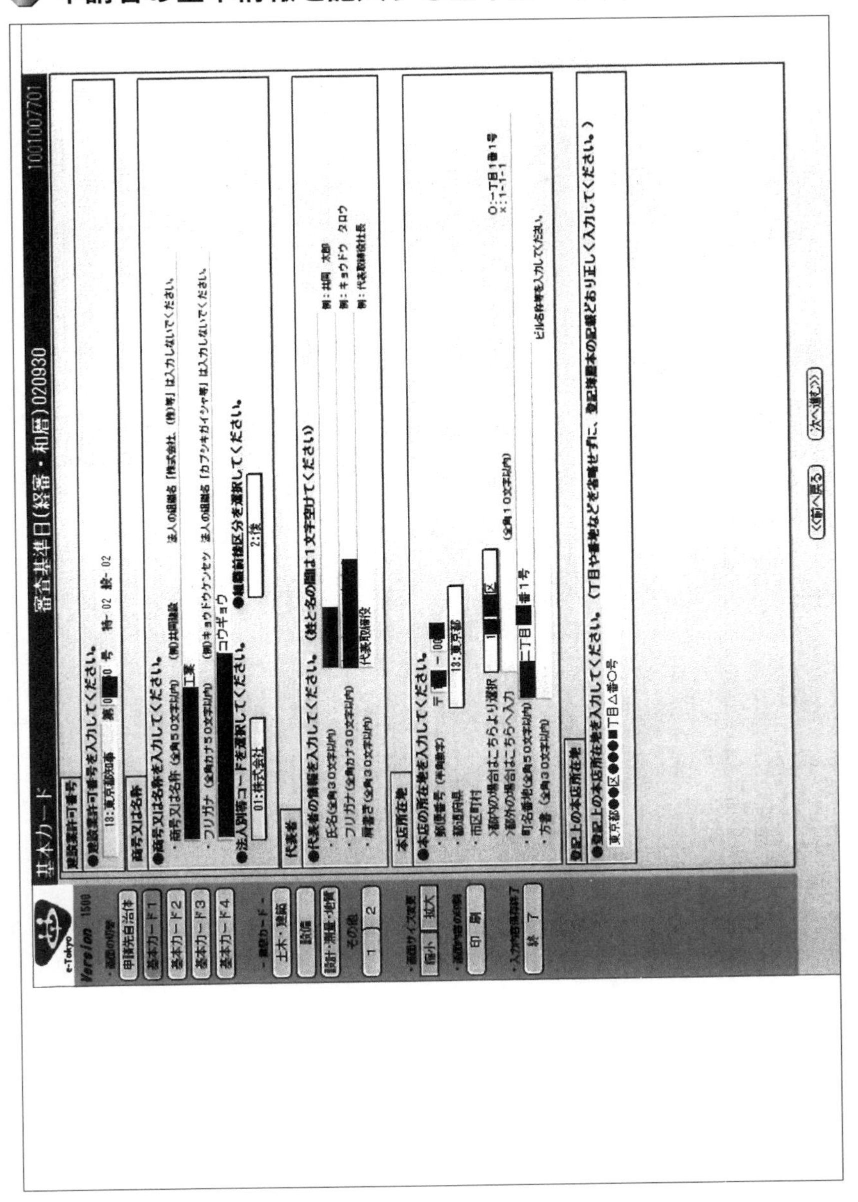

申請者の基本情報を記入する基本カード(2)

基本カード　1001007701

e-Tokyo
Version 1500

・画面の切替
申請先自治体
基本カード1
基本カード2
基本カード3
基本カード4

－業種カード－
土木・建築
設備
設計・測量・地質
その他
1　2

・画面サイズ変更
縮小　拡大

・画面内容の印刷
印刷

・入力内容保存終了
終了

○使用印鑑 ← 契約専用の印鑑を使用したい場合にチェックを入れます。
■1:登録する　代理人を置かない場合で、代表者が実印以外の印鑑を使用する場合は「1:登録する」をチェックしてください。

代理人

○代理人情報を入力してください。（姓と名の間は1文字空けてください。）
・氏名（全角30文字以内）　(例)東京 太郎
・フリガナ（全角カナ30文字以内）　(例)トウキョウ　タロウ
・支店名（全角30文字以内）　(例)東京支店
・役職（全角30文字以内）　(例)支店長
・所在地を入力してください
＞郵便番号（半角数字）　〒　－
＞都道府県　--選択してください--
＞市区町村
＞＞都内の場合はこちらより選択
＞＞都外の場合はこちらへ入力　（全角10文字以内）
＞町名番地（全角50文字以内）　○:一丁目1番1号　×:1-1-1
＞方書（全角30文字以内）　ビル名称等を入力してください。

担当者

●担当者情報を入力してください。（姓と名の間は1文字空けてください。）
●氏名（全角30文字以内）　(例)担当 太郎
・所属（全角30文字以内）　代表取締役　(例)契約2課
●電話番号（指名連絡用）（半角数字）　03 － ■ － ■
・ＦＡＸ番号（半角数字）　03 － ■ － ■
・メールアドレス（半角英数字64文字以内）　toukama@hankk.co.jp　(例)xxxxxx@kyodo.com
・メールアドレス（確認のため再入力してください）　toukama@hankk.co.jp

設立登記年月日等

●設立登記年月日を入力してください。（個人の場合は創業年月日）
2005 年 03 月 01 日　(例) 1967年01月15日
●審査対象事業年度を入力してください。　申請日の直前に終了（確定）した決算年度（財務諸表の事業年度）を入力してください。以下は例です。
・自 2019 年 10 月
・至 2020 年 09 月

3月決算の法人の方	(自) xxxx年04月	(至) xxxx年03月
9月決算の法人の方	(自) xxxx年10月	(至) xxxx年09月
個人の方	(自) xxxx年01月	(至) xxxx年12月

申請業種

●「申請業種登録修正」ボタンをクリックし申請業種情報を入力してください。　申請業種登録修正

37:一般塗装,39:防水,

<<前へ戻る　次へ進む>>

申請者の基本情報を記入する基本カード(3)

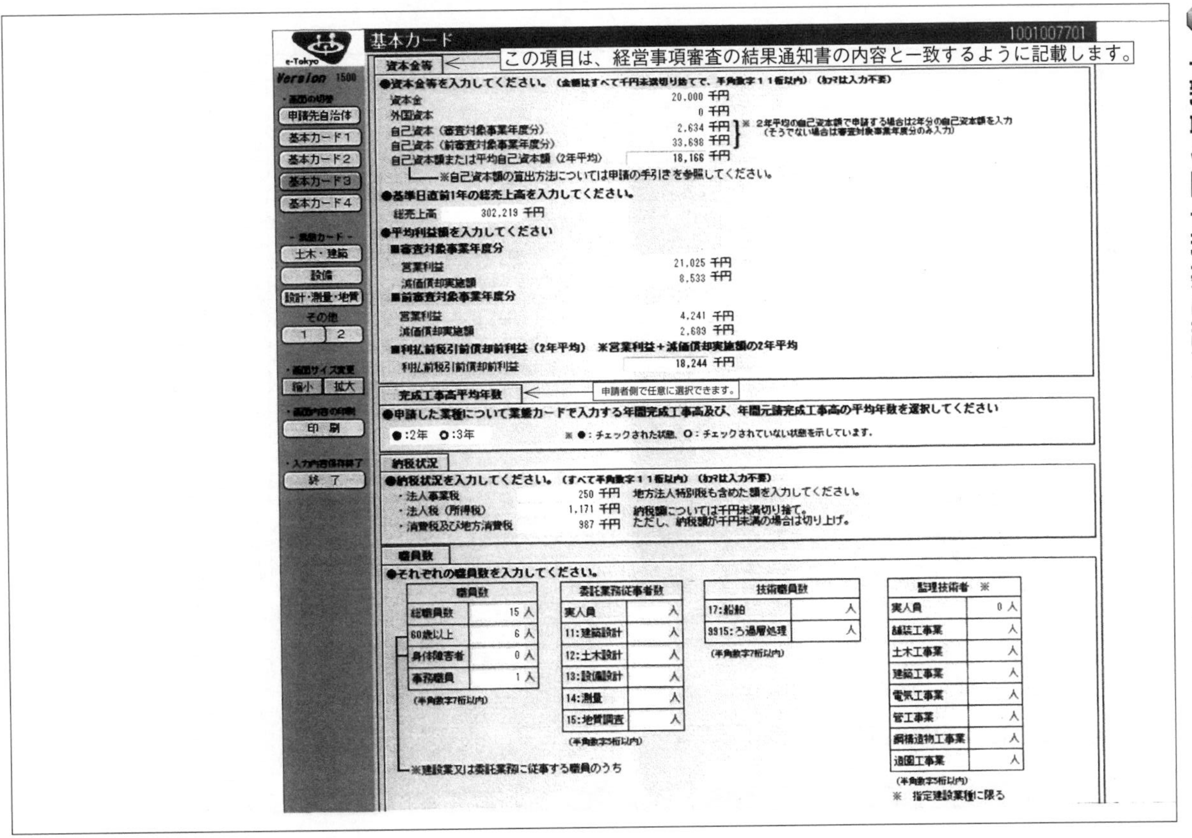
e-Tokyo
Version 1500
・画面の切替
申請先自治体
基本カード1
基本カード2
基本カード3
基本カード4
－業種カード－
土木・建築
設備
設計・測量・地質
その他
1 2
・画面サイズ変更
縮小 拡大
・画面内容の印刷
印 刷
・入力内容保存終了
終 了

基本カード 1001007701

資本金等 ← この項目は、経営事項審査の結果通知書の内容と一致するように記載します。

●資本金等を入力してください。（金額はすべて千円未満切り捨てで、半角数字１１桁以内）（カンマは入力不要）

資本金	20,000	千円
外国資本	0	千円
自己資本（審査対象事業年度分）	2,634	千円
自己資本（前審査対象事業年度分）	33,698	千円
自己資本額または平均自己資本額（2年平均）	18,166	千円

※ 2年平均の自己資本額で申請する場合は2年分の自己資本額を入力
（そうでない場合は審査対象事業年度分のみ入力）

※自己資本額の算出方法については申請の手引きを参照してください。

●基準日直前1年の総売上高を入力してください。

総売上高 302,219 千円

●平均利益額を入力してください

■審査対象事業年度分

営業利益	21,025	千円
減価償却実施額	8,533	千円

■前審査対象事業年度分

営業利益	4,241	千円
減価償却実施額	2,689	千円

■利払前税引前償却前利益（2年平均） ※営業利益＋減価償却実施額の2年平均

利払前税引前償却前利益 18,244 千円

完成工事高平均年数 ← 申請者側で任意に選択できます。

●申請した業種について業種カードで入力する年間完成工事高及び、年間元請完成工事高の平均年数を選択してください

●:2年 ○:3年 ※●：チェックされた状態、○：チェックされていない状態を示しています。

納税状況

●納税状況を入力してください。（すべて半角数字１１桁以内）（カンマは入力不要）

・法人事業税	250	千円	地方法人特別税も含めた額を入力してください。
・法人税（所得税）	1,171	千円	納税額については千円未満切り捨て。
・消費税及び地方消費税	987	千円	ただし、納税額が千円未満の場合は切り上げ。

職員数

●それぞれの職員数を入力してください。

職員数	
総職員数	15 人
60歳以上	6 人
身体障害者	0 人
事務職員	1 人

（半角数字7桁以内）

委託業務従事者数	
実人員	人
11:建築設計	人
12:土木設計	人
13:設備設計	人
14:測量	人
15:地質調査	人

（半角数字5桁以内）

技術職員数	
17:船舶	人
9915:ろ過層処理	人

（半角数字7桁以内）

監理技術者 ※	
実人員	0 人
舗装工事業	人
土木工事業	人
建築工事業	人
電気工事業	人
管工事業	人
鋼構造物工事業	人
造園工事業	人

（半角数字5桁以内）
※ 指定建設業種に限る

※建設業又は委託業務に従事する職員のうち

申請者の基本情報を記入する基本カード(4)

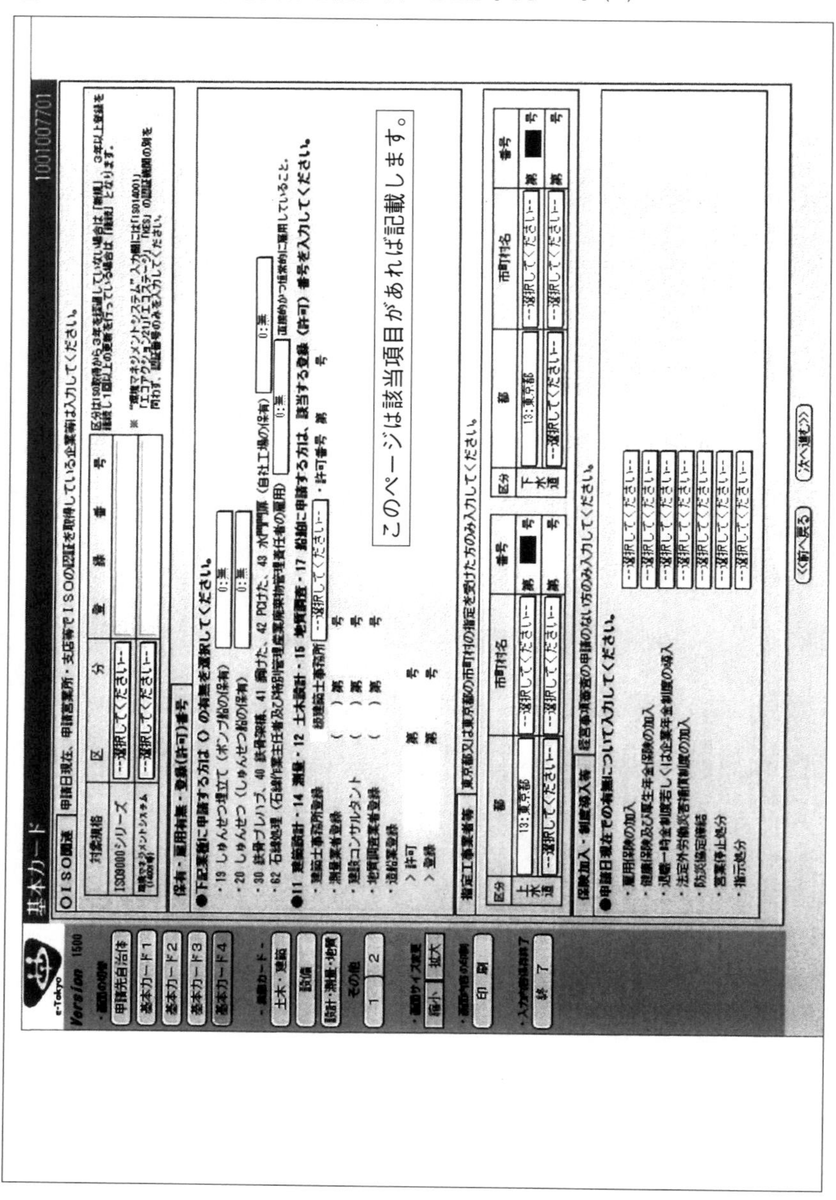

申請者の施工実績を記入する業態カード(1)

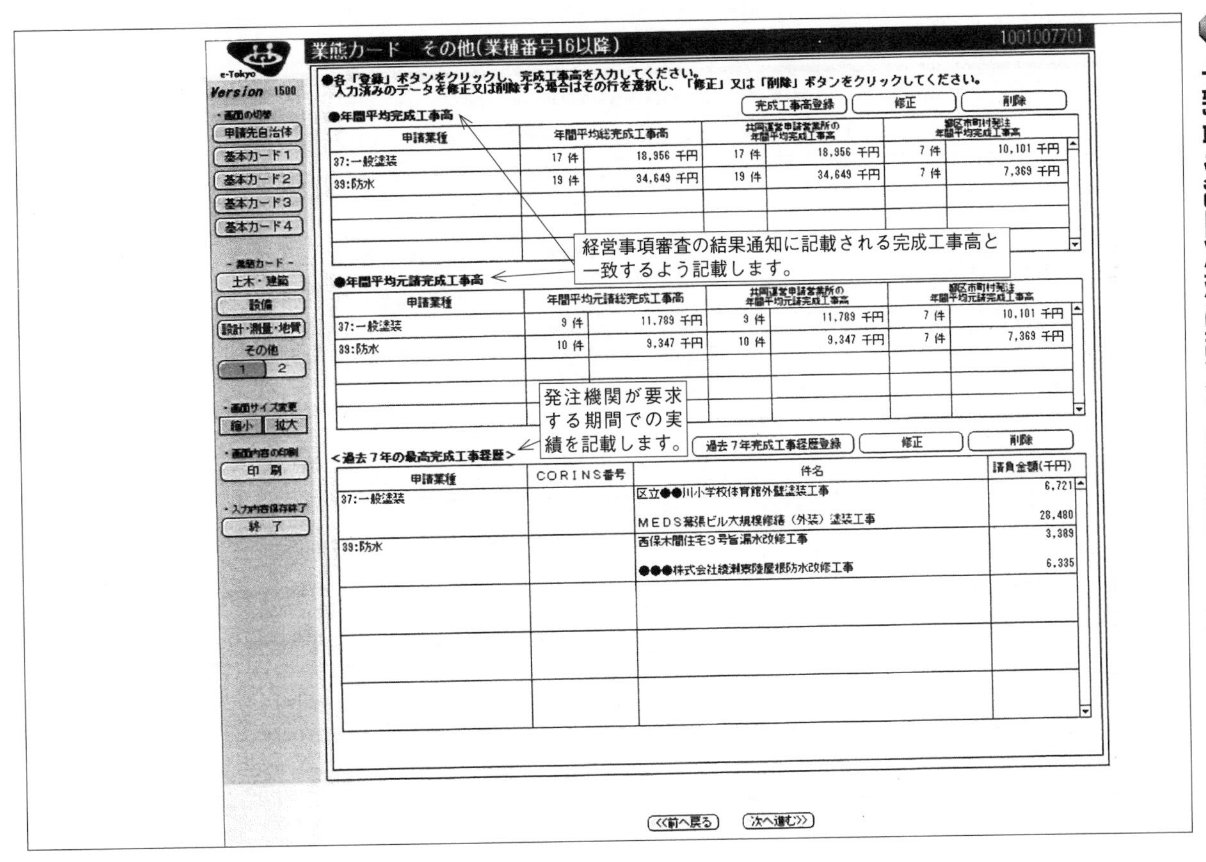

業態カード　その他(業種番号16以降)　1001007701

●各「登録」ボタンをクリックし、完成工事高を入力してください。入力済みのデータを修正又は削除する場合はその行を選択し、「修正」又は「削除」ボタンをクリックしてください。

完成工事高登録　修正　削除

●年間平均完成工事高

申請業種	年間平均総完成工事高		共同運営申請営業所の年間平均完成工事高		都区市町村発注年間平均完成工事高	
37:一般塗装	17 件	18,956 千円	17 件	18,956 千円	7 件	10,101 千円
39:防水	19 件	34,649 千円	19 件	34,649 千円	7 件	7,369 千円

●年間平均元請完成工事高

申請業種	年間平均元請総完成工事高		共同運営申請営業所の年間平均元請完成工事高		都区市町村発注年間平均元請完成工事高	
37:一般塗装	9 件	11,789 千円	9 件	11,789 千円	7 件	10,101 千円
39:防水	10 件	9,347 千円	10 件	9,347 千円	7 件	7,369 千円

<過去7年の最高完成工事経歴>

過去7年完成工事経歴登録　修正　削除

申請業種	CORINS番号	件名	請負金額(千円)
37:一般塗装		区立●●川小学校体育館外壁塗装工事	6,721
		MEDS幕張ビル大規模修繕（外装）塗装工事	28,480
39:防水		西保木間住宅3号館漏水改修工事	3,389
		●●●株式会社綾瀬寮陸屋根防水改修工事	6,335

申請者の施工実績を記入する業態カード(2)

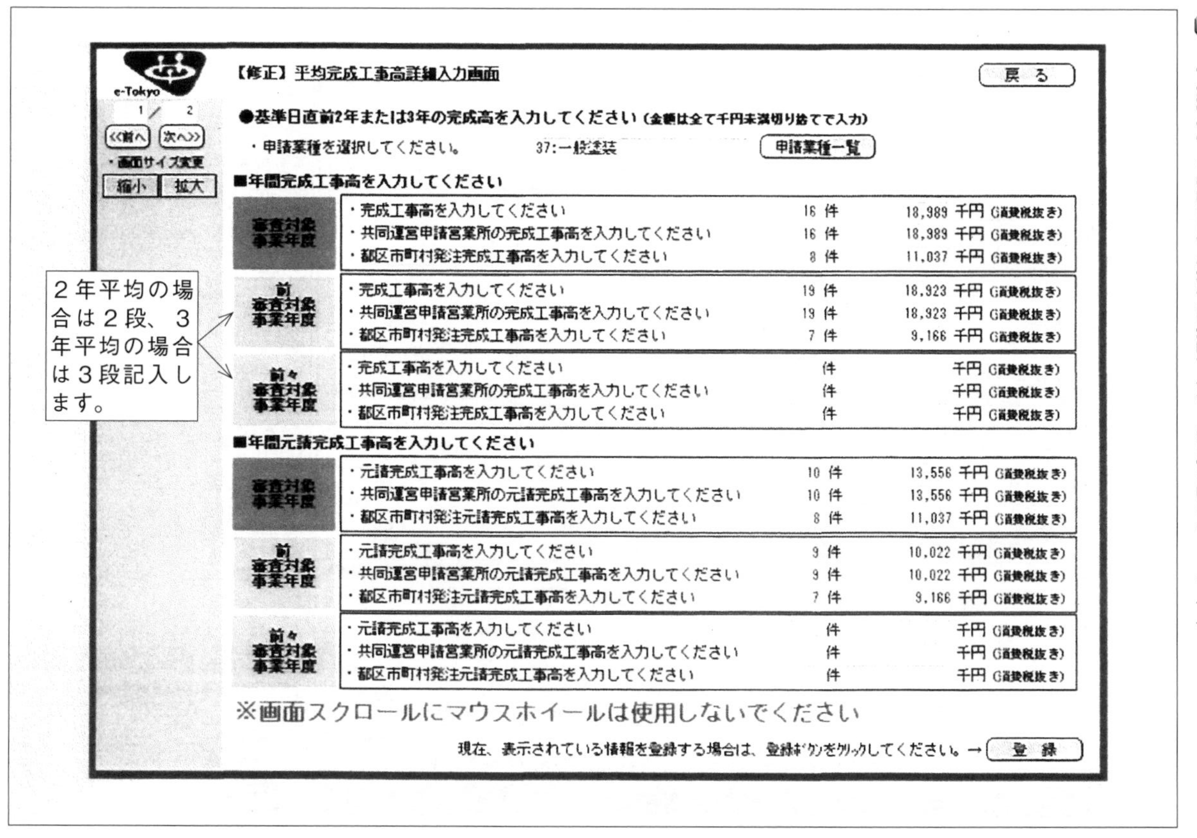

申請者の施工実績を記入する業態カード(3)

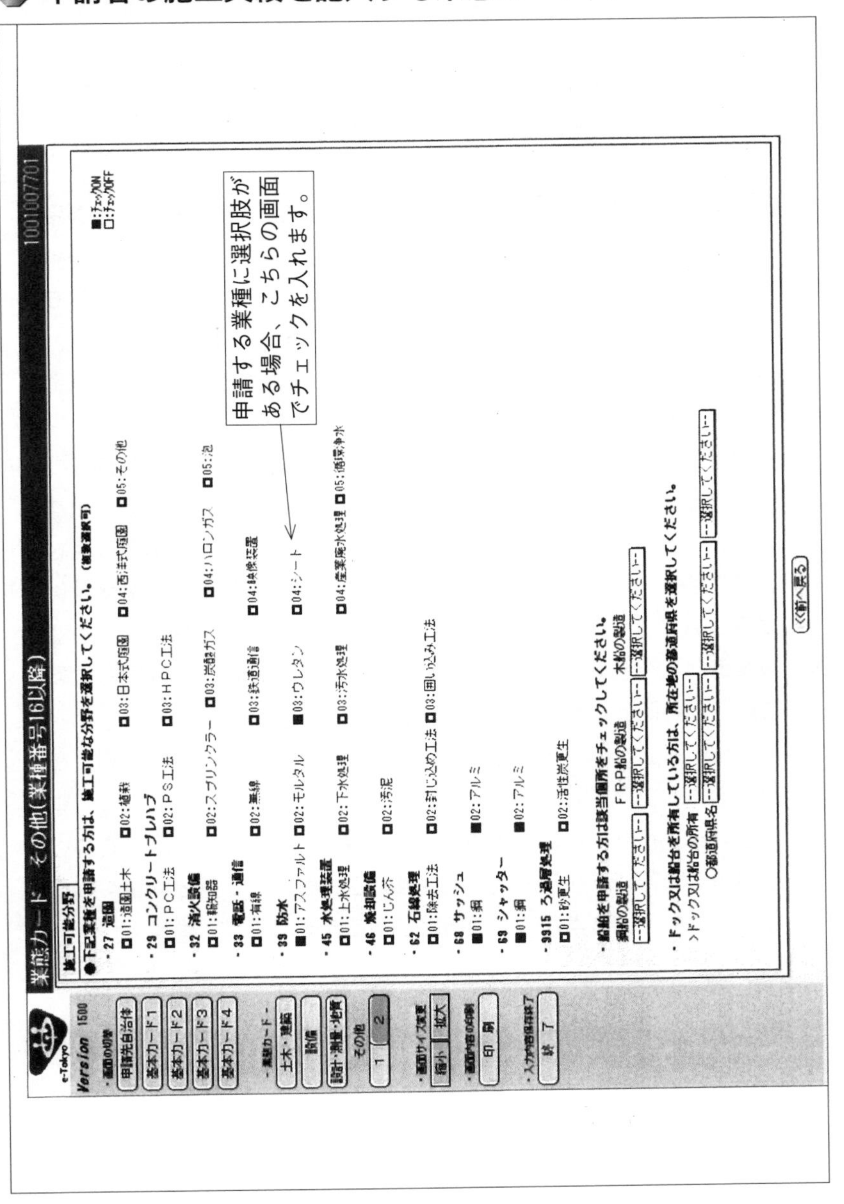

手続の電子化と行政手続におけるDXは何をもたらすか？

建設業許可や経営事項審査がデジタル化され、DXの考え方が浸透していくと、これまで効率の悪かった点が徐々に解消され、申請する側の負担減はもちろんのこと、行政側の審査担当者側の負担も軽減されていくことは自明です。事務負担が縮減されることにより、審査側にはこれまでできていなかったことを行うだけの時間的余裕も生まれてくるでしょう。

申請書類に係る押印が廃止されたこととも相まって、行政側に提出された情報が果たして正確なものであるのかどうかの疑義も生ずるでしょうし、余裕ができた時間を使ってそれを検証する運びとなるのではないかと容易に想像がつきます。捺印なしの書類を受け付けるという「性善説」に立つ行政手続を経て許可を維持している建設業者が法を遵守して適正な活動を行っているかどうかが問われることになる時代がやってくるでしょう。

建設業者は、電子化や行政手続のDX推進によって受ける恩恵を、自らのコンプライアンスの確立と組織のガバナンス強化に向けて本腰を入れて行かないといけない時代に突入します。「信用して許可を出しているのだから、法令に反することをしたら処分は重くなるのですよ」という声が遠くから聴こえてきそうです。

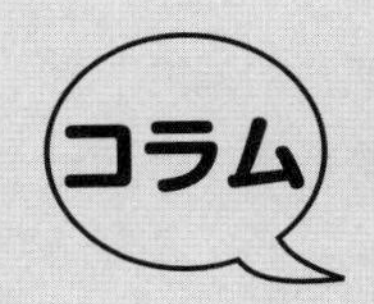

建設キャリアアップシステムについて

建設キャリアアップシステム（CCUS）は、技能者の資格、社会保険加入状況、現場の就業履歴等を業界横断的に登録・蓄積するしくみで、一般財団法人建設業振興基金が運営主体として構築されています。

システムの利用にあたり、建設現場に従事する技能者は、住所、氏名、生年月日等の個人に係る情報のほか、社会保険加入状況、建退共手帳の有無、保有している資格、研修の受講履歴などの情報を登録します。建設業者は、建設業の許可番号をはじめ商号や所在地など建設業許可情報を登録します。登録を経て、技能者にはICカード（キャリアアップカード）が配布されます。

現場を開設した元請事業者は、現場に関する情報（現場名や工事内容など）をシステムに登録し、技能者は現場入場の際、現場に設置されたキャリアアップカードを読み取る機器にキャリアアップカードを提示することで「誰が」「いつ」「どの現場で」「どのような作業に」従事したのかといった個々の技能者の就業履歴がシステムに蓄積されるしくみとなっています。

建設キャリアアップシステムは2019年４月から本格運用が開始され、運用開始５年後までにすべての技能者（330万人）を登録することを目標として展開されています（2023年１月末時点で108.9万人が登録）。技能者は、他の産業における従事者と異なり、様々な事業者の現場で経験を積んでいくため、個々の技能者の能力が統一的に評価されにくく、現場管理や後進の指導など、一定の経験を積んだ技能者が果たしている役割や能力が処遇に反映されにくい環境にあります。

建設キャリアアップシステムを通じて、個々の技能者の現場における就業履歴や保有資格などを登録するとともに、蓄積されたデータに応じてレベルアップする４段階に分かれたキャリアアップカードの配布を通じて処遇の改善に結び付けていくことが意図されています。

今後、建設業に従事する企業、個人はこのシステムに登録することが標準化されていきますので、事業主、技能者はもちろん、これらを側面から業務支援する者も制度をよく理解しシステムへの適正かつ積極的な参加を進めていく必要があります。

巻末資料

経営業務の管理責任者の個別認定申請について

令和3年1月_国土交通省関東地方整備局

経営業務の管理責任者の個別認定申請について

1．許可の基準

建設業法第七条第一号
建設業に係る経営業務の管理を適正に行うに足りる能力を有するものとして国土交通省令で定める基準に適合する者であること。

建設業法施行規則第七条
法第七条第一号の国土交通省令で定める基準は、次のとおりとする。

第一号　次のいずれかに該当するものであること。
イ　常勤役員等のうち一人が次のいずれかに該当する者であること。
（１）建設業に関し五年以上経営業務の管理責任者としての経験を有する者
（２）建設業に関し五年以上経営業務の管理責任者に準ずる地位にある者（経営業務を執行する権限の委任を受けた者に限る。）として経営業務を管理した経験を有する者
（３）建設業に関し六年以上経営業務の管理責任者に準ずる地位にある者として経営業務の管理責任者を補佐する業務に従事した経験を有する者
ロ　常勤役員等のうち一人が次のいずれかに該当する者であって、かつ、財務管理の業務経験（許可を受けている建設業者にあつては当該建設業者、許可を受けようとする建設業を営む者にあつては当該建設業を営む者における五年以上の建設業の業務経験に限る。以下このロにおいて同じ。）を有する者、労務管理の業務経験を有する者及び業務運営の業務経験を有する者を当該常勤役員を直接に補佐する者としてそれぞれ置くものであること。
（１）建設業に関し、二年以上役員等としての経験を有し、かつ、五年以上役員等又は役員等に次ぐ職制上の地位にある者（財務管理、労務管理又は業務運営の業務を担当するものに限る。）としての経験を有する者
（２）五年以上役員等としての経験を有し、かつ、建設業に関し、二年以上役員等としての経験を有する者
ハ　国土交通大臣がイ又はロに掲げるものと同等以上の経営体制を有すると認定したもの。

2．定義等

●「常勤役員等」とは

法人である場合においてはその役員のうち常勤であるもの、個人である場合にはその者又はその支配人をいう。

●「役員」とは

- 業務を執行する社員・・・持分会社（合名会社、合資会社、合同会社）の業務を執行する社員
- 取締役・・・・・・・・・株式会社の取締役
- 執行役・・・・・・・・・指名委員会等設置会社の執行役
- これらに準ずる者・・・・法人格のある各種組合等の理事等※

※　執行役員、監査役、会計参与、監事及び事務局長等は原則として含まないが、業務を執行する社員、取締役又は執行役に準ずる地位にあって、建設業の経営業務の執行に関し、取締役会の決議を経て取締役会又は代表取締役から具体的な権限委譲を受けた執行役員等については含まれるものとする。
ただし、建設業に関する事業の一部のみ分掌する事業部門（一部の営業部門のみを分掌する場合や資金・資材調達のみ分掌する場合等）の事業執行に係る権限委譲を受けた執行役員等は除く。　【個別認定①】

●「常勤であるもの」とは

原則として主たる営業所（本社、本店等）において休日その他勤務を要しない日を除き一定の計画のもとに毎日所定の時間中、その職務に従事している者※をいう。
※建築士事務所を管理する建築士、宅地建物取引業者の専任の宅地建物取引士等の他の法令で専任を要するものと重複する者は、専任を要する営業体及び場所が同一である場合を除き「常勤であるもの」には該当しない。

●「建設業に関し」とは

全ての建設業の種類をいい、業種ごとの区別をせずに、全ての建設業に関するものとして取り扱う。

1

● 「経営業務の管理責任者としての経験を有する者」とは

業務を執行する社員、取締役、執行役若しくは法人格のある各種の組合等の理事等、個人の事業主又は支配人その他支店長、営業所長等営業取引上対外的に責任を有する地位にあって、経営業務の執行等建設業の経営業務について総合的に管理した経験を有する者をいう。

【非常勤役員等における経験について】
・経営業務への関与の状況、業務執行権限等により個別に経験内容を確認します。
【海外企業における経験について】
・国土交通本省　不動産・建設経済局国際市場課において別途認定を行っています。

● 「財務管理・労務管理・業務運営の業務経験」とは

○「財務管理の業務経験」
・建設工事を施工するにあたって必要な資金の調達や施工中の資金繰りの管理、下請業者への代金の支払いなどに関する業務経験をいう。
○「労務管理の業務経験」
・社内や工事現場における勤怠の管理や社会保険関係の手続きに関する業務経験をいう。
○「業務運営の業務経験」
・会社の経営方針や運営方針の策定、実施に関する業務経験をいう。

なお、これらの業務経験はそれぞれの経験期間が重複して認められるため、全ての業務経験があれば１名の配置でも認められます。

● 「直接に補佐する」とは

組織体系上及び実態上常勤役員等との間に他の者を介在させることなく、当該常勤役員等から直接指揮命令を受け業務を常勤で行うことをいう。

● 「役員等に次ぐ職制上の地位」とは

申請者の社内の組織体系において役員等に次ぐ役職上の地位にある者をいい、必ずしも代表権を有することを要しない。

３．経験内容・期間一覧表

経験期間の地位	建設業に関する経営業務の管理責任者	建設業に関する経営業務の管理責任者に準ずる地位		建設業の役員等又は役員等に次ぐ職制上の地位	役員等（建設業以外を含む）
経験の内容	経営業務の管理責任者としての経験	執行役員等として経営業務を管理した経験	経営業務の管理責任者を補佐する業務に従事した経験	役員等に次ぐ職制上の地位の場合は財務管理・労務管理・業務運営のいずれかの業務の経験	
必要経験年数	５年以上		６年以上	５年以上（建設業の役員等の経験２年以上含む）	
常勤役員等を直接補佐する者				建設業の財務管理・労務管理・業務運営についてそれぞれ業務経験５年以上の者	
根拠法令	規則第７条第１号イ(1)	規則第７条第１号イ(2)【個別認定②】	規則第７条第１号イ(3)【個別認定③】	規則第７条第１号ロ(1)【個別認定④】	規則第７条第１号ロ(2)【個別認定⑤】

2

4．個別認定申請の手続き

（1）認定申請の時期

経営業務の管理責任者を変更する予定日の概ね1か月前までに申請を行ってください。

（2）認定申請の方法

申請者は、認定申請書及び認定調書（別紙6）に必要事項を記入の上、必要な確認資料を添付して関東地方整備局宛てに認可申請を行ってください。なお、申請にあたっては、申請書類送付前に必ず連絡をお願いします。

【申請・問合せ先】国土交通省関東地方整備局建政部建設産業第一課建設業係
〒330-9724 埼玉県さいたま市中央区新都心2-1 さいたま新都心合同庁舎2号館
電話：048（601）3151（代表）　FAX：048（600）1921

（3）認定後の許可申請等の方法

○「経営業務の管理責任者証明書（様式第七号、第七号の二）」の（1）備考欄に個別認定済みである旨を記載してください。（記載例：令和〇年〇月〇日個別認定済）

○認定を受けた常勤役員等（権限委譲をうけた執行役員等を含む）について、「役員等の一覧表（様式第一号別紙一）」に記載するとともに必要な変更届を提出してください。

（4）認定申請に必要な確認資料

【個別認定①】（取締役等に準ずる者としての職制上の地位の認定）《認定調書 別紙6》

○申請時点において、被認定者が、取締役等に準ずる地位にあって、建設業の経営業務の執行に関し、取締役会の決議を経て取締役会又は代表取締役から具体的な権限委譲を受けた者（執行役員等）であることの認定

■組織図その他これに準ずる書類
・申請時点における被認定者の地位が取締役等に次ぐ職制上の地位（取締役等の直下）にあることを確認します。

■業務分掌規程その他これに準ずる書類
・被認定者が業務執行を行う特定の事業部門が建設業に関する事業部門であることを確認します。
・業務分掌規程で確認ができない場合及び社内規定が無い場合等は、その他の追加資料（決裁文書・稟議書等）を提出していただき事業部門の業務内容の詳細を確認します。
・建設業に関する事業の一部のみ分掌する事業部門（一部の営業部門のみを分掌する場合や資金・資材調達のみ分掌する場合等）の事業執行に係る権限委譲を受けた執行役員等は認められません。

■定款、執行役員規定、執行役員職務分掌規程、取締役会規則、取締役就業規定、取締役会の議事録その他これに準ずる書類
・被認定者が取締役会の決議により特定の事業部門に関して業務執行権限の委譲を受ける者として選任されたことを確認します。
・被認定者が取締役会の決議により決められた業務執行の方針に従って、特定の事業部門に関して、代表取締役の指揮及び命令のもとに、具体的な業務執行に専念する者であることを確認します。

3

【個別認定②】（権限委譲を受けた執行役員等として経営業務を管理した経験の認定）

《認定調書 別紙6－1》

○被認定者による経験内容が、執行役員等としての建設業の経営業務を管理した経験（５年以上）であることの認定

○取締役会の決議により特定の事業部門に関して業務執行権限の委譲を受け、かつ、取締役会によって定められた業務執行方針に従って、代表取締役の指揮及び命令のもとに、具体的な業務執行に専念した経験であることを認定

■組織図その他これに準ずる書類

・被認定者による経験が取締役等に次ぐ職制上の地位（取締役等の直下）における経験であることを確認します。

■業務分掌規程その他これに準ずる書類

・被認定者が業務執行を行う特定の事業部門が建設業に関する事業部門であることを確認します。

・業務分掌規程で確認ができない場合及び社内規定が無い場合等は、その他の追加資料（決裁文書・稟議書等）を提出していただき事業部門の業務内容の詳細を確認します。

・建設業に関する事業の一部のみ分掌する事業部門（一部の営業部門のみを分掌する場合や資金・資材調達のみ分掌する場合等）の事業執行に係る権限委譲を受けた執行役員等は認められません。

■定款、執行役員規定、執行役員職務分掌規程、取締役会規則、取締役就業規定、取締役会の議事録その他これに準ずる書類

・取締役会の決議により特定の事業部門に関して業務執行権限の委譲を受ける者として選任されたことを確認します。

・取締役会の決議により決められた業務執行の方針に従って、特定の事業部門に関して、代表取締役の指揮及び命令のもとに、具体的な業務執行に専念する者であることを確認します。

■取締役会の議事録、人事発令書その他これに準ずる書類

・執行役員等の経験期間（５年以上）を確認します。

【個別認定③】（経営業務の管理責任者を補佐する業務に従事した経験の認定）

《認定調書 別紙6－1》

○被認定者による経験内容が、経営業務の管理責任者を補佐する業務に従事した経験（６年以上）であることの認定

○取締役、執行役、組合理事、事業主、支配人、支店長及び営業所所長等に次ぐ職制上の地位にあって、建設工事の施工に必要とされる資金の調達、技術及び技能者の配置、下請業者との契約の締結等の経営業務全般について従事した業務経験を認定

■組織図その他これに準ずる書類

・被認定者による経験が、取締役、執行役、組合理事、事業主、支配人、支店長及び営業所所長等に次ぐ職制上の地位（取締役等の直下）における経験であることを確認します。

・被認定者による経験が、権限委譲を受けた執行役員等に次ぐ職制上の地位における経験である場合には、【個別認定②】に準じて、当該執行役員等の業務執権限等を確認します。

■業務分掌規程その他これに準ずる書類

・被認定者による経験内容が、建設業に関する部門における経験であることを確認します。

・被認定者による経験内容が、建設工事の施工に必要とされる資金の調達、技術及び技能者の配置、下請業者との契約の締結等の経営業務全般(一部のみは不可)について従事した経験であることを確認します。

・業務分掌規程で確認ができない場合及び社内規定が無い場合等は、その他の追加資料（決裁文書・稟議書等）を求め事業部門の業務内容の詳細を確認します。

■人事発令書その他これに準ずる書類

・経営業務の管理責任者を補佐する業務に従事した経験期間（６年以上）を確認します。

4

【個別認定④－１】（建設業の役員等又は役員等に次ぐ職制上の地位にある者としての経験の認定）
《認定調書 別紙6－2》

○被認定者による経験内容が、建設業の役員等の経験が２年以上あり、それに加えて建設業の役員等又は役員等に次ぐ職制上の地位にある者（建設業の財務管理、労務管理又は業務運営の業務に限る）の経験を３年等有する者※であることの認定
※役員等又は役員等に次ぐ職制上の地位にある者としての経験を通算で５年以上有することが必要です。

【建設業の役員等の経験】

（役員等としての経験の場合）

■登記事項証明書
・建設業の役員等の経験期間（２年以上）を確認します。

■建設業許可通知書（写）
・証明期間において建設業許可を有していたことを確認します。
・許可のない期間中の軽微な工事での経験の場合は、経験期間分の工事請負契約書又は注文書及び請書により確認します。

（権限委譲を受けた執行役員等としての経験の場合）

■組織図その他これに準ずる書類
・被認定者による経験が取締役等に次ぐ職制上の地位（取締役等の直下）における経験であることを確認します。

■定款、執行役員規定、執行役員職務分掌規程、取締役会規則、取締役就業規定、取締役会の議事録その他これに準ずる書類
・取締役会の決議により特定の事業部門に関して業務執行権限の委譲を受ける者として選任されたことを確認します。
・取締役会の決議により決められた業務執行の方針に従って、特定の事業部門に関して、代表取締役の指揮及び命令のもとに、具体的な業務執行に専念する者であることを確認します。

■取締役会の議事録、人事発令書その他これに準ずる書類
・執行役員等の経験期間（２年以上）を確認します。

（令３条の使用人としての経験の場合）

■就任時、退任時の変更届出書（写）
・令３条の使用人の経験期間（２年以上）を確認します。

【役員等に次ぐ職制上の地位にある者としての経験】

■組織図その他これに準ずる書類
・被認定者による経験が、取締役、執行役、組合理事、事業主、支配人等に次ぐ職制上の地位（取締役等の直下）にあることを確認します。
・被認定者による経験が、権限委譲を受けた執行役員等に次ぐ職制上の地位における経験である場合には、【個別認定②】に準じて、当該執行役員等の業務執行権限等を確認します。

■業務分掌規程その他これに準ずる書類
・被認定者による経験が、財務管理、労務管理又は業務運営のいずれかの業務に関する事業部門であることを確認します。
・業務分掌規程で確認ができない場合及び社内規定が無い場合等は、その他の追加資料（決裁文書・稟議書等）を提出していただき事業部門の業務内容の詳細を確認します。

■取締役会の議事録、人事発令書その他これに準ずる書類
・建設業の役員等に次ぐ職制上の地位にある者としての経験期間（３年等）を確認します。

5

【個別認定⑤－１】（役員等としての経験の認定）《認定調書 別紙6－2》
○被認定者による経験内容が、建設業の役員等としての経験が２年以上あり、それに加えて役員等の経験を３年等有する者※であることの認定
※役員等又は役員等に次ぐ職制上の地位にある者としての経験を通算で５年以上有することが必要です。

【建設業の役員等の経験】

■【個別認定④－１】と同じ

【役員等の経験】

（役員等としての経験の場合）

■登記事項証明書
・役員等の経験期間（３年等）を確認します。

（権限委譲を受けた執行役員等としての経験の場合）

■組織図その他これに準ずる書類
・被認定者による経験が取締役等に次ぐ職制上の地位（取締役等の直下）における経験であることを確認します。

■定款、執行役員規定、執行役員職務分掌規程、取締役会規則、取締役就業規定、取締役会の議事録その他これに準ずる書類
・取締役会の決議により特定の事業部門に関して業務執行権限の委譲を受ける者として選任されたことを確認します。
・取締役会の決議により決められた業務執行の方針に従って、特定の事業部門に関して、代表取締役の指揮及び命令のもとに、具体的な業務執行に専念する者であることを確認します。

■取締役会の議事録、人事発令書その他これに準ずる書類
・役員等の経験期間（３年等）を確認します。

【個別認定④－２、⑤－２】（常勤役員等を直接補佐する者の職制上の地位及び業務経験の認定）《認定調書 別紙6－3》

○申請時点において、被認定者（直接補佐者）が、個別認定④－１又は⑤－１の常勤役員等に次ぐ職制上の地位により、当該常勤役員等から直接指揮命令を受け業務を常勤で行う者であることの認定

○被認定者（直接補佐者）による経験内容が、建設業の財務管理、労務管理、業務運営それぞれの業務経験（５年以上）であることの認定

■組織図その他これに準ずる書類
・被認定者の地位が、常勤役員等に次ぐ職制上の地位（役員の直下）により、当該常勤役員等から直接指揮命令を受け業務を常勤で行う者であることを確認します。

■業務分掌規程その他これに準ずる書類
・被認定者による経験内容が申請業者における建設業の財務管理、労務管理、業務運営の業務経験であることを確認します。
・業務分掌規程等で確認ができない場合及び社内規定等が無い場合等は、その他の追加資料（決裁文書・稟議書等）を提出していただき事業部門の業務内容の詳細を確認します。
・業務経験には役員としての経験も含まれますが、経験における地位・役職等の要件は求めないため、例えば事務担当者として従事した経験も含めることができます。

■人事発令書その他これに準ずる書類
・業務経験の期間（５年以上）を確認します。

6

認定申請書

令和　　年　　月　　日

関東地方整備局長　殿

申請者　所在地
　　　　商　号
　　　　代表者

建設業法施行規則第７条第１号｛イ(1)、(2)、(3)・ロ(1)、(2)｝に該当する者であることの認定を受けたいので、別添提出書類のとおり申請します。

【提出書類】

1. 認定調書（別紙６、別紙６－１、別紙６－２、別紙６－３）
2. 確認資料

【担当者連絡先】
（所属、氏名、電話番号）

別紙6

取締役等に準ずる者の認定に関する調書

1 認定を受ける者の氏名		生年月日	M・T・S H・R 年 月 日
2 経営業務の管理責任者になろうとする法人の名称			
3 2の会社の許可申請の区分等及び許可年月日	1.新規 2.許可換え 3.般・特新規 4.業種追加 5.経営業務の管理責任者の変更 現在受けている許可 国土交通大臣・( )知事 許可(般・特ー)第 号		
4 経営業務の管理責任者となつて許可を受けようとする建設業の種類	土・建・大・左・と・石・屋・電・管・タ・鋼・筋・ほ・しゆ・板・ ガ・塗・防・内・機・絶・通・園・井・具・水・消・清・解		

5 認定しようとする職制上の地位

(1) 取締役等に準ずる者に認定する役職名

役職名：　　　　　(就任日：S・H・R　年　月　日〜)

(2) (1)の役職の主な職務内容

(3) 認定の基礎とした資料(①〜④それぞれのいずれか)

① 組織図( ) その他( )

② 業務分掌規程( ) その他( )

③ 定款( ) 執行役員規程( ) 執行役員職務職務分掌規程( ) 取締役会規則( )
取締役就業規則( ) 取締役会の議事録( ) その他( )

(注) 1. 認定の基礎とした資料の( )内に「レ」を記入する。
2. その他は、具体的な資料名等を記入する。

6 備　考

7 認定の可否	認定・否認定	決裁日	令和 年 月 日	担当者	

別紙6－1

経営業務の管理責任者に準ずる地位にあつて
経営業務を補佐した経験の認定に関する調書

<table>
<tr><td>1 認定を受ける者の氏名</td><td></td><td>生年月日</td><td>M・T・S
H・R　　　年　　月　　日</td></tr>
<tr><td colspan="2">2 経営業務の管理責任者になろうとする法人の名称</td><td colspan="2"></td></tr>
<tr><td>3 2の会社の許可申請の区分等及び許可年月日</td><td colspan="3">1.新規　2.許可換え　3.般・特新規　4.業種追加　5.経営業務の管理責任者の変更
現在受けている許可　国土交通大臣・(　　　)知事　許可（般・特－　）第　　号</td></tr>
<tr><td>4 経営業務の管理責任者となつて許可を受けようとする建設業の種類</td><td colspan="3">土・建・大・左・と・石・屋・電・管・タ・鋼・筋・ほ・しゅ・板・ガ・塗・防・内・機・絶・通・園・井・具・水・消・清・解</td></tr>
<tr><td colspan="4">5 認定しようとする経験（その　　）　(注)この項目は、認定する経験が2法人以上の場合は、法人ごと記載する。</td></tr>
<tr><td colspan="2">(1) 認定しようとする経験を積んだ法人の名称</td><td colspan="2"></td></tr>
<tr><td colspan="4">(2) (1)の法人の受けている建設業の許可
① 国土交通大臣・（　　）知事 許可（般・特－　）第　　号 許可年月日　　年　月　日
土・建・大・左・と・石・屋・電・管・タ・鋼・筋・ほ・しゅ・板・ガ・塗・防・内・機・絶・通・園・井・具・水・消・清・解
② 国土交通大臣・（　　）知事 許可（般・特－　）第　　号 許可年月日　　年　月　日
土・建・大・左・と・石・屋・電・管・タ・鋼・筋・ほ・しゅ・板・ガ・塗・防・内・機・絶・通・園・井・具・水・消・清・解
③ 国土交通大臣・（　　）知事 許可（般・特－　）第　　号 許可年月日　　年　月　日
土・建・大・左・と・石・屋・電・管・タ・鋼・筋・ほ・しゅ・板・ガ・塗・防・内・機・絶・通・園・井・具・水・消・清・解</td></tr>
<tr><td colspan="4">(3) 準ずる地位に認定する役職名　　通算年数（①＋②＋③）　　年　　月
①　（S・H・R　年　月　日～S・H・R　年　月　日）
②　（S・H・R　年　月　日～S・H・R　年　月　日）
③　（S・H・R　年　月　日～S・H・R　年　月　日）</td></tr>
<tr><td colspan="4">(4) (3)の役職の主な職務内容</td></tr>
<tr><td colspan="4">(5) 認定の基礎とした資料(①～④それぞれのいずれか)
① 組織図（ ）　その他（　　　　）
② 業務分掌規程（ ）　稟議書※（ ）　その他（　　　　）
③ 定款（ ）　執行役員規程（ ）　執行役員職務職務分掌規程（ ）　取締役会規則（ ）
取締役就業規則（ ）　取締役会の議事録（ ）　その他（　　　　）
④ 人事発令書（ ）　その他（　　　　）
※　経営業務を補佐した経験の場合
(注)　1．認定の基礎とした資料の（ ）内に「レ」を記入する。
2．その他は、具体的な資料名等を記入する。</td></tr>
<tr><td colspan="4">6 備　　考</td></tr>
<tr><td>7 認定の可否</td><td>認定・否認定</td><td>決裁日</td><td>令和　　年　　月　　日　担当者</td></tr>
</table>

別紙6－2

常勤役員等が有する業務経験の認定に関する調書

1 認定を受ける者の氏名		生年月日	M・T・S H・R 年 月 日
2 常勤役員等になろうとする法人の名称			
3 2の会社の許可申請の区分等及び許可年月日	1.新規 2.許可換え 3.般・特新規 4.業種追加 5.常勤役員等の変更 現在受けている許可 国土交通大臣・( )知事 許可（般・特－ ）第 号		
4 常勤役員等となつて許可を受けようとする建設業の種類	土・建・大・左・と・石・屋・電・管・タ・鋼・筋・ほ・しゆ・板・ガ・塗・防・内・機・絶・通・園・井・具・水・消・清・解		
5 認定しようとする経験（その ） （注）この項目は、認定する経験が２法人以上の場合は、法人ごと記載する。			
(1) 認定しようとする経験を積んだ法人の名称			

(2) (1)の法人の受けている建設業の許可

① 国土交通大臣・（ ）知事 許可（般・特－ ）第 号 許可年月日 年 月 日
土・建・大・左・と・石・屋・電・管・タ・鋼・筋・ほ・しゆ・
板・ガ・塗・防・内・機・絶・通・園・井・具・水・消・清・解

② 国土交通大臣・（ ）知事 許可（般・特－ ）第 号 許可年月日 年 月 日
土・建・大・左・と・石・屋・電・管・タ・鋼・筋・ほ・しゆ・
板・ガ・塗・防・内・機・絶・通・園・井・具・水・消・清・解

③ 国土交通大臣・（ ）知事 許可（般・特－ ）第 号 許可年月日 年 月 日
土・建・大・左・と・石・屋・電・管・タ・鋼・筋・ほ・しゆ・
板・ガ・塗・防・内・機・絶・通・園・井・具・水・消・清・解

(3) 役員等に次ぐ職制上の地位にあることを認定する役職名 通算年数（①＋②＋③） 年 月
① （S・H・R 年 月 日～S・H・R 年 月 日）
② （S・H・R 年 月 日～S・H・R 年 月 日）
③ （S・H・R 年 月 日～S・H・R 年 月 日）

(4) (3)の役職の主な職務内容

(5) 認定の基礎とした資料(①～④それぞれのいずれか)

① 組織図（ ） その他（ ）

② 業務分掌規程（ ） 稟議書※（ ） その他（ ）

③ 定款（ ） 執行役員規程（ ） 執行役員職務職務分掌規程（ ） 取締役会規則（ ）
取締役就業規則（ ） 取締役会の議事録（ ） その他（ ）

④ 人事発令書（ ） その他（ ）

※ 経営業務を補佐した経験の場合
(注) 1．認定の基礎とした資料の（ ）内に「レ」を記入する。
2．その他は、具体的な資料名等を記入する。

6 備 考

7 認定の可否	認定・否認定	決裁日	令和 年 月 日	担当者	

別紙6－3

常勤役員等を直接に補佐する者が有する業務経験の認定に関する調書

1　認定を受ける者の氏名		生年月日	M・T・S H・R　年　月　日
2　常勤役員等を直接に補佐する者になろうとする法人の名称			
3　2の会社の許可申請の区分等及び許可年月日	1.新規　2.許可換え　3.般・特新規　4.業種追加　5.常勤役員等又は補佐する者の変更 現在受けている許可　国土交通大臣・(　　)知事　許可（般・特－　）第　　号		
4　常勤役員等を直接に補佐する者となつて許可を受けようとする建設業の種類	土・建・大・左・と・石・屋・電・管・タ・鋼・筋・ほ・しゆ・板・ガ・塗・防・内・機・絶・通・園・井・具・水・消・清・解		

5　認定しようとする経験（その　　）（注）この項目は、認定する経験が2法人以上の場合は、法人ごと記載する。

(1)　認定しようとする経験を積んだ法人の名称

(2)　(1)の法人の受けている建設業の許可

①　国土交通大臣・（　　　）知事　許可（般・特－　　）第　　　号　許可年月日　　年　月　日
土・建・大・左・と・石・屋・電・管・タ・鋼・筋・ほ・しゆ・板・ガ・塗・防・内・機・絶・通・園・井・具・水・消・清・解

②　国土交通大臣・（　　　）知事　許可（般・特－　　）第　　　号　許可年月日　　年　月　日
土・建・大・左・と・石・屋・電・管・タ・鋼・筋・ほ・しゆ・板・ガ・塗・防・内・機・絶・通・園・井・具・水・消・清・解

③　国土交通大臣・（　　　）知事　許可（般・特－　　）第　　　号　許可年月日　　年　月　日
土・建・大・左・と・石・屋・電・管・タ・鋼・筋・ほ・しゆ・板・ガ・塗・防・内・機・絶・通・園・井・具・水・消・清・解

(3)　補佐する者に認定する役職名　　　通算年数（①＋②＋③）　　年　　月

①　（S・H・R　年　月　日～S・H・R　年　月　日）

②　（S・H・R　年　月　日～S・H・R　年　月　日）

③　（S・H・R　年　月　日～S・H・R　年　月　日）

(4)　(3)の役職の主な職務内容

(5)　認定の基礎とした資料（①～④それぞれのいずれか）

①　組織図（　）　その他（　　　　　　　　　　）

②　業務分掌規程（　）　稟議書※（　）　その他（　　　　　　　　　　）

③　定款（　）　執行役員規程（　）　執行役員職務職務分掌規程（　）　取締役会規則（　）
取締役就業規則（　）　取締役会の議事録（　）　その他（　　　　　　　　　　）

④　人事発令書（　）　その他（　　　　　　　　　　）

※　経営業務を補佐した経験の場合

（注）　1．認定の基礎とした資料の（　）内に「レ」を記入する。
　　　　2．その他は、具体的な資料名等を記入する。

6　備　考

7　認定の可否	認定・否認定	決裁日	令和　年　月　日	担当者	

〔別添〕

監理技術者制度運用マニュアル

最終改正　令和６年３月26日国不建技第290号

目　次

一　趣旨

建設業法では、建設工事の適正な施工を確保するため、工事現場における建設工事の施工の技術上の管理をつかさどる者として主任技術者又は監理技術者の設置を求めている。また、監理技術者が特例監理技術者である場合には、当該工事現場に特例監理技術者の行うべき職務を補佐する者（以下「監理技術者補佐」という。）の設置を求めている。

監理技術者等（主任技術者、監理技術者及び監理技術者補佐をいう。以下同じ。）に関する制度（以下「監理技術者制度」という。）は、高度な技術力を有する技術者が施工現場においてその技術力を十分に発揮することにより、建設市場から技術者が適正に設置されていないこと等による不良施工や一括下請負などの不正行為を排除し、技術と経営に優れ発注者から信頼される企業が成長できるような条件整備を行うことを目的としており、建設工事の適正な施工の確保及び建設産業の健全な発展のため、適切に運用される必要がある。
本マニュアルは、建設業法上重要な柱の一つである監理技術者制度を的確に運用するため、行政担当部局が指導を行う際の指針となるとともに建設業者が業務を遂行する際の参考となるものである

（1） 建設業における技術者の意義

① 建設業については、一品受注生産であるためあらかじめ品質を確認できないこと、不適正な施工があったとしても完全に修復するのが困難であること、完成後には瑕疵の有無を確認することが困難であること、長期間、不特定多数に使用されること等の建設生産物の特性に加え、その施工については、総合組立生産であるため施工体制に係る全ての下請負人（以下「下請」という。）を含めた多数の者による様々な工程を総合的にマネージメントする必要があること、現地屋外生産であることから工程が天候に左右されやすいこと等の特性があることから、建設業者の施工能力が特に重要となる。一方、建設業者は、良質な社会資本を整備するという社会的使命を担っているとともに、発注者は、建設業者の施工能力等を拠り所に信頼できる建設業者を選定して建設工事の施工を託している。そのため、建設業者がその技術力を発揮して、建設工事の適正かつ生産性の高い施工が確保されることが極めて重要である。特に現場においては、建設業者が組織として有する技術力と技術者が個人として有する技術力が相俟って発揮されることによりはじめてこうした責任を果たすことができ、この点で技術者の果たすべき役割は大きく、

建設業者は、適切な資格、経験等を有する技術者を工事現場に設置することにより、その技術力を十分に発揮し、施工の技術上の管理を適正に行わなければならない。

(2) 建設業法における監理技術者等

① 建設業法(以下「法」という。)においては、建設工事を施工する場合には、工事現場における工事の施工の技術上の管理をつかさどる者として、主任技術者を置かなければならないこととされている。また、発注者から直接請け負った建設工事を施工するために締結した下請契約の請負代金の額の合計が四千五百万円(建築一式工事の場合は七千万円)以上となる場合には、特定建設業の許可が必要になるとともに、主任技術者に代えて監理技術者を置かなければならない(法第二十六条第一項及び第二項、令第二条)。

なお、監理技術者を専任で置くことが必要となる建設工事において、発注者から直接請け負った特定建設業者が、特例監理技術者を置く場合(監理技術者を複数の工事現場で兼務させる場合)には、監理技術者補佐を当該工事現場ごとに専任で置かなければならないこととされている(法第二十六条第三項ただし書)。

② 主任技術者又は監理技術者となるためには、一定の国家資格や実務経験を有していることが必要であり、特に指定建設業(土木工事業、建築工事業、電気工事業、管工事業、鋼構造物工事業、舗装工事業及び造園工事業)に係る建設工事の監理技術者は、一級施工管理技士等の国家資格者又は建設業法第十五条第二号ハの規定に基づき国土交通大臣が認定した者(以下「国土交通大臣認定者」という。)に限られる(法第二十六条第二項)。

③ 監理技術者補佐となるためには、主任技術者の資格を有する者(法第七条第二号イ、ロ又はハに該当する者)のうち一級の技術検定の

第一次検定に合格した者（一級施工管理技士補）又は一級施工管理技士等の国家資格者、学歴や実務経験により監理技術者の資格を有する者であることが必要である。なお、監理技術者補佐として認められる業種は、主任技術者の資格を有する業種に限られる。

（3） 本マニュアルの位置付け

① 監理技術者制度が円滑かつ的確に運用されるためには、行政担当部局は建設業者を適切に指導する必要がある。本マニュアルは、監理技術者等の設置に関する事項、監理技術者等の専任に関する事項、監理技術者資格者証（以下「資格者証」という。）に関する事項、監理技術者講習に関する事項等、監理技術者制度を運用する上で必要な事項について整理し、運用に当たっての基本的な考え方を示したものである。

建設業者にあっては、本マニュアルを参考に、監理技術者制度についての基本的考え方、運用等について熟知し、建設業法に基づき適正に業務を行う必要がある。

二 監理技術者等の設置

二－一 工事外注計画の立案

発注者から直接建設工事を請け負った建設業者（以下「元請」という）は、施工体制の整備及び監理技術者等の設置の要否の判断等を行うため、専門工事業者等への工事外注の計画（工事外注計画）を立案し、下請契約の請負代金の予定額を的確に把握しておく必要がある。

（1） 工事外注計画と下請契約の予定額

① 一般的に、工事現場においては、総合的な企画、指導の職務を遂行する監理技術者等を中心とし、専門工事業者等とにより施工体制

が構成される。その際、建設工事を適正に施工するためには、工事のどの部分を専門工事業者等の施工として分担させるのか、また、その請負代金の額がどの程度となるかなどについて、工事外注計画を立案しておく必要がある。工事外注計画としては、受注前に立案される概略のものから工事施工段階における詳細なものまで考えられる。元請は、監理技術者等の設置の要否を判断するため、工事受注前にはおおむねの計画を立て、工事受注後速やかに、工事外注の範囲とその請負代金の額に関する工事外注計画を立案し、下請契約の予定額が四千五百万円（建築一式工事の場合は七千万円）以上となるか否か的確に把握しておく必要がある。なお、当該建設業者は、工事外注計画について、工事の進捗段階に応じて必要な見直しを行う必要がある。

（2） 下請契約について

① 「下請契約」とは、建設業法において次のように定められている（法第二条第四項）。

「建設工事を他の者から請け負った建設業を営む者と他の建設業を営む者との間で当該建設工事の全部又は一部について締結される請負契約」

「請負契約」とは、「当事者の一方がある仕事を完成することを約し、相手方がその仕事の結果に対して報酬を与えることを約する契約」であり、単に使用者の指揮命令に従い労務に服することを目的とし、仕事の完成に伴うリスクは負担しない「雇用」とは区別される。元請は、このような点を踏まえ、工事外注の範囲を明らかにしておく必要がある。

② 公共工事については全面的に一括下請負が禁止されている（公共工事の入札及び契約の適正化の促進に関する法律（平成十二年法律

第百二十七号。以下「入札契約適正化法」という。）第十四条）。また、民間工事についても、共同住宅（長屋は含まない）を新築する建設工事は一括下請負が全面的に禁止されており、それ以外の工事は発注者の書面による承諾を得た場合を除き禁止されている（法第二十二条）。

二－二　監理技術者等の設置

発注者から直接建設工事を請け負った特定建設業者は、下請契約の予定額を的確に把握して監理技術者を置くべきか否かの判断を行うとともに、工事内容、工事規模及び施工体制等を考慮し、適正に技術者を設置する必要がある。

（1）　監理技術者等の設置における考え方

①　建設工事の適正な施工を確保するためには、請け負った建設工事の内容を勘案し適切な技術者を適正に設置する必要がある。このため、発注者から直接建設工事を請け負った特定建設業者は、事前に監理技術者を設置する工事に該当すると判断される場合には、当初から監理技術者を設置しなければならず、監理技術者を設置する工事に該当するかどうか流動的であるものについても、工事途中の技術者の変更が生じないよう、監理技術者になり得る資格を有する技術者を設置しておくべきである。

また、主任技術者、監理技術者又は監理技術者補佐の区分にかかわらず、下請契約の請負代金の額が小さくとも工事の規模、難易度等によっては、高度な技術力を持つ技術者が必要となり、国家資格者等の活用を図ることが適切な場合がある。元請は、これらの点も勘案しつつ、適切に技術者を設置する必要がある。

②　主任技術者については、特定専門工事（土木一式工事又は建築一

式工事以外の建設工事のうち、その施工技術が画一的であり、かつ、その施工の技術の管理の効率化を図る必要がある工事をいう。以下同じ。）において、元請又は上位下請（以下「元請等」という。）が置く主任技術者が自らの職務と併せて、直接契約を締結した下請（建設業者である下請に限る。）の主任技術者が行うべき職務を行うことを、元請等及び当該下請が書面により合意した場合は、当該下請に主任技術者を置かなくてもよいこととされている。この特定専門工事については、型枠工事又は鉄筋工事であって、元請等が本工事を施工するための下請契約の請負代金が四千万円未満のもの（下請契約が２以上あるときは合計額）が対象となる（法第二十六条の三第一項、第二項、令第三十条）。

また、特定専門工事において元請等が置く主任技術者は、当該特定専門工事と同一の種類の建設工事に関し一年以上指導監督的な実務の経験を有すること、当該特定専門工事の工事現場に専任で置かれることが要件となる（法第二十六条の三第七項）。この「指導監督的な実務の経験」とは、工事現場主任者、工事現場監督者、職長などの立場で、部下や下請業者等に対して工事の技術面を総合的に指導・監督した経験が対象となる。

なお、元請等と当該下請との契約は請負契約であり、当該下請に主任技術者を置かない場合においても、元請等の主任技術者から当該下請への指示は、当該下請の事業主又は現場代理人などの工事現場の責任者に対し行われなければならない。元請等の主任技術者が当該下請の作業員に直接作業を指示することは、労働者派遣（いわゆる偽装請負）と見なされる場合があることに留意する必要がある。

③　主任技術者、監理技術者又は監理技術者補佐の配置は、原則として１名が望ましい。なお、共同企業体（甲型）などで複数の主任技術者又は監理技術者を配置する場合は、代表する主任技術者又は監

理技術者を明確にし、情報集約するとともに、職務分担を明確にしておく必要があり、発注者から請求があった場合は、その職務分担等について発注者に説明することが重要である。

④　フレックス工期（建設業者が一定の期間内で工事開始日を選択することができ、これが書面により手続上明確になっている契約方式に係る工期をいう。）を採用した工事又は余裕期間を設定した工事（発注者が余裕期間（発注者が発注書類において6ヶ月を超えない等の範囲で設定する工事着手前の期間をいう）の範囲で工事開始日を指定する工事又は受注者が発注者の指定した余裕期間内で工事開始日を選択する工事）においては、工事開始日をもって契約工期の開始日とみなし、契約締結日から工事開始日までの期間は、監理技術者等を設置することを要しない。

（2）　共同企業体における監理技術者等の設置

①　建設業法においては、建設業者はその請け負った建設工事を施工するときは、当該建設工事に関し、当該工事現場における建設工事の施工の技術上の管理をつかさどる監理技術者等を置かなければならないこととされており、この規定は共同企業体の各構成員にも適用され、共同施工方式において下請契約の額が四千五百万円（建築一式工事の場合は七千万円）以上となる場合には、特定建設業者たる構成員一社以上が監理技術者を設置しなければならない。また、その請負金額が四千万円（建築一式工事の場合は八千万円）以上となる場合は、下請契約の額に応じて主任技術者又は監理技術者を専任で設置しなければならない。（特例監理技術者を設置した場合を除く。）

②　一つの工事を複数の工区に分割し、各構成員がそれぞれ分担する工区で責任を持って施工する分担施工方式にあっては、分担工事に

係る下請契約の額が四千五百万円(建築一式工事の場合は七千万円)以上となる場合には、当該分担工事を施工する特定建設業者は、監理技術者を設置しなければならない。また、分担工事に係る請負金額が四千万円（建築一式工事の場合は八千万円）以上となる場合は設置された主任技術者又は監理技術者は専任でなければならない。(特例監理技術者を設置した場合を除く。)

③　いずれの場合も、その他の構成員は、主任技術者を当該工事現場に設置しなければならないが、公共工事を施工する共同企業体にあっては、共同企業体運用準則に定める構成員の資格要件に従って技術者を設置すべきである。

④　共同企業体による建設工事の施工が円滑かつ効率的に実施されるためには、すべての構成員が、施工しようとする工事にふさわしい技術者を適正に設置し、共同施工の体制を確保しなければならない。したがって、各構成員から派遣される技術者等の数、資格、配置等は、信頼と協調に基づく共同施工を確保する観点から、工事の規模・内容等に応じ適正に決定される必要がある。このため、編成表の作成等現場職員の配置の決定に当たっては、次の事項に配慮するものとする。

1）工事の規模、内容、出資比率等を勘案し、各構成員の適正な配置人数を確保すること。

2）構成員間における対等の立場での協議を確保するため、配置される職員は、ポストに応じ経験、年齢、資格等を勘案して決定すること。

3）特定の構成員に権限が集中することのないように配慮すること。

4）各構成員の有する技術力が最大限に発揮されるよう配慮すること。

（3） 主任技術者から監理技術者への変更

① 当初は主任技術者を設置した工事で、大幅な工事内容の変更等により、工事途中で下請契約の請負代金の額が四千五百万円（建築一式工事の場合は七千万円）以上となったような場合には、発注者から直接建設工事を請け負った特定建設業者は、主任技術者に代えて、所定の資格を有する監理技術者を設置しなければならない。ただし、工事施工当初においてこのような変更があらかじめ予想される場合には、当初から監理技術者になり得る資格を持つ技術者を置くとともに、特例監理技術者を置く場合は併せて監理技術者補佐となり得る資格を持つ技術者を置かなければならない。

（4） 監理技術者等の途中交代

① 建設工事の適正な施工の確保を阻害する恐れがあることから、施工管理をつかさどっている監理技術者等の工期途中での交代は、当該工事における入札・契約手続きの公平性の確保を踏まえた上で、慎重かつ必要最小限とする必要があり、監理技術者等の途中交代を行うことができる条件について注文者と合意がなされた場合に認められる。一般的な交代の条件としては、監理技術者等の死亡、傷病、被災、出産、育児、介護又は退職等の場合や、受注者の責によらない契約事項の変更に伴う場合、工場から現地へ工事の現場が移行する場合や工事工程上技術者の交代が合理的な場合などが考えられるが、建設現場における働き方改革等の観点も踏まえ、その具体的内容について書面その他の方法により受発注者間で合意する必要がある。ただし、公共工事においては、入札の公平性の観点から、原則として元請の監理技術者等の交代が認められる基本的な条件は入札前に明示された範囲とし、同等以上の技術力を有する技術者との交代であることを条件とすべきである。

② なお、監理技術者等の交代の時期は工程上一定の区切りと認められる時点とするほか、交代前後における監理技術者等の技術力が同等以上に確保されるとともに、工事の規模、難易度等に応じ一定期間重複して工事現場に設置するなどの措置をとることにより、工事の継続性、品質確保等に支障がないと認められることが必要である。

③ また、監理技術者等の交代に当たっては、発注者からの求めに応じて、元請が工事現場に設置する監理技術者等及びその他の技術者の職務分担、本支店等の支援体制等に関する情報を発注者に説明することが重要である。

(5) 営業所における専任の技術者と主任技術者又は監理技術者との関係

① 営業所における専任の技術者は、営業所に常勤（テレワーク（営業所等勤務を要する場所以外の場所で、ＩＣＴの活用により、営業所等で職務に従事している場合と同等の職務を遂行でき、かつ、所定の時間中において常時連絡を取ることが可能な環境下においてその職務に従事することをいう。以下同じ。）を行う場合を含む。）して専らその職務に従事することが求められている。

② ただし、特例として、当該営業所において請負契約が締結された建設工事であって、工事現場の職務に従事しながら実質的に営業所の職務にも従事しうる程度に工事現場と営業所が近接し、当該営業所との間で常時連絡をとりうる体制にあるものについては、所属建設業者と直接的かつ恒常的な雇用関係にある場合に限り、当該工事の専任を要しない主任技術者又は監理技術者となることができる(平成十五年四月二十一日付国総建第十八号)。

二−三　監理技術者等の職務

> 主任技術者及び監理技術者は、建設工事を適正に実施するため、施工計画の作成、工程管理、品質管理その他の技術上の管理及び施工に従事する者の技術上の指導監督の職務を誠実に行わなければならない。

① 主任技術者及び監理技術者の職務は、建設工事の適正な施工を確保する観点から、当該工事現場における建設工事の施工の技術上の管理をつかさどることである。すなわち、建設工事の施工に当たり、施工内容、工程、技術的事項、契約書及び設計図書の内容を把握したうえで、その施工計画を作成し、工事全体の工程の把握、工程変更への適切な対応等具体的な工事の工程管理、品質確保の体制整備、検査及び試験の実施等及び工事目的物、工事仮設物、工事用資材等の品質管理を行うとともに、当該建設工事の施工に従事する者の技術上の指導監督を行うことである（法第二十六条の四第一項）。

また、特例監理技術者は、これらの職務を適正に実施できるよう、監理技術者補佐を適切に指導することが求められる。

② このように、主任技術者及び監理技術者の職務は、建設業法において区別なく示されているが、元請の主任技術者及び監理技術者の職務と下請の主任技術者の職務に大きく二分して下表のとおり整理する。これを踏まえ、元請の主任技術者、監理技術者及び下請の主任技術者は職務を誠実に行わなければならない。特例監理技術者は、これらの職務を監理技術者補佐の補佐を受けて実施することができるが、その場合においても、これらの職務が適正に実施される責務を有することに留意が必要である。監理技術者補佐は、特例監理技術者の指導監督の下、特例監理技術者の職務を補佐することが求められる。また、特例監理技術者が現場に不在の場合においても監理技術者の職務が円滑に行えるよう、特例監理技術者と監理技術者補

佐の間で常に連絡が取れる体制を構築しておく必要がある。

なお、下請の主任技術者のうち、電気工事、空調衛生工事等において専ら複数工種のマネージメントを行う建設業者の主任技術者は、元請との関係においては下請の主任技術者の役割を担い、下位の下請との関係においては、元請の主任技術者又は監理技術者の指導監督の下、元請が策定する施工管理に関する方針等（施工計画書等）を理解した上で、元請のみの役割を除き、元請の主任技術者及び監理技術者に近い役割を担う（下表右欄）。

表：主任技術者及び監理技術者の職務

	元請の主任技術者及び監理技術者	下請の主任技術者	【参考】下請の主任技術者（専ら複数工種のマネージメント）
役割	○請け負った建設工事全体の統括的施工管理	○請け負った範囲の建設工事の施工管理	○請け負った範囲の建設工事の統括的施工管理
施工計画の作成	○請け負った建設工事全体の施工計画書等の作成 ○下請の作成した施工要領書等の確認 ○設計変更等に応じた施工計画書等の修正	○元請が作成した施工計画書等に基づき、請け負った範囲の建設工事に関する施工要領書等の作成 ○元請等からの指示に応じた施工要領書等の修正	○請け負った範囲の建設工事の施工要領書等の作成 ○下請の作成した施工要領書等の確認 ○設計変更等に応じた施工要領書等の修正
工程管理	○請け負った建設工事全体の進捗確認 ○下請間の工程調整 ○工程会議等の開催、参加、巡回	○請け負った範囲の建設工事の進捗確認 ○工程会議等への参加※	○請け負った範囲の建設工事の進捗確認 ○下請間の工程調整 ○工程会議等への参加※、巡回
品質管理	○請け負った建設工事全体に関する下請からの施工報告の確認、必要に応じた立ち会い確認、事後確認等の実地の確認	○請け負った範囲の建設工事に関する立ち会い確認（原則） ○元請（上位下請）への施工報告	○請け負った範囲の建設工事に関する下請からの施工報告の確認、必要に応じた立ち会い確認、事後確認等の実地の確認

技術的指導	○請け負った建設工事全体における主任技術者の配置等法令遵守や職務遂行の確認 ○現場作業に係る実地の総括的技術指導	○請け負った範囲の建設工事に関する作業員の配置等法令遵守の確認 ○現場作業に係る実地の技術指導	○請け負った範囲の建設工事における主任技術者の配置等法令遵守や職務遂行の確認 ○請け負った範囲の建設工事における現場作業に係る実地の総括的技術指導

※　非専任の場合には、毎日行う会議等への参加は要しないが、要所の工程会議等には参加し、工程管理を行うことが求められる

③　上記の職務は、業務内容や現場の状況確認と意思疎通に必要なリアルタイムの音声・映像の送受信
が可能な環境等により、工事現場以外の場所で行う場合も含まれる。

④　上記の職務の他に、関係法令に基づく職務を監理技術者等が行う場合には、適切にその職務を遂行する必要がある。特に安全管理については、労働安全衛生法（昭和四十七年六月八日法律第五十七号）に基づき統括安全衛生責任者等を設置する必要があるが、監理技術者等が兼ねる場合には、適切に行う必要がある。

⑤　下請の主任技術者の当該工事における職務（専ら複数工種のマネージメントを行い元請の監理技術者等に近い役割を担うかどうか等）について、例えば、法第二十四条の八の規定に基づき作成する施工体系図の写しを活用して記載し、下請が記載内容を確認するなどにより、元請及び下請の双方が合意した内容を明確にしておく。なお、同条の規定に基づく施工体系図の作成を行わない工事においても、下請の主任技術者の当該工事における職務について、元請及び下請の双方が合意した内容を書面にしておくことが望ましい。

⑥　建設工事の目的物の一部を構成する工場製品の品質管理について、請負契約により調達したものだけでなく、売買契約（購入）に

より調達したものであっても、品質に関する責任は、工場製品を製造する企業だけでなく、工場へ注文した下請（又は元請）やその上位の下請、元請にも生ずる。このため、当該工場製品を工場へ注文した下請（又は元請）やその上位の下請、元請の主任技術者等は、工場での工程についても合理的な方法で品質管理を行うことが基本であり、主要な工程の立会い確認や規格品及び認定品に関する品質証明書類の確認などの適宜合理的な方法による品質管理を行う必要がある。

工事現場における建設工事の施工に従事する者は、主任技術者又は監理技術者がその職務として行う指導に従わなければならない(法第二十六条の四第二項)。

⑦ 主任技術者又は監理技術者に求められる役割を一人の主任技術者又は監理技術者が直接こなすことが困難な場合があり、その場合、良好な施工の確保や働き方改革の観点からも、主任技術者又は監理技術者を支援する技術者その他の人員（以下「技術者等」という。）を配置することが望ましい。ただし、そのような場合も、これらの技術者等はあくまでも主任技術者又は監理技術者を支援する立場の者であり、技術上の管理をつかさどる主任技術者又は監理技術者の役割に変わりは無いことに留意する必要がある。

また、大規模な工事現場等においては、総括的な立場として一人の監理技術者に情報集約（共同企業体で複数の監理技術者の配置が必要な場合は、それぞれ担当の監理技術者に情報集約）し、監理技術者はこれらの他の技術者の職務を総合的に掌握するとともに指導監督する必要がある。この場合において、適正な施工を確保する観点から、個々の技術者の職務分担を明確にしておく必要があり、発注者から請求があった場合は、その職務分担等について、発注者に説明することが重要である。

⑧　現場代理人は、請負契約の的確な履行を確保するため、工事現場の取締りのほか、工事の施工及び契約関係事務に関する一切の事項を処理するものとして工事現場に置かれる請負者の代理人であり、監理技術者等との密接な連携が適正な施工を確保する上で必要不可欠である。なお、監理技術者等と現場代理人はこれを兼ねることができる（公共工事標準請負契約約款第十条）。

二－四　監理技術者等の雇用関係

建設工事の適正な施工を確保するため、監理技術者等については、当該建設業者と直接的かつ恒常的な雇用関係にある者であることが必要であり、このような雇用関係は、資格者証又は健康保険被保険者証等に記載された所属建設業者名及び交付日により確認できることが必要である。

（1）　監理技術者等に求められる雇用関係

①　建設工事の適正な施工を確保するため、監理技術者等は所属建設業者と直接的かつ恒常的な雇用関係にあることが必要である。また、建設業者としてもこのような監理技術者等を設置して適正な施工を確保することが、当該建設業者が技術と経営に優れた企業として評価されることにつながる。

②　発注者は設計図書の中で雇用関係に関する条件や雇用関係を示す書面の提出義務を明示するなど、あらかじめ雇用関係の確認に関する措置を定め、適切に対処することが必要である。

（2）　直接的な雇用関係の考え方

①　直接的な雇用関係とは、監理技術者等とその所属建設業者との間

に第三者の介入する余地のない雇用に関する一定の権利義務関係（賃金、労働時間、雇用、権利構成）が存在することをいい、資格者証、健康保険被保険者証又は市区町村が作成する住民税特別徴収税額通知書等によって建設業者との雇用関係が確認できることが必要である。したがって、在籍出向者、派遣社員については直接的な雇用関係にあるとはいえない。

② 直接的な雇用関係であることを明らかにするため、資格者証には所属建設業者名が記載されており、所属建設業者名の変更があった場合には、三十日以内に指定資格者証交付機関に対して記載事項の変更を届け出なければならない（規則第十七条の三十四第一項及び第十七条の三十六第一項）。

③ 指定資格者証交付機関は、資格者証への記載に当たって、所属建設業者との直接的かつ恒常的な雇用関係を、健康保険被保険者証、市区町村が作成する住民税特別徴収税額通知書により確認しているが、資格者証中の所属建設業者の記載や主任技術者の雇用関係に疑義がある場合は、同様の方法等により行う必要がある。具体的には、

1）本人に対しては健康保険被保険者証

2）建設業者に対しては健康保険被保険者標準報酬決定通知書、市区町村が作成する住民税特別徴収税額通知書、当該技術者の工事経歴書

の提出を求め確認するものとする。

（3） 恒常的な雇用関係の考え方

① 恒常的な雇用関係とは、一定の期間にわたり当該建設業者に勤務し、日々一定時間以上職務に従事することが担保されていることに加え、監理技術者等と所属建設業者が双方の持つ技術力を熟知し、建設業者が責任を持って技術者を工事現場に設置できるとともに、

建設業者が組織として有する技術力を、技術者が十分かつ円滑に活用して工事の管理等の業務を行うことができることが必要であり、特に国、地方公共団体及び公共法人等（法人税法（昭和四十年法律第三十四号）別表第一に掲げる公共法人（地方公共団体を除く。）及び、首都高速道路株式会社、新関西国際空港株式会社、東京湾横断道路の建設に関する特別措置法（昭和六十一年法律第四十五号）第二条第一項に規定する東京湾横断道路建設事業者、中日本高速道路株式会社、成田国際空港株式会社、西日本高速道路株式会社、阪神高速道路株式会社、東日本高速道路株式会社及び本州四国連絡高速道路株式会社）が発注する建設工事（以下「公共工事」という。）において、元請の専任の主任技術者、専任の監理技術者、特例監理技術者及び監理技術者補佐については、所属建設業者から入札の申込のあった日（指名競争に付す場合であって入札の申込を伴わないものにあっては入札の執行日、随意契約による場合にあっては見積書の提出のあった日）以前に三ヶ月以上の雇用関係にあることが必要である。

また、合併、営業譲渡又は会社分割等の組織変更に伴う所属建設業者の変更（契約書又は登記簿の謄本等により確認）があった場合、変更前の建設業者と三ヶ月以上の雇用関係にある者については、変更後に所属する建設業者との間にも恒常的な雇用関係にあるものとみなす。

なお、震災等の自然災害の発生又はその恐れにより、最寄りの建設業者により即時に対応することが、その後の被害の発生又は拡大を防止する観点から最も合理的であって、当該建設業者に要件を満たす技術者がいない場合など、緊急の必要その他やむを得ない事情がある場合については、この限りではない。

② 恒常的な雇用関係については、資格者証の交付年月日若しくは変

更履歴又は健康保険被保険者証の交付年月日等により確認できることが必要である。

③　また、雇用期間が限定されている継続雇用制度（再雇用制度、勤務延長制度）の適用を受けている者については、その雇用期間にかかわらず、常時雇用されている（＝恒常的な雇用関係にある）ものとみなす。

（4）　持株会社化等による直接的かつ恒常的な雇用関係の取扱い

①　建設業を取り巻く経営環境の変化等に対応するため、建設業者が営業譲渡や会社分割をした場合や持株会社化等により企業集団を形成している場合及び官公需適格組合の場合における建設業者と監理技術者等との間の直接的かつ恒常的な雇用関係の取扱いの特例について、次の通り定めている。

1）建設業者の営業譲渡又は会社分割に係る主任技術者又は監理技術者の直接的かつ恒常的な雇用関係の確認の事務取扱いについて（平成十三年五月三十日付、国総建第百五十五号）

2）持株会社の子会社が置く主任技術者又は監理技術者の直接的かつ恒常的な雇用関係の確認の取扱いについて（改正）（平成二十八年十二月十九日付、国土建第三百五十七号）

3）企業集団内の出向社員係る監理技術者等の直接的かつ恒常的な雇用関係の取扱い等について（令和六年三月二六日付、国土建技第二九一号）

4）官公需適格組合における組合員からの在籍出向者たる監理技術者又は主任技術者の直接的かつ恒常的な雇用関係の取扱い等について（令和五年三月十三日付、国土建第六百一号）

三　監理技術者等の工事現場における専任

> 主任技術者又は監理技術者（特例監理技術者を除く。）は、公共性のある工作物に関する重要な工事に設置される場合には、工事現場ごとに専任の者でなければならない。
>
> 特例監理技術者を設置する場合は、当該工事現場に設置する監理技術者補佐は専任の者でなければならない。
>
> 法第二十六条の三の規定を利用して設置する特定専門工事の元請等の主任技術者は、専任の者でなければならない。
>
> 専任とは、他の工事現場に係る職務を兼務せず、勤務中は常時継続的に当該工事現場に係る職務にのみ従事していることをいう。
>
> 元請については、施工における品質確保、安全確保等を図る観点から、主任技術者、監理技術者又は監理技術者補佐を専任で設置すべき期間が、発注者と建設業者の間で設計図書もしくは打合せ記録等の書面により明確となっていることが必要である。

（1）　工事現場における監理技術者等の専任の基本的な考え方

①　主任技術者又は監理技術者（特例監理技術者を除く。）は、公共性のある施設若しくは工作物又は多数の者が利用する施設若しくは工作物に関する重要な建設工事については、より適正な施工の確保が求められるため、工事現場ごとに専任の者でなければならない（法第二十六条第三項）。

②　特例監理技術者を複数の工事現場で兼務させる場合、適正な施工の確保を図る観点から、当該工事現場ごとに監理技術者補佐を専任で置かなければならない。

なお、特例監理技術者が兼務できる工事現場数は２とされている（法第二十六条第四項、令第二十九条）。兼務できる工事現場の範囲は、工事内容、工事規模及び施工体制等を考慮し、主要な会議への参加、工事現場の巡回、主要な工程の立ち会いなど、元請としての職務が適正に遂行できる範囲とする。この場合、情報通信技術の活用方針や、監理技術者補佐が担う業務等について、あらかじめ発注者に説明し理解を得ることが望ましい。なお、特例監理技術者が工事の施工の管理について著しく不適当であり、かつ、その変更が公益上必要と認められるときは、国土交通大臣又は都道府県知事から特例監理技術者の変更を指示することができる（法第二十八条一項第五号）。

③　特定専門工事において、元請等の主任技術者は、直接契約を締結した下請（建設業者である下請に限る。）に主任技術者を置かない場合、適正な施工を確保する観点から、工事現場ごとに専任の者を置くこと等を求めている（法第二十六条の三第一項、第二項、第六項）。

④　専任とは、他の工事現場に係る職務を兼務せず、勤務中は常時継続的に当該工事現場に係る職務にのみ従事していることを意味するものであり、当該建設工事の技術上の管理や施工に従事する者の技術上の指導監督といった監理技術者等の職務を踏まえると、当該工事現場にて業務を行うことが基本と考えられる。一方で、専任の趣旨を踏まえると、必ずしも当該工事現場への常駐（現場施工の稼働中、特別の理由がある場合を除き、常時継続的に当該工事現場に滞在していること）を必要とするものではない。

したがって、専任の主任技術者、監理技術者及び監理技術者補佐は、当該建設工事に関する打ち合わせや書類作成等の業務に加え、技術研鑽のための研修、講習、試験等への参加、休暇の取得、働き方改革の観点を踏まえた勤務体系その他の合理的な理由で、短期間（１～２日程度）工事現場を離れることについて、その間における施工内容等を踏まえ、適切な施工ができる体制を確保することができる場合は差し支えない。それを超える期間現場を離れる場合、終日現場を離れている状況が週の稼働日の半数以上の場合、周期的に現場を離れる場合については、適切な施工ができる体制を確保するとともに、その体制について、元請の主任技術者、監理技術者又は監理技術者補佐の場合は発注者、下請の主任技術者の場合は元請又は下請の了解を得ている場合に、差し支えないものとする。ただし、いずれの場合も、監理技術者等が現地での対応が必要な場合は除く。

なお、適切な施工ができる体制の確保にあたっては、現場状況や不在期間、不在とする主任技術者、監理技術者又は監理技術者補佐の状況等を踏まえ、例えば、必要な資格を有する代理の技術者を配置する、工事の品質確保等に支障の無い範囲において、連絡を取りうる体制及び必要に応じて現場に戻りうる体制の確保、リアルタイムの映像・音声による通信手段の確保、その通信手段を活用した必要な資格を有する代理の技術者による対応等が考えられる。ただし、主任技術者又は監理技術者が、建設工事の施工の技術上の管理をつかさどる者であることに変わりはないことに留意し、監理技術者等が担う役割に支障が生じないようにする必要がある。

この際、監理技術者等の研修等への参加や休暇の取得等を不用意に妨げることのないように配慮すべきであるとともに、建設業におけるワーク・ライフ・バランスの推進や女性の一層の活躍の観点からも、監理技術者等が育児等のために短時間現場を離れることが可能となるような体制を確保する等、監理技術者等の適正な配置等に留意すべきである。

なお、特定専門工事における元請等の主任技術者については、直接契約を締結した下請の主任技術者としての職務も担っていることから、短期間工事現場を離れる場合などの施工体制の確保については、元請等のみならず、当該下請としての技術者の役割についても支障が生じないよう留意する必要がある。

⑤ 「公共性のある施設若しくは工作物又は多数の者が利用する施設若しくは工作物に関する重要な建設工事」とは、次の各号に該当する建設工事で工事一件の請負代金の額が四千万円（建築一式工事の場合は八千万円）以上のものをいう（建設業法施行令（昭和三十一年政令第二百七十三号。以下、「令」という。）第二十七条第一項）。

1）国又は地方公共団体が注文者である施設又は工作物に関する建設工事

2）鉄道、軌道、索道、道路、橋、護岸、堤防、ダム、河川に関する工作物、砂防用工作物、飛行場、港湾施設、漁港施設、運河、上水道又は下水道に関する建設工事

3）電気事業用施設（電気事業の用に供する発電、送電、配電又は変電その他の電気施設をいう。）又はガス事業用施設（ガス事業の用に供するガスの製造又は供給のための施設をいう。）に関する建設工事

4）石油パイプライン事業法第五条第二項第二号に規定する事業用施設、電気通信事業法 第二条第五号に規定する電気通信事業者が同条第四号に規定する電気通信事業の用に供する施設、放送法第二条第二十三号に規定する基幹放送事業者又は同条第二十四号に規定する基幹放送局提供事業者が同条第一号に規定する放送の用に供する施設（鉄骨造又は鉄筋コンクリート造の塔その他これに類する施設に限る。）、学校、図書館、美術館、博物館又は展示場、社会福祉法第二条第一項に規定する社会福祉事業の用に供する施設、病院又は診療所、火葬場、と畜場又は廃棄物処理施設、熱供給事業法第二条第四項に規定する熱供給施設、集会場又は公会堂、市場又は百貨店、事務所、ホテル又は旅館、共同住宅、寄宿舎又は下宿、公衆浴場、興行場又は

ダンスホール、神社、寺院又は教会、工場、ドック又は倉庫、展望塔に関する建設工事

⑥　事務所・病院等の施設又は工作物と戸建て住宅を兼ねたもの（以下「併用住宅」という。）について、併用住宅の請負代金の総額が八千万円以上（建築一式工事の場合）である場合であっても、以下の２つの条件を共に満たす場合には、戸建て住宅と同様であるとみなして、主任技術者又は監理技術者の専任配置を求めない。

１）事務所・病院等の非居住部分（併用部分）の床面積が延べ面積の１／２以下であること。

２）請負代金の総額を居住部分と併用部分の面積比に応じて按分して求めた併用部分に相当する請負金額が、専任要件の金額基準である八千万円未満（建築一式工事の場合）であること。

なお、併用住宅であるか否かは、建築基準法第六条の規定に基づき交付される建築確認済証により判別する。また、居住部分と併用部分の面積比は、建築確認済証と当該確認済証に添付される設計図書により求め、これと請負契約書の写しに記載される請負代金の額を基に、請負総額を居住部分と併用部分の面積比に応じて按分する方法により、併用部分の請負金額を求めることとする。

（2）　監理技術者等の専任期間

①　元請が、主任技術者、監理技術者又は監理技術者補佐を工事現場に専任で設置すべき期間は契約工期が基本となるが、たとえ契約工期中であっても次に掲げる期間については工事現場への専任は要しない。ただし、いずれの場合も、発注者と建設業者の間で次に掲げる期間が設計図書もしくは打合せ記録等の書面により明確となっていることが必要である。

１）請負契約の締結後、現場施工に着手するまでの期間（現場事

務所の設置、資機材の搬入又は仮設工事等が開始されるまでの間。)

2）工事用地等の確保が未了、自然災害の発生又は埋蔵文化財調査等により、工事を全面的に一時中止している期間

3）橋梁、ポンプ、ゲート、エレベーター、発電機・配電盤等の電機品等の工場製作を含む工事全般について、工場製作のみが行われている期間

4）工事完成後、検査が終了し（発注者の都合により検査が遅延した場合を除く。)、事務手続、後片付け等のみが残っている期間

なお、工場製作の過程を含む工事の工場製作過程においても、建設工事を適正に施工するため、主任技術者又は監理技術者がこれを管理する必要があるが、当該工場製作過程において、同一工場内で他の同種工事に係る製作と一元的な管理体制のもとで製作を行うことが可能である場合は、同一の主任技術者又は監理技術者がこれらの製作を一括して管理することができる。

② 下請工事においては、施工が断続的に行われることが多いことを考慮し、専任の必要な期間は、下請工事が実際に施工されている期間とする。

③ 元請の主任技術者、監理技術者又は監理技術者補佐については、前述の工事現場への専任を要しない期間1）から4）のうち、2）(工事用地等の確保が未了、自然災害の発生又は埋蔵文化財調査等により、工事を全面的に一時中止している期間）に限って、発注者の承諾があれば、発注者が同一の他の工事（元の工事の専任を要しない期間内に当該工事が完了するものに限る）の専任の主任技術者、監理技術者又は監理技術者補佐として従事することができる。その際、元の工事の専任を要しない期間における災害等の非常時の対応方法

（元の工事の主任技術者、監理技術者又は監理技術者補佐は他の工事の専任の主任技術者、監理技術者又は監理技術者補佐として従事しているため、同じ建設業者に所属する別の技術者による対応とするなどの留意が必要）について、発注者の承諾を得る必要がある。

下請の主任技術者については、工事現場への専任を要しない期間（担当する下請工事が実際に施工されていない期間）に限って、発注者、元請及び上位の下請の全ての承諾があれば、発注者、元請及び上位の下請の全てが同一の他の工事（元の工事の専任を要しない期間内に当該工事が完了するものに限る）の専任の主任技術者として従事することができる。その際、元の工事の専任を要しない期間における災害等の非常時の対応方法（元の工事の主任技術者は他の工事の専任の主任技術者として従事しているため、同じ建設業者に所属する別の技術者による対応とするなどの留意が必要）について発注者、元請及び上位の下請全ての承諾を得る必要がある。

④　また、例えば下水道工事と区間の重なる道路工事を同一あるいは別々の主体が発注する場合など、密接な関連のある二以上の工事を同一の建設業者が同一の場所又は近接した場所において施工する場合は、同一の専任の主任技術者がこれらの工事を管理することができる（令第二十七条第二項）。これについては、当面の間、以下のとおり取り扱う。ただし、この規定は、専任の監理技術者については適用されない。

1）工事の対象となる工作物に一体性若しくは連続性が認められる工事又は施工にあたり相互に調整を要する工事で、かつ、工事現場の相互の間隔が10㎞程度の近接した場所において同一の建設業者が施工する場合には、令第二十七条第二項が適用される場合に該当する。なお、施工にあたり相互に調整を要する工事について、資材の調達を一括で行う場合や工事の相当の部分を同一の下請で施工する場合等も含まれると判断して差し支えない。

2）1）の場合において、一の主任技術者が管理することができる工事の数は、専任が必要な工事を含む場合は、原則2件程度とする。

3）1）及び2）の適用に当たっては、法第二十六条第三項が、公共性のある施設又は多数の 者が利用する施設等に関する重要な工事について、より適正な施工を確保するという趣旨で設けられていることにかんがみ、個々の工事の難易度や工事現場相互の距離等の条件を踏まえて、各工事の適正な施工に遺漏なきよう発注者が適切に判断することが必要である。また、本運用により、土木工事以外の建築工事等においても活用が見込まれ、民間発注者による工事も含まれる。

⑤ このほか、同一あるいは別々の注文者が、同一の建設業者と締結する契約工期の重複する複数の請負契約に係る工事であって、かつ、それぞれの工事の対象が同一の建築物又は連続する工作物である場合については、全体の工事を当該建設業者が設置する同一の監理技術者等が掌握し、技術上の管理を行うことが合理的であると考えられることから、全ての注文者から同一工事として取り扱うことについて書面による承諾を得た上で、これら複数の工事を一の工事とみなして、同一の監理技術者等が当該複数工事全体を管理することができる。この場合、その全てを下請として請け負う場合を除き、これら複数工事に係る下請金額の合計を四千五百万円（建築一式工事の場合は七千万円）以上とするときは特定建設業の許可が必要であり、工事現場には監理技術者を設置しなければならない。また、これら複数工事に係る請負代金の額の合計が四千万円（建築一式工事の場合は八千万円）以上となる場合、主任技術者又は監理技術者は

これらの工事現場に専任の者でなければならない。(特例監理技術者を設置する場合を除く。)

四　監理技術者資格者証及び監理技術者講習修了証の携帯等

専任の監理技術者(特例監理技術者を含む。)は、資格者証の交付を受けている者であって、監理技術者講習を過去五年以内に受講したもののうちから、これを選任しなければならない。また、当該監理技術者は、発注者等から請求があったときは資格者証を提示しなければならず、当該建設工事に係る職務に従事しているときは、常時これらを携帯している必要がある。また、監理技術者講習修了履歴(以下「修了履歴」という。)についても、発注者等から提示を求められることがあるため、監理技術者講習修了後、修了履歴のラベルを資格者証の裏面に貼付することとしている。

(1)　資格者証制度及び監理技術者講習制度の適用範囲

①　専任の監理技術者(特例監理技術者を含む。)は、資格者証の交付を受けている者であって、監理　技術者講習を受講したもののうちから選任しなければならない(法第二十六条第五項)。

(2)　資格者証に関する規定

②　資格者証は、公共性のある施設若しくは工作物又は多数の者が利用する施設若しくは工作物に関する重要な建設工事については、当該建設工事の監理技術者が所定の資格を有しているかどうか、監理技術者としてあらかじめ定められた本人が専任で職務に従事しているかどうか、工事を施工する建設業者と直接的かつ恒常的な雇用関係にある者であるかどうか等を確認するために活用されている。建設業者に選任された監理技術者は、発注者等から請求があった場合

は、資格者証を提示しなければならない（法第二十六条第六項）。

③ 監理技術者になり得る者は、指定資格者証交付機関に申請することにより資格者証の交付を受けることができる。監理技術者になり得る者は、指定建設業七業種については、一定の国家資格者又は国土交通大臣認定者に限られるが、指定建設業以外の二十二業種については、一定の国家資格者、国土交通大臣認定者のほか、一定の指導監督的な実務経験を有する者も監理技術者になり得る。

④ 資格者証の交付及びその更新に関する事務を行う指定資格者証交付機関として一般財団法人建設業技術者センターが指定されている。

⑤ 資格者証には、本人の顔写真の他に次の事項が記載され（法第二十七条の十八第二項、規則第十七条の三十五）、様式は図－１に示すものとなっている（監理技術者と特例監理技術者の資格者証は同じ）。

1）交付を受ける者の氏名、生年月日及び住所
2）最初に資格者証の交付を受けた年月日
3）現に所有する資格者証の交付を受けた年月日
4）交付を受ける者が有する監理技術者資格
5）建設業の種類
6）資格者証交付番号
7）資格者証の有効期間の満了する日
8）所属建設業者名
9）監理技術者講習を修了した場合はその旨

（3） 監理技術者講習に関する規定

① 監理技術者は常に最新の法律制度や技術動向を把握しておくことが必要であることから、専任の監理技術者（特例監理技術者を含む。）

として選任されている期間中のいずれの日においても、講習を修了した日から五年を経過することのないように監理技術者講習を受講していなければならない。なお、令和三年一月一日以降は、監理技術者講習の有効期限の起算日が講習を受講した日の属する年の翌年の一月一日となり、同日から五年後の十二月三十一日が監理技術者講習の有効期限となる（規則第十七条の十七）。

② なお、監理技術者補佐についても、監理技術者を適切に補佐し、資質の向上を図る観点から、監理技術者講習を受講することが望ましい。

③ 監理技術者講習は、所定の要件を満たすことにより国土交通大臣の登録を受けた者（以下「登録講習機関」という。）が実施し、監理技術者として従事するために必要な事項として

①建設工事に関する法律制度

②建設工事の施工計画の作成、工程管理、品質管理その他の技術上の管理

③建設工事に関する最新の材料、資機材及び施工方法

に関し最新の事例を用いて、講義と試験によって行われるものである。受講希望者はいずれかの登録講習機関に受講の申請を行うことにより講習を受講することができる。

④ 各登録講習機関から講習の修了者に対し交付される修了履歴の様式は図－２に示すものとなっており（規則第十七条の十一）、講習の修了を証明するものとして発注者等から提示を求められることがあるため、監理技術者講習修了後、修了履歴のラベルを資格者証の裏面に貼付することとしている。

五　施工体制台帳の整備と施工体系図の作成

　発注者から直接建設工事を請け負った特定建設業者は、その工事を施工するために締結した下請金額の総額が四千五百万円（建築一式工事の場合は七千万円）以上となる場合には、工事現場ごとに監理技術者（特例監理技術者を設置する場合にあっては、特例監理技術者及び監理技術者補佐）を設置するとともに、建設工事を適正に施工するため、建設業法により義務付けられている施工体制台帳の整備及び施工体系図の作成を行うこと等により、建設工事の施工体制を的確に把握する必要がある。

（1）　施工体制台帳の整備

①　発注者から直接建設工事を請け負った特定建設業者は、その下請が建設業法等の関係法令に違反しないよう指導に努めなければならない（法第二十四条の七）。このような下請に対する指導監督を行うためには、まず、特定建設業者とりわけその監理技術者が建設工事の施工体制を的確に把握しておく必要がある。

②　そこで、発注者から直接建設工事を請け負った特定建設業者で当該建設工事を施工するために総額四千五百万円（建築一式工事の場合は七千万円）以上の下請契約を締結したものは、下請に対し、再下請負を行う場合は再下請負通知を行わなければならない旨を通知するとともに掲示しなければならない。（規則第十四条の三）また、下請から提出された再下請負通知書等に基づき施工体制台帳を作成し、工事現場ごとに備え付けなければならない（法第二十四条の八第一項）。

　施工体制台帳を作成した特定建設業者は、発注者から請求があったときは、施工体制台帳をその発注者の閲覧に供しなければならない（法第二十四条の八第三項）。公共工事の受注者は、特定建設業者であるか否かにかかわらず、また、下請金額にかかわらず、施工体制台帳を作成し、工事現場ごとに備え付けなければならない（入札契約適正化法第十五条第一項）。また、発注者から請求があったときに施工体制台帳を発注者の閲覧に供することに代えて、作成した施工体制台帳の写しを発注者に提出しなければならない（入札契約適正化法第十五条第二項）。さらに、公共工事の受注者は、発注者から施工体制が施工体制台帳の記載と合致しているかどうかの点検を求められたときはこれを受けることを拒んではならない（入札契約適正化法第十五条第三項）。

（2） 施工体系図の作成

① 下請業者も含めた全ての工事関係者が建設工事の施工体制を把握する必要があること、建設工事の施工に対する責任と工事現場における役割分担を明確にすること、技術者の適正な設置を徹底すること等を目的として、施工体制台帳を作成する特定建設業者は、当該建設工事に係るすべての建設業者名、技術者名等を記載し工事現場における施工の分担関係を明示した施工体系図を作成し、これを当該工事現場の見やすい場所に、公共工事においては工事関係者が見やすい場所及び公衆が見やすい場所に掲げなければならないことが定められている（法第二十四条の八第四項、入札契約適正化法第十五条第一項）。

② なお、施工体系図の掲示については、一定の要件を満たした上でデジタルサイネージ等ＩＣＴ機器を活用して行うことができる（施工体系図及び標識の掲示におけるデジタルサイネージ等の活用について（令和四年一月二十七日付、国不建第四百四十六号））。

六　工事現場への標識の掲示

建設工事の責任の所在を明確にすること等のため、元請は、建設工事の現場ごとに、建設業許可に関する事項のほか、監理技術者等の氏名、専任の有無、資格名、資格者証交付番号等を記載した標識を、公衆の見やすい場所に掲げなければならない。

① 建設業法による許可を受けた適正な業者によって建設工事の施工がなされていることを対外的に明らかにすること、多数の建設業者が同時に施工に携わるため、安全施工、災害防止等の責任が曖昧になりがちであるという建設工事の実態に鑑み対外的に建設工事の責任主体を明確にすること等を目的として、元請は、建設工事の現場ごとに、公衆の見やすい場所に標識を掲げなければならない。（法第四十条）

② 現場に掲げる標識には、建設業許可に関する事項のほか、主任技術者又は監理技術者の氏名、専任の有無（監理技術者補佐を配置している場合はその旨）、資格名、監理技術者資格者証交付番号等を記載することとされており、図－３の様式となる。（規則第二十五条第一項、第二項）建設業者は、この様式の標識を掲示することにより、監理技術者等の資格を明確にするとともに、資格者証の交付を受けている者が設置されていること等を明らかにする必要がある。

③ なお、標識の掲示については、一定の要件を満たした上でデジタルサイネージ等ＩＣＴ機器を活用して行うことができる（施工体系図及び標識の掲示におけるデジタルサイネージ等の活用について（令和四年一月二十七日付、国不建第四百四十六号））。

七　建設業法の遵守

> 建設業法は、建設業を営む者の資質の向上、建設工事の請負契約の適正化等を図ることによって、建設工事の適正な施工を確保し、発注者を保護するとともに、建設業の健全な発展を促進し、もって公共の福祉の増進に寄与することを目的に定められたものである。したがって、建設業者は、この法律を遵守すべきことは言うまでもないが、行政担当部局は、建設業法の遵守について、適切に指導を行う必要がある。

① 法第一条においては、建設業法の目的として

「この法律は、建設業を営む者の資質の向上、建設工事の請負契約の適正化等を図ることによって、建設工事の適正な施工を確保し、発注者を保護するとともに、建設業の健全な発展を促進し、もって公共の福祉の増進に寄与することを目的とする。」

と規定しており、建設業者は、この法律を遵守する必要がある。また、行政担当部局は、建設業法の遵守について、建設業者等に対して適切に指導を行う必要がある。

② 特に、法第四十一条においては、建設工事の適正な施工を確保するため、国土交通大臣又は都道府　県知事が建設業者に対して必要な指導、助言等を行うことができることを規定している。また、法第二十八条第一項及び第四項では、建設業者が建設業法や他の法令の規定に違反した場合等において、当該建設業者に対して、監督処分として必要な指示を行うことができ、同条第三項及び第五項では、この指示に違反した場合等において、営業の全部又は一部の停止を命ずることができる。さらに、この営業の停止の処分に違反した場合等において、建設業の許可を取り消すこととしている。

③ さらに、法第四十一条の二においては、建設工事の不適切な施工があった場合において、その原因が建設資材に起因すると認めると

きは、国土交通大臣又は都道府県知事が当該建設資材を引き渡した建設資材製造業者等に対して、再発防止を図るため適当な措置をとるべきことを勧告することができ、これに従わなかったときは公表及び命令することができることを規定している。

図－１　資格者証の様式

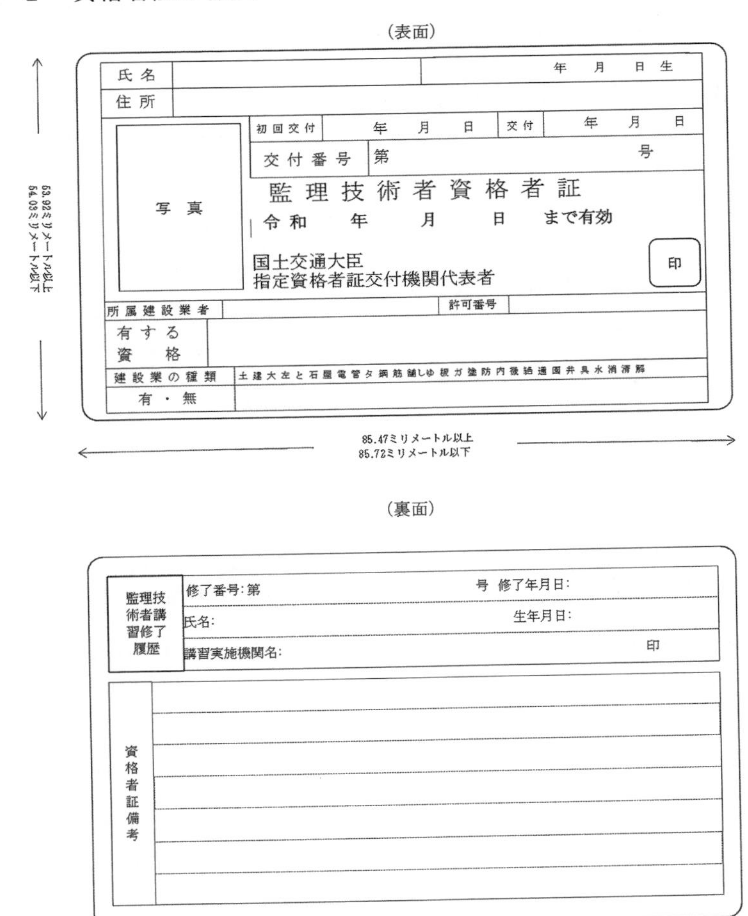

（表面）

氏名		年　月　日生
住所		

写真	初回交付　年　月　日	交付　年　月　日
	交付番号　第　　号	
	監理技術者資格者証	
	令和　年　月　日まで有効	
	国土交通大臣 指定資格者証交付機関代表者	印

所属建設業者		許可番号	
有する資格			
建設業の種類	土 建 大 左 と 石 屋 電 管 タ 鋼 筋 舗 しゅ 板 ガ 塗 防 内 機 絶 通 園 井 具 水 消 清 解		
有・無			

63.92ミリメートル以上
64.03ミリメートル以下

85.47ミリメートル以上
85.72ミリメートル以下

（裏面）

監理技術者講習修了履歴	修了番号:第　　号　修了年月日:
	氏名:　　生年月日:
	講習実施機関名:　　印

資格者証備考	

備考

1　磁気ストライプを埋め込むこと。

図－2　修了証の様式

監理技術者講習修了履歴	修了番号:第　　　号　修了年月日:
	氏名:　　　　　生年月日:
	講習実施機関名:　　　　　印

備考

監理技術者講習修了後、監理技術者資格者証が発行された場合は、本ラベルを監理技術者資格者証上部に貼付すること。

図－3　工事現場に掲げる標識の様式

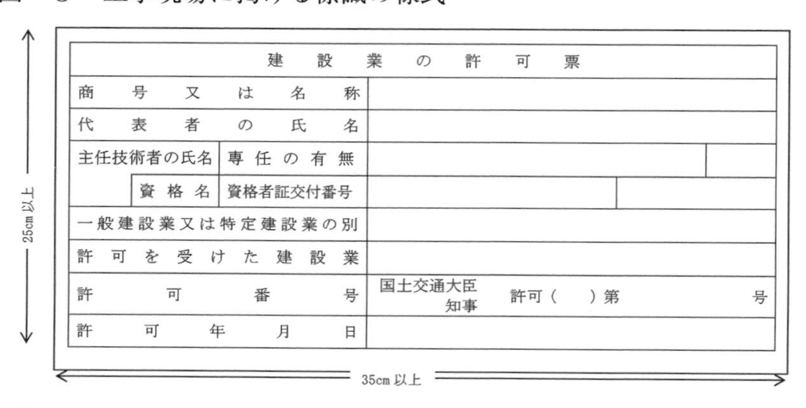

建設業の許可票			
商号又は名称			
代表者の氏名			
主任技術者の氏名	専任の有無		
資格名	資格者証交付番号		
一般建設業又は特定建設業の別			
許可を受けた建設業			
許可番号		国土交通大臣 知事　許可（　）第　　号	
許可年月日			

記載要領

1 「主任技術者の氏名」の欄は、法第26条第２項の規定に該当する場合には、「主任技術者の氏名」を「監理技術者の氏名」とし、その監理技術者の氏名を記載すること。

2 「専任の有無」の欄は、法第26条第３項本文の規定に該当する場合に、「専任」と記載し、同項ただし書に該当する場合には、「非専任（監理技術者を補佐する者を配置)」と記載すること。

3 「資格名」の欄は当該主任技術者又は監理技術者が法第７条第２号ハ又は法第15条第２号イに該当する者である場合に、その者が有する資格等を記載すること。

4 「資格者証交付番号」の欄は、法第26条第３項の規定により専任の者でなければならない監理技術者（特例監理技術者を含む。）を置く場合に、当該監理技術者が有する資格者証の交付番号を記載すること。

5 「許可を受けた建設業の欄には、当該建設工事の現場で行っている建設工事に係る許可を受けた建設業を記載すること。

6 「国土交通大臣　知事」については、不要のものを消すこと。

技術者の資格（指定学科）表

――法第７条第２号イ該当者法施行規則第１条――

下表の学科ごとに、指定学科を認定できる業種が異なります。**具体的な指定学科名は■の表を**御確認ください。その他の名称の学科でご相談される場合は、事前に履修証明書等を、さらにこの学科が、取得を希望する業種に対応する「施工技士」の資格試験での指定学科に該当している場合は、そのことが分かる資料もあわせて御持参ください。（例：「内装」については「１級建築施工管理技士」試験の指定学科である等）

学科＼建設業	土	建	大	左	と	石	屋	電	管	タ	鋼	筋	舗	しゅ	板	ガ	塗	防	内	機	絶	通	園	井	具	水	消	清	解
土木工学※	○			○	○	○	○		○	○	○	○	○	○			○	○			○		○	○		○		○	○
建築学		○	○	○	○	○	○		○	○	○	○			○	○	○	○	○	○	○		○		○	○	○	○	○
都市工学	○	○	○						○				○			○			○				○			○		○	
電気工学								○												○		○					○		
電気通信工学								○														○							
機械工学									○		○	○		○	○					○	○			○	○	○	○	○	
衛生工学	○								○				○											○		○		○	
交通工学	○												○																
林学																							○						
鉱山学																								○					

※農業土木、鉱山土木、森林土木、砂防、治山、緑地又は造園に関する学科を含む

■具体的な指定学科・類似学科　※並びは上表の学科ごととなっております。

類似学科については、学科名の末尾にある**「科」「学科」「工学科」は他のいずれにも置き換え**が可能です。ただし、**「森林工学科」「農林工学科」「農業工学科」「林業工学科」**については、置き換えることはできません。

【土木工学】								
開発科	海洋科	海洋開発科	海洋土木科	環境造園科	環境科	環境開発科	環境建設科	環境整備科
環境設計科	環境土木科	環境緑化科	環境緑地科	建設科	建設環境科	建設技術科	建設基礎科	建設工業科
建設システム科	建築土木科	鉱山土木科	構造科	砂防科	資源開発科	社会開発科	社会建設科	森林工学科
森林土木科	水工土木科	生活環境科学科	生産環境科	造園科	造園デザイン科	造園土木科	造園緑地科	造園林科
地域開発科学科	治山学科	地質科	土木科	土木海洋科	土木環境科	土木建設科	土木建築科	土木地質科
農業開発科	農業技術科	農業土木科	農林工学科	農業工学科（ただし、東京農工大学・島根大学・岡山大学・宮崎大学以外については、農業機械学専攻、専修又はコースを除く。）				
農林土木科	緑地園芸科	緑地科	緑地土木科	林業工学科	林業土木科	林業緑地科		
学科名に関係なく<生産環境工学・農業土木学・農業工学>コース・講座・専修・専攻								

【建築学】								【鉱山学】
環境計画科	建築科	建築システム科	建築設備科	建築第二科	住居科	住居デザイン科	造形科	鉱山科

【都市工学】			【衛生工学】					
環境都市科	都市科	都市システム科	衛生科	環境科	空調設備科	設備科	設備工業科	設備システム科

【電気工学】								
応用電子科	システム科	情報科	情報電子科	制御科	通信科	電気科	電気技術科	電気工学第二科
電気情報科	電気設備科	電気通信科	電気電子科	電気・電子科	電気電子システム科	電気電子情報科	電子応用科	電子科
電子技術科	電子工業科	電子システム科	電子情報科	電子情報システム科	電子通信科	電子電気科	電波通信科	電力科

【機械工学】								【電気通信工学】
エネルギー機械科	応用機械科	機械科	機械技術科	機械工学第二科	機械航空科	機械工作科	機械システム科	電気通信科
機械情報科	機械情報システム科	機械精密システム科	機械設計科	機械電気科	建設機械科	航空宇宙科	航空宇宙システム科	
航空科	交通機械科	産業機械科	自動車科	自動車工業科	生産機械科	精密科	精密機械科	
船舶科	船舶海洋科	船舶海洋システム科	造船科	電子機械科	電子制御機械科	動力機械科	農業機械科	
学科名に関係なく機械（工学）コース								

〈参考〉学校教育法の分類による専任技術者の要件（※指定学科は、学校教育法に基づく学校でなければならず、他の法律に基づく大学院や職業訓練校、各種学校等は対象とはなりません。）

学校	課程等	要件
高等学校	全日制、定時制、通信制、専攻科、別科	指定学科卒業＋実務経験５年
中等教育学校	平成10年に学校教育法の改正により創設された中高一貫教育の学校	
大学、短期大学	学部、専攻科、別科	指定学科卒業＋実務経験３年
高等専門学校	学科、専攻科	
専修学校	専門課程、学科	指定学科卒業＋実務経験５年 （専門士、高度専門士であれば３年）

出典：「東京都建設業許可申請の手引（令和４年度）」東京都都市整備局

技術者の資格（資格・免許及びコード番号）表

◎　特定（法第15条２号イ）の資格及び一般（法第７条２号ハ）の資格の両方を兼ねる。
○　一般（法第７条２号ハ）の資格のみ
■　指定建設業：特定建設業の専任技術者は◎の者と大臣特認のいずれかに限られる。

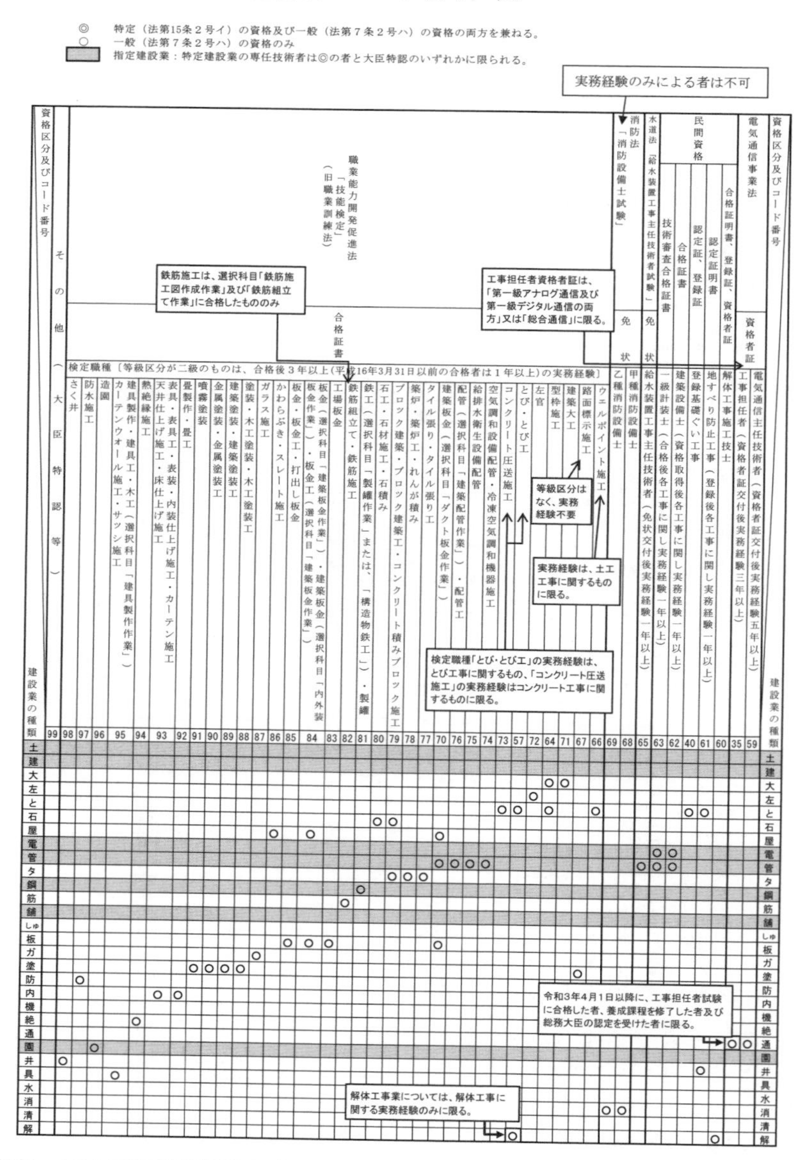

資格区分及びコード番号：その他（大臣特認等）＝99／職業能力開発促進法「技能検定」（旧職業訓練法）合格証書：検定職種〔等級区分が二級のものは、合格後３年以上（平成16年３月31日以前の合格者は１年以上）の実務経験〕＝98〜57、72、64、71、67、66／消防法「消防設備士試験」免状＝69、68／水道法「給水装置工事主任技術者試験」免状＝65／民間資格：技術審査合格証書＝63、合格証書＝62、認定証、登録証＝40、認定証明書＝61、合格証明書、登録証、資格者証＝60／電気通信事業法 資格者証＝35、59

建設業の種類	99 その他（大臣特認等）	98 さく井	97 防水施工	96 造園	95 建具製作・建具工・木工（選択科目「建具製作作業」）・カーテンウォール施工・サッシ施工	94 熱絶縁施工	93 表具・表具工・表装・内装仕上げ施工・カーテン施工・天井仕上げ施工・床仕上げ施工	92 畳製作・畳工	91 噴霧塗装	90 金属塗装・金属塗装工	89 建築塗装・建築塗装工	88 塗装・木工塗装・木工塗装工	87 ガラス施工	86 かわらぶき・スレート施工	85 板金・板金工・打出し板金	84 板金（選択科目「建築板金作業」）・建築板金（選択科目「内外装板金作業」）・板金工（選択科目「建築板金作業」）	83 工場板金	82 鉄筋組立て・鉄筋施工	81 鉄工（選択科目「製罐作業」または「構造物鉄工」）・製罐	80 石工・石材施工・石積み	79 ブロック建築・ブロック建築工・コンクリート積みブロック施工	78 築炉・築炉工・れんが積み	77 タイル張り・タイル張り工	70 建築板金（選択科目「ダクト板金作業」）	76 配管（選択科目「建築配管作業」）・配管工	75 給排水衛生設備配管	74 空気調和設備配管・冷凍空気調和機器施工	73 コンクリート圧送施工	57 とび・とび工	72 左官	64 型枠施工	71 建築大工	67 路面標示施工	66 ウェルポイント施工	69 乙種消防設備士	68 甲種消防設備士	65 給水装置工事主任技術者（免状交付後実務経験一年以上）	63 一級計装士（合格後各工事に関し実務経験一年以上）	62 建築設備士（資格取得後各工事に関し実務経験一年以上）	40 登録基礎ぐい工事	61 地すべり防止工事（登録後各工事に関し実務経験一年以上）	60 解体工事施工技士	35 工事担任者（資格者証交付後実務経験三年以上）	59 電気通信主任技術者（資格者証交付後実務経験五年以上）
土																																												
建																																												
大																															○	○												
左																														○														
と																												○	○		○			○						○	○			
石																				○	○																							
屋														○		○								○																				
電																																						○	○					
管																								○	○	○	○										○	○	○					
タ																					○	○	○																					
鋼																			○																									
筋																		○																										
舗																																												
しゅ																																												
板															○	○	○							○																				
ガ													○																															
塗									○	○	○	○																					○											
防			○																																									
内							○	○																																				
機																																												
絶						○																																						
通																																											○	○
園				○																																								
井		○																																							○			
具					○																																							
水																																												
消																																			○	○								
清																																												
解																													○													○		

実務経験のみによる者は不可

鉄筋施工は、選択科目「鉄筋施工図作成作業」及び「鉄筋組立て作業」に合格したもののみ

工事担任者資格者証は、「第一級アナログ通信及び第一級デジタル通信の両方」又は「総合通信」に限る。

等級区分はなく、実務経験不要

実務経験は、土工工事に関するものに限る。

検定職種「とび・とび工」の実務経験は、とび工事に関するもの、「コンクリート圧送施工」の実務経験はコンクリート工事に関するものに限る。

令和3年4月1日以降に、工事担任者試験に合格した者、養成課程を修了した者及び総務大臣の認定を受けた者に限る。

解体工事業については、解体工事に関する実務経験のみに限る。

出典：「東京都建設業許可申請の手引（令和４年度）」東京都都市整備局

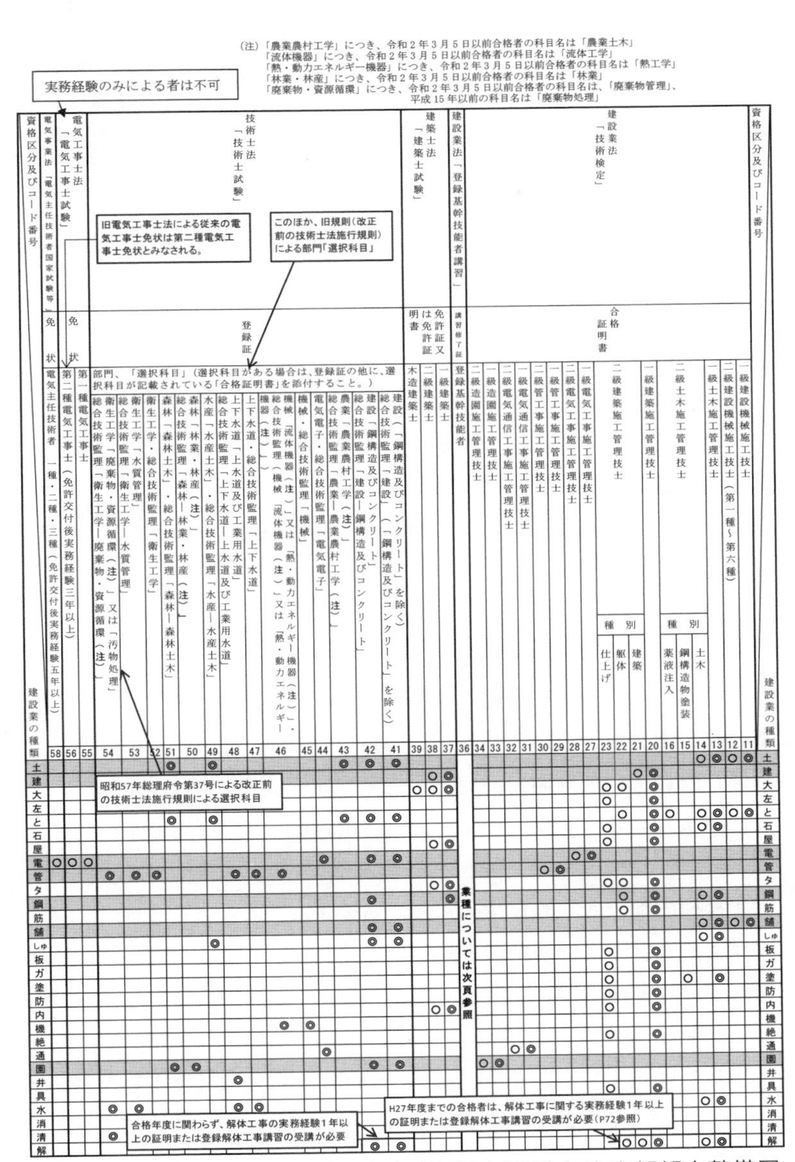

（注）「農業農村工学」につき、令和２年３月５日以前合格者の科目名は「農業土木」
「流体機器」につき、令和２年３月５日以前合格者の科目名は「流体工学」
「熱・動力エネルギー機器」につき、令和２年３月５日以前合格者の科目名は「熱工学」
「林業・林産」につき、令和２年３月５日以前合格者の科目名は「林業」
「廃棄物・資源循環」につき、令和２年３月５日以前合格者の科目名は、「廃棄物管理」、平成15年以前の科目名は「廃棄物処理」

実務経験のみによる者は不可

旧電気工事士法による従来の電気工事士免状は第二種電気工事士免状とみなされる。

このほか、旧規則（改正前の技術士法施行規則）による部門「選択科目」

昭和57年総理府令第37号による改正前の技術士法施行規則による選択科目

資格区分	証明書類	コード番号	資格
電気事業法「電気主任技術者国家試験等」	免状	58	電気主任技術者 一種・二種・三種（免許交付後実務経験五年以上）
電気工事士法「電気工事士試験」	免状	56	第二種電気工事士（免許交付後実務経験三年以上）
		55	第一種電気工事士
技術士法「技術士試験」	登録証		部門、「選択科目」（選択科目がある場合は、登録証の他に、選択科目が記載されている「合格証明書」を添付すること。）
		54	衛生工学「廃棄物・資源循環（注）」又は「汚物処理」・総合技術監理「衛生工学－廃棄物・資源循環（注）」
		53	衛生工学「水質管理」・総合技術監理「衛生工学－水質管理」
		52	衛生工学・総合技術監理「衛生工学」
		51	森林「森林土木」・総合技術監理「森林－森林土木」
		50	森林「林業・林産（注）」・総合技術監理「森林－林業・林産（注）」
		49	水産「水産土木」・総合技術監理「水産－水産土木」
		48	上下水道「上水道及び工業用水道」・総合技術監理「上下水道－上水道及び工業用水道」
		47	上下水道・総合技術監理「上下水道」
		46	機械「流体機器（注）」又は「熱・動力エネルギー機器（注）」・総合技術監理（機械「流体機器（注）」又は「熱・動力エネルギー機器（注）」）
		45	機械・総合技術監理「機械」
		44	電気電子・総合技術監理「電気電子」
		43	農業「農業農村工学（注）」・総合技術監理「農業－農業農村工学（注）」
		42	建設「鋼構造及びコンクリート」・総合技術監理「建設－鋼構造及びコンクリート」
		41	建設（「鋼構造及びコンクリート」を除く）・総合技術監理「建設」（「鋼構造及びコンクリート」を除く）
建築士法「建築士試験」	免許証又は証明書	39	木造建築士
		38	二級建築士
		37	一級建築士
建設業法「登録基幹技能者講習」	講習修了証	36	登録基幹技能者
建設業法「技術検定」	合格証明書	34	二級造園施工管理技士
		33	一級造園施工管理技士
		32	二級電気通信工事施工管理技士
		31	一級電気通信工事施工管理技士
		30	二級管工事施工管理技士
		29	一級管工事施工管理技士
		28	二級電気工事施工管理技士
		27	一級電気工事施工管理技士
		23	二級建築施工管理技士 種別 仕上げ
		22	二級建築施工管理技士 種別 躯体
		21	二級建築施工管理技士 種別 建築
		20	一級建築施工管理技士
		16	二級土木施工管理技士 種別 薬液注入
		15	二級土木施工管理技士 種別 鋼構造物塗装
		14	二級土木施工管理技士 種別 土木
		13	一級土木施工管理技士
		12	二級建設機械施工技士（第一種～第六種）
		11	一級建設機械施工技士

建設業の種類	58	56	55	54	53	52	51	50	49	48	47	46	45	44	43	42	41	39	38	37	36	34	33	32	31	30	29	28	27	23	22	21	20	16	15	14	13	12	11
土							◎		◎						◎	◎	◎																			○	◎	○	◎
建																			○	◎												○	◎						
大																		○	○	◎										○	○		◎						
左																														○			◎						
と							◎		◎						◎	◎	◎														○		◎	○		○	◎	○	◎
石																														○			◎			○	◎		
屋																			○	◎										○			◎						
電	○	○	○											◎		◎	◎											○	◎										
管				◎	◎	◎				◎	◎	◎														○	◎												
タ																			○	◎										○	○		◎						
鋼																◎				◎											○		◎			○	◎		
筋																															○		◎						
舗																◎	◎																			○	◎	○	◎
しゅ									◎							◎	◎																			○	◎		
板																														○			◎						
ガ																														○			◎						
塗																														○			◎		○		◎		
防																														○			◎						
内																			○	◎										○			◎						
機												◎	◎																										
絶																														○			◎						
通														◎										○	◎														
園							◎	◎								◎	◎					○	◎																
井										◎																													
具																														○			◎						
水				◎	◎					◎	◎																									○	◎		
消																																							
清				◎																																			
解																◎	◎													○	○		◎			○	◎		

36（登録基幹技能者）：業種については次頁参照

合格年度に関わらず、解体工事の実務経験１年以上の証明または登録解体工事講習の受講が必要

H27年度までの合格者は、解体工事に関する実務経験１年以上の証明または登録解体工事講習の受講が必要（P72参照）

出典：「東京都建設業許可申請の手引（令和４年度）」東京都都市整備局

～著者略歴～

塩田　英治（しおた　ひではる）

行政書士・海事代理士・個人情報保護士・知的資産経営認定士

平成７年３月　行政書士登録。東京都行政書士会千代田支部所属。
建設業許可関連業務を中心に、旅行業登録手続、外国人の在留資格（ビザ）関連手続、日本国籍取得（帰化許可）手続、医療法人関係許認可手続など幅広い分野で活躍。
事業継続計画（ＢＣＰ）策定、プライバシーマーク認証支援、知的資産に基づく経営支援など、コンサルティング業務にも精通し、年間を通じて全国各地で講演を行う。
東京都庁の建設業課相談窓口で許可相談員を委嘱され、令和５年１月で満20年を迎えた。

東京都行政書士会建設宅建部員
東京都行政書士会千代田支部副支部長
日本行政書士会連合会第二業務部専門員
東京都行政書士会企画開発部員・新規業務研究会座長
一般社団法人コスモス成年後見サポートセンター監事等を歴任

特定非営利活動法人知的資産経営たから監事
一般社団法人全国建行協副理事長・事務局長
中央大学行政書士白門会副会長

ボウリング（ベストスコア：スクラッチ266）をこよなく愛し、ソフトボール（ピッチャー）、硬式テニス、バレーボール、フットサルもこなすスポーツ好きでもある。

3訂版
建設業許可・経審・入札参加資格
申請ハンドブック

平成28年7月20日　初版発行
令和5年4月10日　3訂初版
令和6年8月1日　3訂2刷

〒101-0032
東京都千代田区岩本町1丁目2番19号
https://www.horei.co.jp/

検印省略

著　者　塩　田　英　治
発行者　青　木　鉱　太
編集者　岩　倉　春　光
印刷所　東光整版印刷
製本所　国　宝　社

（営　業）TEL　03-6858-6967　Eメール　syuppan@horei.co.jp
（通　販）TEL　03-6858-6966　Eメール　book.order@horei.co.jp
（編　集）FAX　03-6858-6957　Eメール　tankoubon@horei.co.jp

（オンラインショップ）https://www.horei.co.jp/iec/
（お詫びと訂正）https://www.horei.co.jp/book/owabi.shtml
（書籍の追加情報）https://www.horei.co.jp/book/osirasebook.shtml

※万一、本書の内容に誤記等が判明した場合には、上記「お詫びと訂正」に最新情報を掲載しております。ホームページに掲載されていない内容につきましては、FAXまたはEメールで編集までお問合せください。

ISBN 978-4-539-72962-5